無機材料化学

持続可能な社会の実現に向けて

大倉 利典・小嶋 芳行・相澤 守
内田 寛・柴田 裕史　共著

JN066000

培風館

まえがき

　現在，世界中のさまざまな国で，環境問題(気候変動や地球温暖化)・貧困・疾病(感染症)・紛争・人権問題など，これまでになかったような数多くの課題に直面しています．こうした問題が近い将来に解決されなければ，地球や人類は衰退へと向かう可能性があります．

　SDGs(Sustainable Development Goals：持続可能な開発目標)は，「誰一人取り残さない(leave no one behind)」持続可能でよりよい社会の実現を目指す世界共通の目標です．2015年の国連サミットにおいて，すべての加盟国が合意した「持続可能な開発のための2030アジェンダ」の中で掲げられました．2030年を達成年限とし，世界における極度の貧困，不平等・不正義をなくし，地球の環境を守るための17のゴール(目標)と169のターゲットから構成されています．その目標を具体的な行動で達成していこうと，日本を含む世界各国はもとより，さまざまな企業や大学などの学術機関で取り組みが進められています．

　17の目標の中には直接的には無機材料化学と関わらないように見えるものもありますが，エネルギー，気候変動，自然の豊かさを守る，健康と福祉など，強い関連を持った目標も多く見受けられます．エネルギー，食料，環境などの難題を克服し，21世紀の文明を推進していくためには，既成概念にとらわれない新素材・新材料の開発が不可欠です．また，それらの材料開発に携わる人材として自己啓発型の研究者や技術者が求められています．SDGsの目指すところは，単なる問題の理解にとどまらず，積極的に関わり，問題を解決し改革していく姿勢にあります．単に無機材料化学の知識を身に付けるだけでなく，自らが諸問題を解決できる力を養い，現実に実行できる方向を提案することが重要です．

　最近の「固体の科学と技術」の進歩はめざましく，特に，環境材料，エネルギー材料の分野が急速に発展しています．これらの材料(物質)を化学の立場から，構造・反応・物性に着目して考えてみましょう．本書では，無機材料を「固体の化学」として位置付け，構造論や反応論の基礎的事項を中心に概説しています．さらに，物性論として，主として環境・エネルギー材料，電磁気材料，光学材料および生体関連材料の基礎理論と応用を学び，近年めざましく展開されつつある新材料の理解を深めていただきたいと思います．

　SDGsを支える機能性材料の設計・開発のためには，「原子・分子レベルからその集合体にいたる材料を対象とし，機能発現機構の解明および機能発現物質の創製に貢献できる人材」が必要不可欠です．そのような意味で，無機材料化学を学ぶ皆さんには，SDGsの目標を理解していただき，人類の未来に役立てる力を生み出してほしいと願っています．

　2023年5月

執筆者を代表して

大倉 利典

目　　次

1. 固体構造論 ————————————————————————— 1

1.1 化学結合と結晶構造 …………………………………………… 1

1.1.1　単 位 格 子　5
1.1.2　ブラベ格子とミラー指数　6
1.1.3　イオン結合性結晶　9
1.1.4　共有結合性結晶　9
1.1.5　結晶構造の分類と相互関係　10

1.2 主要な結晶構造 …………………………………………… 10

1.2.1　ダイヤモンド構造　10
1.2.2　ZnS 型構造　11
1.2.3　NaCl 型構造　11
1.2.4　CsCl 型構造　12
1.2.5　ルチル型構造　12
1.2.6　蛍石型構造　13
1.2.7　層 状 構 造　13
1.2.8　スピネル構造　14
1.2.9　ペロブスカイト構造　15

1.3 結晶構造と格子欠陥 ………………………………………… 16

1.3.1　格子欠陥の種類と表示法　16
1.3.2　内因性格子欠陥と外因性格子欠陥　17

1.4 無機結晶とガラス …………………………………………… 18

1.4.1　結晶とアモルファス　18
1.4.2　単結晶と多結晶　18
1.4.3　ガラスとガラス構造　19
1.4.4　固 溶 体　23
1章　演習問題　24

2. 固体反応論 ————————————————————————— 26

2.1 相 転 移 …………………………………………………… 26

2.1.1　固 相 転 移　26
2.1.2　多形転移と転移速度　27

2.2 核生成と成長 ……………………………………………………… **29**

2.2.1 均一核生成と不均一核生成　29

2.2.2 結晶成長　31

2.2.3 ガラスの結晶化　31

2.2.4 結晶化ガラス　32

2.3 拡　　散 ……………………………………………………… **33**

2.3.1 拡散の種類と法則　34

2.3.2 拡散とイオン伝導　36

2.3.3 固相反応　37

2.3.4 焼　　結　38

2章 演習問題　43

3. 合成とキャラクタリゼーション ——————— 44

3.1 先端手法の原理 …………………………………………………… **44**

3.1.1 粉末合成(固相)　44

3.1.2 粉末合成(液相)　46

3.1.3 粉末合成(気相)　50

3.1.4 単結晶育成　51

3.1.5 多結晶作製　52

3.1.6 薄膜作製　54

3.2 伝統手法の原理 …………………………………………………… **58**

3.2.1 陶磁器製造の歴史　58

3.2.2 セラミックス製造の歴史　60

3.2.3 耐火物の製造　61

3.2.4 ガラスの製造　61

3.2.5 セメントの製造　63

3.2.6 石灰の製造　65

3.2.7 セッコウボードの製造　67

3.3 測定と評価—キャラクタリゼーション技術 ……………………… **68**

3.3.1 熱分析法　68

3.3.2 回折法　70

3.3.3 分光法　73

3.3.4 顕微鏡法　78

3.3.5 表面解析　85

3.4 計算機シミュレーション ………………………………………… **86**

3章 演習問題　88

4. 固体物性論―機能と応用 ―――――――――――――――――――― 89

4.1 電磁気材料 ………………………………………………………… 89

4.1.1　絶縁性と導電性　89
　4.1.1.1　電気伝導率と抵抗率／4.1.1.2　金属と半導体

4.1.2　誘電性　95
　4.1.2.1　誘電性の起源／4.1.2.2　誘電性の種類／4.1.2.3　分極曲線／
　4.1.2.4　ペロブスカイト型化合物／4.1.2.5　圧電性／4.1.2.6　焦電性
　4.1.2.7　誘電体の応用

4.1.3　電子伝導性とイオン伝導性　106
　4.1.3.1　電気伝導性の評価

4.1.4　超伝導性　110
　4.1.4.1　超伝導体の歴史／4.1.4.2　マイスナー効果／
　4.1.4.3　高温超伝導体の構造と応用

4.1.5　磁性　114
　4.1.5.1　磁性の起源／4.1.5.2　磁性の種類／4.1.5.3　磁区と磁壁／
　4.1.5.4　磁化曲線

4.2 光学材料 …………………………………………………………… 120

4.2.1　光と原子の相互作用　120
　4.2.1.1　透光と吸収／4.2.1.2　屈折と反射

4.2.2　透光性セラミックス　124

4.2.3　蛍光体　126

4.2.4　レーザー　127

4.2.5　光ファイバー　128

4.2.6　発光ダイオード(LED)　131

4.2.7　無機顔料　133

4.3 構造・熱関連材料 …………………………………………………… 134

4.3.1　破壊と靭性　134

4.3.2　強度　135

4.3.3　熱的性質　135

4.4 環境・エネルギー材料 ……………………………………………… 136

4.4.1　吸着・触媒特性　137
　4.4.1.1　ゼオライトの組成と構造／4.4.1.2　ゼオライトの合成と構造評価／
　4.4.1.3　ゼオライトの用途，ゼオライトの吸着材料への応用／
　4.4.1.4　ゼオライトの触媒・環境浄化材料への応用

4.4.2　耐火物　141

4.4.3　イオン交換体　143

4.4.4　光触媒　144

4.4.5　太陽電池　146

4.4.6　燃料電池　148

4.4.7　熱電素子　149

4.4.8　放射性廃棄物固化体　150

4.5　生体関連材料 ··· **152**

　4.5.1　医療・歯科材料　152

　4.5.2　バイオセラミックス―リン酸カルシウム系材料を中心にして　153

　4.5.3　抗菌・抗ウイルス材料　160

4.6　生活関連材料 ··· **166**

　4.6.1　陶 磁 器　166

　4.6.2　ガ ラ ス　167

　4.6.3　建 築 材 料　170

　4.6.4　化 粧 品　173

　4 章　演習問題　175

演習問題の略解とヒント ―――――――――――――― **177**

索　　引 ――――――――――――――――――――― **181**

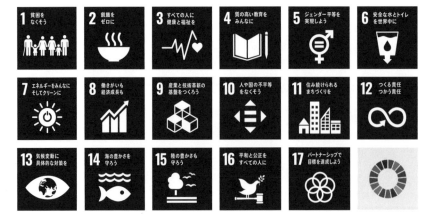

https://www.unic.or.jp/files/sdg_poster_ja.png

1. 固体構造論

　固体は結晶と非晶質に大別することができ，結晶は規則正しくイオン，原子が並んだものであり，非晶質は並びが不規則であるといえる．ここではイオン，原子が規則正しく並んだ結晶の結合の仕方，また並び方の基本である結晶系さらに典型的な結晶構造について説明する．

1.1　化学結合と結晶構造

　原子(分子)と原子(分子)あるいはイオンとイオンを結びつける結合力の強い1次結合としては，イオン結合，共有結合および金属結合がある．これらより弱い結合である2次結合としては，ファンデルワールス結合，双極子結合，水素結合そして配位結合などがある．

　イオン結合は正電荷をもつ陽イオンと負電荷をもつ陰イオンの間のクーロン力(静電引力)による結合である．陽イオンおよび陰イオンが離れている状態から，近づいてくるとポテンシャルエネルギーは低下し，最小値となるときには両者は接している．さらに，距離が短くなると核どうしの反発によりポテンシャルエネルギーは高くなる(図1.1)．簡単な例をあげると，NaClはNa$^+$イオンとCl$^-$イオンがイオン結合により形成されるイオン結合性結晶である．NaCl結晶ではNa$^+$イオンは6個のCl$^-$イオンに囲まれており，6配位となる．CsClではCs$^+$イオンは8個のCl$^-$イオンに囲まれ，8配位となる．イオン結合性結晶では6配位あるいは8配位となるものが多い．イオン結合の特徴としては，無方向性と不飽和性があげられる．無方向性とは，たとえば陽イオンはいずれの方向の陰イオンも引きつけることができることである．当然，陰イオンでも同じことが起こる．また，不飽和性は，陽イオンは近い陰イオンでも遠くの陰イオンでも

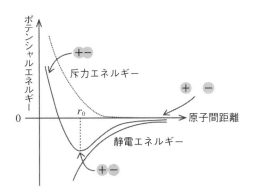

図1.1　原子間距離とポテンシャルエネルギーの関係

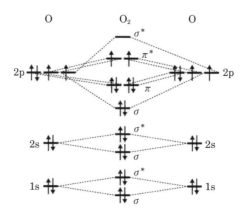

図 1.2　酸素分子の軌道占有状態

同じように引きつけることができることである．逆にいえば，近くても遠くても陽イオンあるいは陰イオンどうしは反発する．

　共有結合は結合する原子の間に 2 個の結合電子が入り，両方の原子を引きつける結合である．簡単な水素分子，窒素分子さらには酸素分子などの等核二原子分子で共有結合を説明する．水素分子の場合，H の基底状態の電子配置は $1s^1$ で表すことができ，この 1 個の電子をお互いに共有することにより H：H のように 1 組の共有電子対が形成される．窒素分子の場合，窒素原子の基底状態の電子配置が $1s^2 2s^2 2p^3$ となり，原子が 2p 軌道の 3 つの電子を共有することにより N $:::$ N となり 3 組の共有電子対が形成されるため，N_2 分子は三重結合しているといわれる．同じように，酸素原子の基底状態の電子配置は $1s^2 2s^2 2p^4$ となり，p 軌道に 2 つの不対電子が存在し，これらを共有することにより 2 組の共有電子対が形成されることにより O $::$ O のように二重結合することは理解できる．しかし，この考え方では液体酸素が磁石に引き寄せられる常磁性を示すことは説明できない．そのため，分子軌道法を用いて説明すると，図 1.2 に示すように，共有結合には結合を生成（原子間距離が近づくとポテンシャルエネルギーが低くなる）するような**結合性軌道**（σ，π と表示）と結合を切断（原子間距離が近づくとポテンシャルエネルギーが高くなる）するような**反結合性軌道**（σ^*，π^* と表示）が存在する．酸素分子の場合には π 結合の反結合性軌道である π^* 結合に 1 つずつ電子が入り，不対電子が 2 個存在することになる．磁性は不対電子の存在により起こり，液体酸素は 2 個の不対電子をもつことにより常磁性体を示すことが説明できるようになった．

　共有結合の特徴は，方向性と飽和性である．たとえば**グラファイト（黒鉛）**の構造を考えてみる．炭素の電子配列は $1s^2 2s^2 p^2$ で表されるが，励起状態では $2s^1 sp^3$ となり，sp^3 混成の状態となる．このうち 3 つの電子を使用するため，sp^2 混成とよばれる．図 1.3

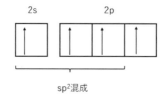

sp^2混成

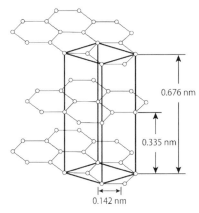

図1.3 グラファイトの構造

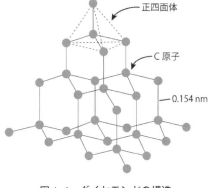

図1.4 ダイヤモンドの構造

にグラファイトの構造を示す．中心の炭素原子に対して，120°ごとに結合する方向は決まる．すなわち，3つの原子に囲まれる3配位の分子の形状は正三角形となる．中心のCは周りの3個のC原子と1つずつ電子を出し合い，共有結合して飽和している．残りの1つの電子は**自由電子**となる．この自由電子が熱および電気伝導の担い手となる．層間は0.335 nmであり，この層間は**ファンデルワールス結合**である．このような層間があっても電気は流れるがこれは自由電子が存在するためである．なお，グラファイトが黒く見えるのもこの自由電子が存在し，光を吸収するためである．グラファイトの1層からなるグラフェンは金属並みの導電性を示し，C−C結合は0.142 nmであり，次に説明する**ダイヤモンド**のC−C結合より短いため，高強度を示し，太陽光発電などに応用されている．一方，ダイヤモンドの場合，4配位を示し，sp³混成を示す．

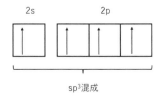

図1.4にダイヤモンドの構造を示す．最小単位は破線で示す炭素が四面体を形成しており，その結合角は109.5°となり，またすべての電子は結合に使われているため，**絶縁体**となる．このように，4配位においても結合する方向が決まっており，これを方向性という．飽和性は1つの炭素原子が4つの電子をもつが，囲まれている4つの炭素と1つずつ電子を出し合うことにより，4つの電子が過不足なく使用されているため飽和しているといえる．ダイヤモンドはグラファイトのように余っている電子がないために，光に対して透明である．なお，ダイヤモンドの構造は面心立方を体対角線方向に1/4ずらした構造であり，単位格子の中に8個の炭素原子が存在することになる．この炭素の充填率は34%であり，非常に低い．しかしながら，ダイヤモンドが硬いのは，3次元的に広がり，C−C結合が強いためである．

ここで，**イオン結合性結晶**と**共有結合性結晶**の違いは何によるものなのかを考える．イオンのやり取りにおいてイオン結合性および共有結合性のどちらの性質が強いかは電気陰性度の差により決まり，A−B化合物のAイオンとBイオンの電気陰性度の差（絶

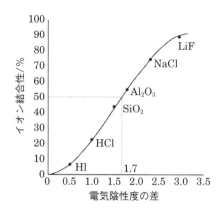

図 1.5　電気陰性度の差とイオン結合性の関係

対値)が 1.7 以上になるとイオン結合性が高くなり，1.7 以下では共有結合性が高くな
る．図 1.5 に電気陰性度とイオン結合性の関係を示す．NaCl では Na の電気陰性度は
0.9，Cl のそれは 3.2 であり，その差は 2.3 となる．このときのイオン結合性は 74% で
ある．LiF ではさらに電気陰性度の差が大きくなるため，NaCl よりイオン結合性の高
い結晶となる．Al_2O_3 のイオン結合性は 55% である．また，SiO_2 では Si および O の電
気陰性度は 1.9 および 3.4 であるためその差は 1.5 となり，SiO_2 はイオン結合より共有
結合性のほうが高いということになる．なお，SiO_2 はガラスの主成分であり，加熱する
と溶融状態となり，紡糸などができる性質はイオン結合と共有結合の両方の特徴を有し
ているためと考えられている．さらに，HCl より HI のほうがイオン結合性は小さいこ
とがわかる．
　一方，金属の特徴としては，①金属光沢をもつ，②熱および電気の導体である，③展
性・延性をもつことである．このような金属でみられるのが**金属結合**である．金属結合
は金属の陽イオンと電子(自由電子)からなる化学結合であり，すなわち，これは規則正
しく配列した金属イオンの間を自由電子が動き回り，これらの間にはたらく静電引力で
結びつけられているのが金属結合であり，自由電子は 1 つの原子に束縛されないのが特
徴である．温度が低くなると熱振動が小さくなるため，電気抵抗は小さくなる．低い温
度で電気抵抗が 0 になる物質を超伝導体という．結合エネルギーについて考えてみる．
アルカリ金属の場合，閉殻電子は自由電子に関与しない．このため，アルカリ金属の結
合エネルギーは 80〜160 kJ/mol であるが，タングステンでは内殻電子も結合に関与す
るため結合エネルギーは 860 kJ/mol と高い．金属は立方最密充填構造(Al，Au，Ag，
Cu など)および六方最密充填構造(Mg，Co，Ti など)のものが多い．図 1.6 に金属の変
形を示す．金属原子が層状に並んでおり，金属に力を加えると，原子どうしの結合が一
端切れるが，再び原子どうしが再結合することができる．これにより金属の展性・延性
が発現されることとなる．
　イオン結合および共有結合は結合エネルギーが高いため，機械的強度が高く，また融
点が高いのが特徴である．イオン結合結晶は共有結合結晶と比較して熱膨張率は大き
く，また電気伝導が大きい．共有結合結晶は熱膨張率が小さく，絶縁体である．金属は
展性・延性があり，融点と沸点の差が大きいことが特徴である．
　次に，1 次結合と比較して結合力の弱い 2 次結合について説明する．原子，イオンな

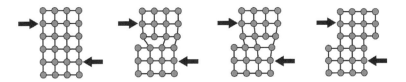

図 1.6 金属の変形

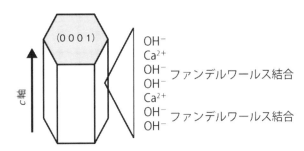

図 1.7 水酸化カルシウムの構造

どの間にはたらく力の一種であり，ファンデルワールス力によって分子間に形成される結合を，ファンデルワールス結合という．図 1.7 に示すような水酸化カルシウムの構造で考えると，c 軸に沿って OH^- 層，Ca^{2+} 層，OH^- 層が並んでいる．すなわち，$OH-Ca-OH\cdot\cdot OH-Ca-OH$ となり，この $OH\cdot\cdot OH$ の結合がファンデルワールス結合である．**双極子**(dipole)は，負から正の単極子への方向ベクトルとその大きさとの積で表現することができ，このベクトルを双極子モーメントと表す．ファンデルワールス結合の起源としては，双極子 − 双極子の相互作用，双極子とそれによる誘起双極子との相互作用などによるものがある．また，H_2O 分子のように水素原子が正端，酸素原子が負端として作用する**双極子結合**を**水素結合**という．硫酸カルシウム二水和物(二水セッコウ)の場合，Ca^{2+} イオンは 8 配位をしており，$SO_4{}^{2-}$ の O^{2-} と 6 配位，そして 2 つの水分子の O^{2-} イオンと Ca^{2+} イオンは双極子結合している．この結合力は弱いため，130℃ 程度の熱により水分子を放出して硫酸カルシウム半水和物(半水セッコウ)となる．

　配位結合とは結合する 2 つの原子の一方から電子を供給される結合である．もっともわかりやすい例としてアンモニウムイオンがある．N の基底状態は $1s^22s^22p^3$ と表すことができ，2p 軌道の 3 つの電子は水素原子と共有結合している．なお，このときのアンモニアの構造は N 原子を頂点とする三角錐である．アンモニア分子では N の 2s に 2 つの電子が残っており，電子をもたない H^+ イオンと N 原子の 2s 軌道の電子が結合するのが配位結合である．一端，配位結合してしまうと 4 つの結合のうちどれが配位結合であるか見分けはつかなくなる．H_3O^+ で表されるオキソニウムイオンあるいはヒドロニウムイオンも 2p 軌道の対電子と H^+ イオンが配位結合することにより形成されている．

1.1.1　単位格子

　結晶とは原子(分子)やイオンが規則正しく並んだ固体である．ここで，規則正しいとは，ある形を並進移動させることにより，先の場所において全く同じ環境(形)であるということである．規則性に従って移動することを**並進操作**という．結晶は 3 次元である

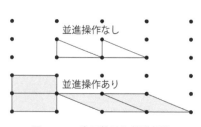

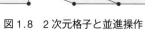

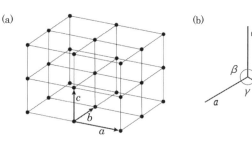

図 1.8　2次元格子と並進操作　　　　　　　　　図 1.9　3次元格子と格子定数

が，まず2次元で考えてみる．図 1.8 に2次元格子と単位格子を示す．ここに示す点を格子点といい，これは原子あるいはイオンを示している．三角形の形状では並進操作を行うことができない．四角形を考えた場合，台形でも並進操作をすることはできない．平行四辺形であれば並進操作を行うことができる．この格子点を用いて作成した四角形を単位格子とする．並進操作できる四角形は正方形，菱形や長方形のような平行四角形となる．図 1.9 では格子点を3次元とした単位格子を示す．図(a)は基本並進ベクトルで構成された六面体の例である．この例のような平行六面体であれば並進操作を行うことができ，これを**単位格子**(unit lattice)とよぶ．単位格子は辺の長さ a, b, c およびこれらの間の角 α, β, γ の6個の変数からなり（図 b），これらを**格子定数**(lattice constant)とよぶ．

1.1.2　ブラベ格子とミラー指数

　　格子点を格子中に含まず平行六面体の各頂点だけに格子点が存在する格子を**単純単位格子**(primitive unit lattice)とよび，格子定数の選び方で，図 1.10 に示すような7種類の結晶系(crystal system)に分類される．この7種類は，立方晶，正方晶，斜方晶，単斜晶，三斜晶，菱面体（りょうめんたい）晶そして六方晶である．なお，斜方晶は斜めになっている角度はないが，この名がついている．それは結晶の分類が外形の観察によって行われていた時代の名残であり，直方晶系とする動きもある．単純単位格子はPあるいはRの記号で示される．これら7種類以外に，格子点を格子内に取り込んだ複合単位格子(complex unit lattice)もある．複合単位格子は単純単位格子の2個またはそれ以上を平行にずらして重ね合わせたものになっている．この複合単位格子としては，面心格子，体心格子および底心格子があり，それぞれの記号をF，IおよびCで表す．なお，底心は一面心とも表記されていることがある．実際に複合単位格子としては，図 1.10 に示しているように立方面心格子，体心立方格子，体心正方格子，面心斜方格子，体心斜方格子，底心斜方格子，底心単斜格子の7種類がある．7種類の単純単位格子と7種類の複合単位格子を合計すると14種類あり，これを**ブラベ格子**(Bravais lattice)とよぶ．すべての結晶はこの14種類に分類することができる．

　　結晶は原子や分子が規則正しく配列する平行四辺形からなる結晶面によって構成される．この結晶面は結晶軸 x, y, z に対してある傾きをもっているので，その傾きの程度を面指数（または Miller 指数）とよぶ．これを用いて $(h\,k\,l)$ として各結晶面を区別することができる．面指数は原点から面が結晶軸で交わる点までの距離の逆数で表される．ある軸に対して平行な面はすべて無限∞となるが，逆数であれば $1/\infty = 0$ とすることができるため便利である．図 1.11 に単純立方格子を例にして格子面の決め方およびそれ

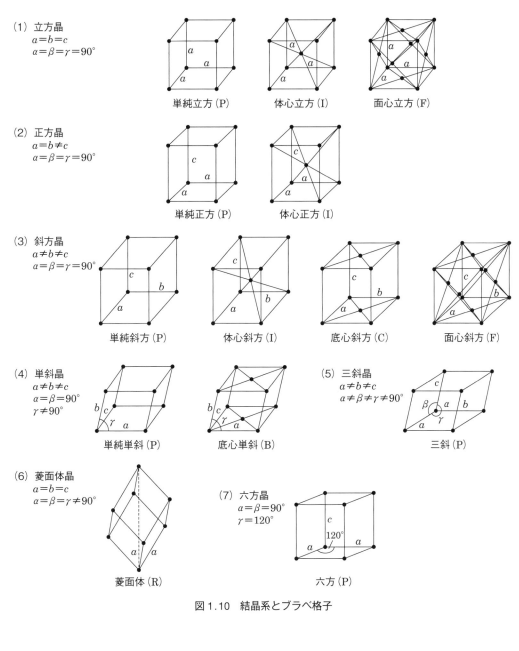

(1) 立方晶
$a=b=c$
$\alpha=\beta=\gamma=90°$

単純立方 (P) 体心立方 (I) 面心立方 (F)

(2) 正方晶
$a=b\neq c$
$\alpha=\beta=\gamma=90°$

単純正方 (P) 体心正方 (I)

(3) 斜方晶
$a\neq b\neq c$
$\alpha=\beta=\gamma=90°$

単純斜方 (P) 体心斜方 (I) 底心斜方 (C) 面心斜方 (F)

(4) 単斜晶
$a\neq b\neq c$
$\alpha=\beta=90°$
$\gamma\neq90°$

単純単斜 (P) 底心単斜 (B)

(5) 三斜晶
$a\neq b\neq c$
$\alpha\neq\beta\neq\gamma\neq90°$

三斜 (P)

(6) 菱面体晶
$a=b=c$
$\alpha=\beta=\gamma\neq90°$

菱面体 (R)

(7) 六方晶
$\alpha=\beta=90°$
$\gamma=120°$

六方 (P)

図 1.10 結晶系とブラベ格子

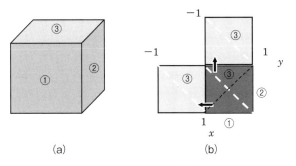

(a) (b)

図 1.11 面指数

ぞれの面指数を示す．正面から見える①，②，③の面の面指数を考える．(b)は立方体を上(c軸)から見た図であり，①面はx軸と接しており，y軸には平行であることがわかる．また，z軸とも平行であることがわかる．このため，この面を(100)面とよぶ．②の面はy軸に接し，xとz軸に平行であるため，(010)面とよぶ．③の面はz軸に接し，xとy軸に平行であるため，(001)面とよぶ．①，②，③の面の裏側の面の面指数を考える場合には立方体を上にずらして考えることができる．すなわち，①の裏の面はx軸の-1と接する．このため，(-100)面となるが-1という表記であるとわかりにくくなるため$(\bar{1}00)$面と表記することとする．すなわち，②の裏面の場合，図形を左に移動させると，y軸の-1に接する．このため，$(0\bar{1}0)$面となる．さらに，③の裏の面は$(00\bar{1})$面となる．さらに，(b)の黒い破線で示される面について考える．これはx, y軸の1に接しており，z軸とは平行である．このため，この面は(110)面となる．なお，(100)面と平行でx軸の0.5を通る面を考える．この面はx軸の0.5に接しているため，(200)面となる．また，(b)の白い点線の面を考える．これはz軸に接している．このままでは面指数を決めることができない．そのため，この面を左あるいは上に動かすこととする．左に移動させた場合では$(1\bar{1}0)$となり，上に移動させた場合には$(\bar{1}10)$面となる．

次に，六方格子は他の結晶系と異なる面指数が使われている．しかしながら，六方格子ではx, y, z軸にさらにもう1つ軸を増やすことにより理解しやすくなる．すなわち，x, yに相当するa_1, a_2だけではなく，新たにa_3を加えることとする．面指数は4方向の4軸により$(hkil)$で表される．図1.12を用いて六方格子における①，②，③面について解説する．①面はa_1軸の1に接し，a_2軸に平行であり，a_3軸は-1で接している．そして，z軸には平行である．このため，①の面は$(10\bar{1}0)$面である．②の面はa_1軸に平行であり，a_2軸は1で接し，a_3軸は-1で接しているため，$(01\bar{1}0)$面となる．そして，③の面はa_1軸の1と接し，a_2軸の-1に接し，a_3軸とは平行であるため，$(1\bar{1}00)$面となる．なお，4軸の$(hkil)$は3軸として表すことができる．このとき，$i=-(h+k)$が成り立つ．$(10\bar{1}0)$面は(100)面と表すことができ，$(1\bar{1}00)$面は$(1\bar{1}0)$面と表すことができる．

格子中のさまざまな面(hkl)は，それぞれ面に垂直に測られた**面間隔** $d_{(hkl)}$ をもっている．まず，2次元における線の間隔について説明する(図1.13)．(11)の線どうしの間隔と(13)の線どうしの間隔では後者のほうが狭いことがわかる．黒の点は格子点であり，ここでは原子として考えると，線の間隔が大きい(11)の線は原子密度は高い．これに対して，間隔の狭い(13)の線の原子密度は低くなる．3次元であっても同じであり，(100)面の面間隔に対して(200)面の間隔が狭い．

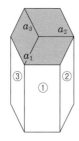

図1.12　六方格子の面指数

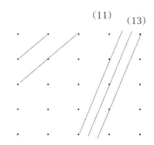

図1.13　2次元における線の間隔

　面間隔 $d(hkl)$ は，面指数 (hkl) および格子定数 $(a, b, c, \alpha, \beta, \gamma)$ の関数で表すことができる．これらの関係は結晶系によって異なるが，比較的簡単な立方晶系，正方晶系，六方晶系の場合の関係式を示す．

　立方晶系

$$d_{(hkl)} = \frac{a}{\sqrt{h^2+k^2+l^2}}$$

立方格子の (100)，(110)，(111) の面間隔は，それぞれ a，$a/\sqrt{2}$，$a/\sqrt{3}$ となる．

　正方晶系

$$d_{(hkl)} = \frac{a}{\sqrt{h^2+k^2+l^2/\left(\frac{c}{a}\right)^2}}$$

　六方晶系

$$d_{(hkl)} = \frac{a}{\sqrt{\frac{4}{3}(h^2+hk+k^2)+l^2/\left(\frac{c}{a}\right)^2}}$$

1.1.3　イオン結合性結晶

　陽イオンと陰イオンが静電気力(クーロン力)で引き合って結合しているものをイオン結合といい，イオン結合でできている結晶を**イオン結晶**という．イオン結晶の特徴としては，融点が高い，機械的強度が高いなどがあげられる．また，陽イオンと陰イオンのイオン半径比で決まる**配位数**では，6 および 8 配位をとるものはイオン結晶である．ただし，例外があるので注意すること．また，半径比によって物性も変化することが知られており，たとえば MgO と CaO を比較した場合，Mg^{2+} イオンのイオン半径は 0.066 nm，O^{2-} イオンのそれは 0.140 nm であり，Mg^{2+}/O^{2-} イオン半径比は 0.47 となる．この値は 6 配位の最小値 0.414 に近いため，結晶は安定である．MgO の融点は 2800℃ と高く，また水和なども遅い．これに対して，CaO の Ca^{2+} イオンのイオン半径は 0.099 nm，Ca^{2+}/O^{2-} イオン半径比は 0.71 であり，これは 8 配位の最小値 0.732 に近い値である．すなわち，Ca^{2+} イオンのイオン半径は大きいため，6 配位としては窮屈であり安定でいられないため，水和が速いとされている．

1.1.4　共有結合性結晶

　2 個の原子間でそれぞれが所有する価電子を出し合って両方の原子で共有する結合を**共有結合**という．この共有結合でできている結晶を共有結合性結晶という．アルミナ (Al_2O_3)，ジルコニア (ZrO_2) などはイオン結合性の強い結晶であるが，窒化ホウ素 (BN)，炭化ケイ素 (SiC) などのセラミックスは共有結合性の強い結晶である．共有結合性結晶の特徴としては，融点が高く，機械強度が高く，そして熱膨張が小さいことなどがあげられる．グラファイトは共有結合であるが，sp^2 混成軌道の結合となるため，電子が 1 つあまり，それが導電性を示すようになるが，BN はグラファイトと同じような構造を示すが電子があまらないため，BN は白色で絶縁体である．なお，グラファイトを高圧力下で加熱するとダイヤモンドを得ることができるが，同じようにグラファイト

表 1.1　無機化合物の主な結晶構造

構成比	陽イオンの配位数	構　造	化合物
A：X＝1：1	3	グラファイト構造似	h-BN, C（グラファイト）
	4	セン亜鉛鉱型	β-ZnS, β-SiC, c-BN
		ウルツ鉱型	α-ZnS, α-SiC, BeO, ZnO
	6	NaCl 型	NaCl, MgO, CaO, SrO, BaO
	8	CsCl 型	CsCl, CsBr, NH_4Cl
A：H＝2：3	4	高温クルストバル石型	SiO_2
	6	CdI2 型	CdI_2, $Mg(OH)_2$, $Ca(OH)_2$, $Fe(OH)_2$
		ルチル型	TiO_2, PbO_2, AgO_2
	8	蛍石型	CaF_2, SrF_2, ZrO_2
A：X＝2：3	6	コランダム型	α-Al_2O_3, Cr_2O_3, α-Fe_2O_3
A：B：X＝1：2：4	A＝12, B＝6	スピネル型	$MgAl_2O_4$, Fe_3O_4, $MgFe_2O_4$,
A：B：X＝1：1：3	A＝B＝6	ペロブスカイト型	$CaTiO_3$, $BaTiO_3$, $SrTiO_3$, $PbTiO_3$
		イルメナイト型	$FeTiO_3$, $MgTiO_3$

と同じ構造の BN（g-BN）を圧力下で加熱するとダイヤモンド構造の c-BN を得ることができる.

1.1.5　結晶構造の分類と相互関係

　結晶構造の分類において最も簡単なのは, ブラベ格子で分けることである. ここでは無機化合物の主な結晶構造を表 1.1 に示す. 陽イオンを A, B, 陰イオンを X とした場合, A：X＝1：1 では陽イオンの配位数は3, 4, 6, 8があり, 1：2では4, 6, 8, 2：3では6配位などがあげられる. 化合物ではないが炭素の同素体の一つであるダイヤモンドの構造について説明し, さらに, 表 1.1 に示したセン亜鉛鉱型構造, ウルツ鉱型構造, NaCl 型構造, CsCl 型構造, ルチル型構造, 蛍（ホタル）石型構造, スピネル構造およびペロブスカイト構造について説明する.

1.2　主要な結晶構造

1.2.1　ダイヤモンド構造

　炭素には, ダイヤモンド, グラファイト, フラーレン, カーボンナノチューブなどの同素体が存在する. ダイヤモンドは立方晶に属する. ダイヤモンド構造を図 1.14 に示す. sp³ 混成軌道の構造は正四面体である. 各頂点に炭素原子が配置し. 重心の位置にも炭素原子がある. この重心の炭素原子は4つの炭素原子に囲まれていることになる. 四面体構造が3次元的に結合している. この C−C 結合の距離は 0.154 nm である（図 1.14）. 構造は炭素の面心立方格子を体対角線方向に1/4ずらして形成される複合格子である. 体対角線に1/4ずれていることをヒントに炭素原子の空間に占める割合を計算すると, 34%となる. これは立方最密充填, 六方最密充填の占有率74%と比較して半分以下である. ダイヤモンドのモース硬度は最大の 10 であり, 天然鉱物の中では最も硬

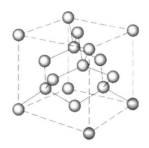

図 1.14　ダイヤモンドの単位格子

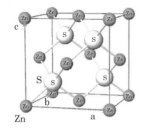

図 1.15　セン亜鉛鉱型構造

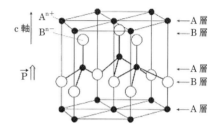

図 1.16　ウルツ鉱型構造

く，また真空下での融点は 3000℃ 以上である．しかし，空気中で加熱すると 1000℃ 以下で酸化して CO_2 となり，揮発する．また，すべての電子が C−C 結合しているため，過不足の電子がないため絶縁体である．また，過不足の電子がないことより，単結晶の構造内に光が透過するため，無色透明となる．黄色に着色したダイヤモンドは炭素原子の一部が窒素原子に置換したためであり，ピンク色は結晶構造の歪みによるためである．なお，ダイヤモンドの合成はグラファイトを 5.5 GPa の圧力をかけながら 1500℃ で加熱することにより得られる．また，気相反応の一種である化学的気相蒸着法(CVD)で 0.2 mm 程度の結晶を短時間で合成することができる．

1.2.2　ZnS 型構造

AX 型構造で 4 配位をとる化合物としては β-ZnS と α-ZnS が知られている．4 配位をとるため共有結合性が強い．さらに，Zn および S の電気陰性度はそれぞれ 1.7 と 2.4 であり，その差は 0.7 であることからも共有結合性が強いことがわかる．β-ZnS は面心立方格子の Zn と面心立方格子の S が体対角線方向に 1/4 ずれた複合格子である．格子点の位置は先ほどのダイヤモンドと同じである．この構造をセン亜鉛鉱型構造という（図 1.15）．セン亜鉛鉱型構造をとる化合物としては β-SiC，c-BN などがある．この構造のマーデルング定数は 1.63806 である．

α-ZnS の構造を図 1.16 に示す．Zn の六方格子と S の六方格子が，c 軸方向に 1/4 ずれている複合格子である．この構造をウルツ鉱型構造という．この構造をとる化合物としては，α-SiC，BeO，ZnO などがある．この構造のマーデルング定数は 1.641 である．

1.2.3　NaCl 型構造

AX 型構造の 6 配位となる構造としては NaCl 型構造がある．NaCl 型構造を図 1.17 に示す．NaCl の構造は Na$^+$ イオンの面心立方格子と Cl$^-$ イオンの面心立方格子が y

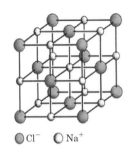 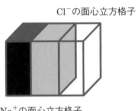

図 1.17　NaCl 型構造

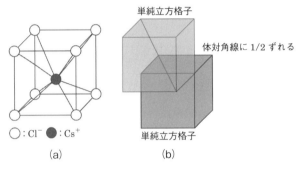

(a)　　　　　　(b)

図 1.18　CsCl 型構造

軸方向に 1/2 ずれて組み合わされた複合格子である．このため，NaCl の単位格子の中には Na^+ イオンおよび Cl^- イオンがそれぞれ 4 個存在していることとなる．また，Na^+ イオンの周りには 6 個の Cl^- イオンが接している．これより，NaCl は 6 個配位していることになる．6 配位は陽イオンの大きさと陰イオンの大きさの比が 0.414〜0.732 の範囲となる．NaCl 型構造をとるものとしては，MgO，CaO，SrO などがある．この構造のマーデルング定数は 1.747558 である．

1.2.4　CsCl 型構造

AB 型構造で 8 配位をとるものとしては CsCl 型構造がある（図 1.18）．この構造は Cs^+ イオンの単純立方格子と Cl^- イオンの単純単位格子が体対角線方向に 1/2 ずれて複合した複合格子である．Cs^+ イオンの周りには Cl^- イオン 8 個に囲まれているため 8 配位となる．陽イオンの大きさと陰イオンの大きさの比の最小値は 0.732 である．CsCl 構造としては CsBr，NH_4Cl などがある．この CsCl 型構造のマーデルング定数は 1.762670 である．

1.2.5　ルチル型構造

AX_2 型構造で 6 配位をとるものとしてはルチル型構造と CdI_2 型構造がある．ここでは，ルチル型構造について説明する．二酸化チタンにはルチル，アナターゼおよびブルッカイトの 3 種類の多形が存在する．ルチルおよびアナターゼは正方晶に属する．ルチル型構造を図 1.19 に示す．

Ti^{4+} イオンが体心正方格子をとっており，中心の Ti^{4+} イオンの周りに 6 個の O^{2-} イオンが配置した TiO_6 八面体がみられる (a)．この TiO_6 八面体構造が稜共有してお

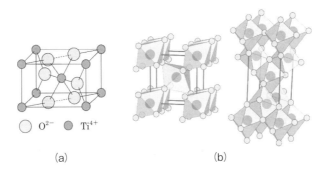

図 1.19　ルチル型構造

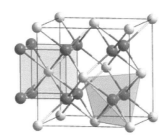

図 1.20　蛍石型構造

り，(b)のように重なり合っている．1つの八面体の O^{2-} イオンは3つの八面体に接している．このため，Ti^{4+} イオンは6個の O^{2-} イオンに囲まれているが，O^{2-} イオンは3つの Ti^{4+} イオンに囲まれているため Ti^{4+} イオン：O^{2-} イオン $=1:2$ となる．ルチル型構造としては PbO_2，AgO_2 などがある．この構造のマーデルング定数は4.816である．

1.2.6　蛍石型構造

AB_2 型構造で8配位をとるものとして蛍石構造がある．蛍石とはフッ化カルシウム (CaF_2) のことであり，天然の鉱物は紫外線を照射することによりさまざまな色に光るためこの名前が付いたといわれている．CaF_2 の構造を図1.20に示す．

CaF_2 は立方晶である．Ca^{2+} イオンは面心立方に配置しており，各 Ca^{2+} を体心とした F^- イオンが単純立方格子を形成するように配列されている．すなわち，Ca^{2+} は8個の F^- に囲まれている．また，F^- は4個の Ca^{2+} イオンに囲まれている．Ca^{2+} は面心立方を形成しているため格子内の数は4個となり，F^- は8個含まれている．このため，Ca^{2+} イオン：F^- イオン $=1:2$ となる．なお，イオン半径比が小さくなるとルチル型構造となる．蛍石型構造としては SrF_2，ZrO_2 などがある．CaF_2 のマーデルング定数は2.51939である．

なお，Li_2O，Na_2O などの A_2B 型構造は CaF_2 型構造の陽イオンと陰イオンが置き換わった逆蛍石型構造となる．

1.2.7　層　状　構　造

層状構造の基本としてグラファイトの構造はすでに図1.3に示した．グラファイトの

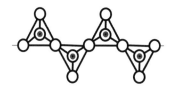

図 1.21　メタケイ酸イオン

基本構造は炭素原子 6 個からなる六員環構造である．これが平面上に広がっている．このシートが積み重なったものがグラファイトである．ただし，このシートは 1 層ごとにずれている．層の順番としては 121212・・・と表すことができる．このずれがランダムとなったものが煤(すす)であり，無定形炭素とよばれる．この構造は 123231・・・などで表され，規則性がないために X 線回折では回折ピークがきちんと出ないために，**無定形**(非晶質)となる．シートとシートの層間距離は 0.335 nm である．シート方向の導電性は自由電子が動き回るために金属並みであるが，層間を方向での伝導性はこれより劣る．しかし，自由電子が存在することにより伝導性があり，電池の正極などとして用いられている．この平面シート 1 枚をグラフェンとよぶ．このグラフェンは半導体素子や透明導電膜などの用途が考えられている．また，太陽帆のようにマイクロ波を照射することによって前進する宇宙船の開発が研究されている．

　ケイ酸カルシウム水和物 (CSH) はメタケイ酸カルシウム水和物とオルトケイ酸カルシウム水和物があり，メタケイ酸イオン $(SiO_3{}^{2-})$ は図 1.21 で示すように SiO_4 四面体が並んだ鎖状構造である．○は O^{2-} イオン，・は Si^{4+} イオンを表しており，本来は上からみた場合，Si^{4+} イオンはみられないが頂点の O^{2-} の真下に存在するため，わかるようにしている．層間には OH^- や Ca^{2+} イオンが含まれている．

1.2.8　スピネル構造

　これまでは AX，AX_2 型構造について説明をした．ここでは複合酸化物について説明する．複合酸化物としてはおもに $AO \cdot B_2O_3$ (AB_2O_4) で表されるスピネルと $AO \cdot BO_2$ (ABO_3) で表されるペロブスカイトがある．

　まず，スピネルについて説明する．スピネルとは $MgAl_2O_4$ の鉱物名である．この $MgAl_2O_4$ の構造をスピネル構造とよぶ．スピネル構造を図 1.22 に示す．(a)は複合格子全体を示したものである．スピネル構造は立方晶であり，AO の A イオンが面心立方格子を形成し，その内側には(b)で示す A 立方体と B 立方体が交互に配置されている．すなわち，A 立方体は A イオンが 4 つの O^{2-} イオンに囲まれた 4 配位の格子があり，B 立方体では B イオンが 6 個の O^{2-} イオンに囲まれた 6 配位の格子がある．この立方体の中に A 立方体と B 立方体が 4 つずつ配置されている．具体的に説明すると $MgAl_2O_4$ の場合，Mg^{2+} イオンは MgO_4 四面体を形成し，Al^{3+} イオンは AlO_6 八面体を形成している．Mg^{2+} イオンの数は外枠の面心立方格子で 4 個，A 立方体中に 1 個含まれており，これが 4 つあるので合計 8 個，Al^{3+} イオンは B 立方体中に 4 個入っており，これが 4 つあるので 16 個，O^{2-} イオンは A 立方体，B 立方体共にそれぞれ 4 個ずつ含まれているので 32 個存在する．すなわち，$Mg^{2+}:Al^{3+}:O^{2-}=8:16:32=1:2:4$ となり，組成比の通りであることがわかる．

　ここで，磁性について考えてみる．強磁性体として Fe_3O_4 ($FeO \cdot Fe_2O_3$) がよく知ら

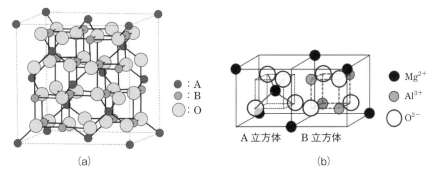

図1.22 スピネル構造

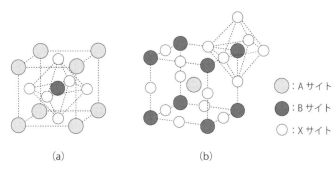

図1.23 ペロブスカイト構造

れている. スピネル構造内のA位置とB位置に存在する金属イオン間にはA−O−A, B−O−B, A−O−Bの3種類があり, O^{2-} を介して超交換相互作用がはたらく. Fe_3O_4 の Fe^{2+} イオンを Zn^{2+} イオンに置換したZnフェライト($ZnFe_2O_4$)の磁性について考えてみる. Zn^{2+} イオンは不対電子をもたないため, A−O−A, A−O−Bの相互作用はない. また, B−O−Bにある Fe^{3+} イオンは反平行となり, 磁気モーメントを打ち消すため磁性は発現しない. このため, $ZnFe_2O_4$ は反磁性体となる. これに対して, Fe_3O_4 はスピネル構造を示すが, 実際は Fe^{2+} イオンと Fe^{3+} イオンが入れ替わった逆スピネル構造($BO \cdot ABO_3$)を示す. Fe_3O_4 の場合, Fe^{3+} が4配位と6配位, Fe^{2+} イオンは6配位の位置に入る. すなわち, $Fe^{3+}O \cdot Fe^{2+}Fe^{3+}O_3$ となる. A位置の Fe^{3+} とB位置の Fe^{3+} イオンが打ち消しあい, B位置に残っている Fe^{2+} イオンの磁気モーメント分が磁性となって表れる. このため, Fe_3O_4 の磁気モーメントの理論値は4となる.

　スピネル構造には100種類を超える種類がある. 一般的には, 2価と3価の組み合わせであるが, Na_2WO_4 のような1価と6価, $LiNiVO_4$ のような1価, 2価, 5価の組み合わせ, $LiAlTiO_4$ のような1価, 3価, 4価の組み合わせ, さらに Mg_2TiO_4 のような2価, 4価の組み合わせなどがある.

1.2.9 ペロブスカイト構造

　ペロブスカイトは $AO \cdot BO_2$ で表され, 代表的な物質として $CaTiO_3$ がある. **ペロブスカイト**構造は基本的には立方晶に属する. その構造を図1.23に示す. (a)は体心の位置に Ca^{2+} イオンを配置した図であり, Ti^{4+} は TiO_6 八面体を形成し, 単純立方格子の各点に位置している. Ti^{4+} は6個の O^{2-} に囲まれており, Ca^{2+} は12個の O^{2-} に囲ま

れている．また，(b)のように体心の位置を Ti^{4+} イオンとすると，立方格子の各頂点に Ca^{2+} イオンが配置し，各面の中心に O^{2-} が位置する．A イオン，B イオンおよび O^{2-} イオンのイオン半径をそれぞれ r_A，r_B および r_O とすると，(b) の構造をみると $r_B + r_O = \sqrt{2}(r_A + r_O)$ が成り立つことがわかる．しかしながら，A イオンの大きさなどにより構造に歪みが生じるためそれを補正するために $\sqrt{r_B} + \sqrt{r_O} = t\sqrt{2}(r_A + r_O)$ と書くことができる．このとき，$t = 0.75 \sim 1.00$ であり，$t = 0.89 \sim 1.00$ の範囲では立方晶となるが，歪みが大きくなると立方晶を維持することができなくなり，$t = 0.75 \sim 0.89$ では正方晶あるいは斜方晶となる．強誘電体であるチタン酸バリウム($BaTiO_3$)もペロブスカイト構造である．$BaTiO_3$ は $-70℃$ 以下では菱面体晶であり，$-5℃$ までは斜方晶となり，$120℃$ までは正方晶となる．これ以上になると立方晶となり，歪みが解消されるため強誘電性を示さなくなる．なお，$BaTiO_3$ が歪む原因は TiO_6 八面体において Ti^{4+} イオンの位置が中心からずれることによる．

　ペロブスカイト構造にも種類があり，1価と5価の組み合わせである $NaWO_3$，$LiNbO_3$，あるいは3価どうしの組み合わせの $YAlO_3$，$LaCrO_3$ などがある．

1.3　結晶構造と格子欠陥

1.3.1　格子欠陥の種類と表示法

　一般的には NaCl と書いた場合，Na^+ イオンと Cl^- イオンが同数存在し，規則正しく配列している．このような結晶を**完全結晶**という．しかしながら，実際には陽イオンまたは陰イオンの欠陥，あるいは陽イオンと陰イオン両方の欠陥などがある．格子欠陥濃度とエネルギーの関係を考えるとある格子欠陥濃度までは自由エネルギーは低下するため，結晶は不完全となる．**格子欠陥**(defect)とはこのように完全に規則正しく配列した完全結晶からイオンや原子などが欠損し，原子配列が乱れることを意味する．点欠陥には陽イオンあるいは陰イオンが本来の位置からずれて存在する**フレンケル欠陥**と陽イオンと陰イオンが同数なくなる**ショトキー欠陥**がある．図1.24にフレンケル欠陥とショトキー欠陥を示す．

　ハロゲン化アルカリではフレンケル型の欠陥が主として存在する．たとえば，Cl が1つ本来格子のないところに移動している．移動した場所は空孔となる．同じようにショトキー欠陥では Na と Cl が1つずつなくなり，そこが空孔となる．重量1gの食塩の結晶(1.0×10^{22} 個の原子に相当)には 10^7 個のショトキー欠陥を含む．フレンケル欠陥は蛍石構造のように大きな隙間を有する結晶で観察さることが多い．点欠陥が1次元的に連なったものは線欠陥とよぶ．実際には転位とよび，刀状転位とらせん転位がある．さらに，2次元的になったものを面欠陥とよぶ．

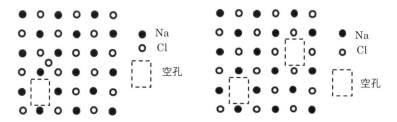

図1.24　フレンケル欠陥(左)とショトキー欠陥(右)

格子欠陥はクレガー・ビンクの表記法で表現する. 元素は元素記号で表す. 空孔は V, 正孔は h で表す. あるイオンが格子間位置にある場合には i の添え字をつける. 電気的に中性なものは ×, 正の電荷は・, 負の電荷は ' で表す. CaO 中の Ca^{2+} イオンの位置が欠損した場合, O^{2-} イオンが 1 つ多いため, −2 価にチャージしていると考えて V''_{Ca} と表す.

また, 酸化アルミニウムの結晶におけるショトキー欠陥の生成反応は

$$null \rightleftharpoons 2V_{Al} + 3V_O$$

酸化物の結晶における酸素原子のフレンケル欠陥の生成反応は

$$O_O^× \rightleftharpoons O_i + Vo$$

ジルコニアの結晶に酸化カルシウムが固溶する反応として主に 2 つ考えられる. カルシウム原子がジルコニウム原子を置換する形で追加され, 酸素原子が結晶格子に追加される反応は結晶に酸素の空孔が生成する.

$$CaO(s) \xrightarrow{Z_rO_2} Ca''_{Zr} + O_O^× + V_O^{\cdot\cdot}$$

カルシウム原子の一部が格子間に侵入し, 酸素原子が結晶格子に追加される反応では空孔は生成しない.

$$2CaO(s) \xrightarrow{Z_rO_2} Ca''_{Zr} + Ca_i^{\cdot\cdot} + 2O_O^×$$

半導体において Si に Al をドープした場合には

$$Al(s) \xrightarrow{S_i} Al'_{Si} + h^{\cdot}$$

1.3.2 内因性格子欠陥と外因性格子欠陥

結晶の点欠陥には, 熱のエントロピー効果から生じた内因性欠陥と不純物の添加などによって生じた外因性欠陥が存在する. ショトキー欠陥, フレンケル欠陥いずれも内因性の格子欠陥である. 結晶中には多くの欠陥が存在するが, これは結晶が高温度で合成されることが多いためである. しかし, 温度が下がることにより欠陥の数は少なくなるはずであるが, 冷却速度が極端に遅くない限り, 通常格子欠陥は冷却中にそのまま保持された状態となり, 平衡濃度より過剰に存在することとなる. 一方, 残光性蛍光体の残光時間を延ばすためには電子を蓄える欠陥が必要とされていた. このため, 硫化カルシウム蛍光体に Li^+ イオンを添加することにより格子欠陥を作製すると残光時間が延びることが確認された. これは Ca^{2+} と Li^+ イオンが置換し, 陰イオン空孔を形成するた

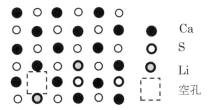

図 1.25 陰イオン空孔の生成

めである(図 1.25).逆に NaCl の構造内に Ca²⁺ イオンを導入すると陽イオン空孔が生成する.

1.4 無機結晶とガラス

1.4.1 結晶とアモルファス

　水は低温では固体(固相)の氷となり,氷を加熱すると液体(液相)の水に変化し,さらに加熱すると気体(気相)の水蒸気になる.この固体,液体,気体の3つの状態を**物質の三態**という.多くの物質は温度,圧力などが変化するとこれらの三態の間を変化し,相変化を起こす.3つの相の平衡関係を図 1.26 に示す.固相が液相に変化することを**融解**といい,その温度を融点という.逆に液相が固相になる変化を**凝固**という.液相から気相への変化を**気化**,逆に気相から液相への変化を**液化**といい,この温度が沸点である.固相から液相を経ずに気相になる変化を**昇華**という.また,この逆の現象も昇華という.これらの三態の状態変化を微視的に見ると,気相状態では原子あるいは分子はそれらの間の距離が液相状態以上に大きく,より高速で移動している.液相状態では原子あるいは分子の位置に規則性がなく,これらは互いに位置を交換するように移動している.一方,固相状態は原子あるいは分子が(外部からの熱により振動は生じているが)3次元的に整然と並んだ状態となっている.とくにその並びに規則性をもつ場合を結晶,ある程度無秩序な状態を**非晶体**(**アモルファス**,amorphous)とよんでいる.非晶体の代表的な例はガラスおよびゲルである.しかし,規則性がないといってもまったく無秩序ではなく,数Å単位では規則性を有している.

　原子や分子,イオンなどが集まるとき,規則的に整列するのが,エネルギー的に最も安定となる.結晶,非晶体,液体,気体のエネルギーの高低による相関図を図 1.27 に示す.非晶体(非晶質固体)は,結晶ではない固体ということであり,エネルギー的には結晶よりも高いところに位置する.また,結晶,液体,気体はいずれも熱力学的な安定相であるのに対して,非晶体は安定相ではない.

1.4.2 単結晶と多結晶

　結晶は形態により単結晶と多結晶に大別される.ダイヤモンドやルビーのような宝石や,半導体分野で用いられているケイ素(シリコン)など,結晶全体にわたって方位と長さが完全に規則正しく配列しているものを**単結晶**(single crystal)という.一方,単結晶

図 1.26　三態の状態変化

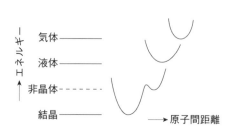

図 1.27　エネルギーの高低による結晶,
　　　　　非晶体,液体,気体の相関図

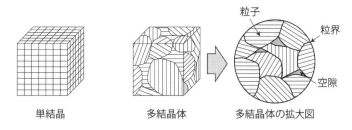

図1.28　単結晶と多結晶体の微細構造

が集まってできている結晶を**多結晶**(polycrystal)という(図1.28)．多結晶の構造は，粒子，単結晶どうしの界面である粒界(grain boundary)，不純物，空隙，種々の欠陥からなる．これらの欠陥(1.3節を参照)には，空格子点や異種元素などの点欠陥，転位などの線欠陥，粒界などの面欠陥がある．欠陥は多結晶の性質に強く影響を与える．単結晶中にも原子配列の乱れなどによって欠陥が存在しているが，欠陥の影響はその周囲だけに限られるため，単結晶であることに変わりはない．

　単結晶は理想的には均質な物質であるため，レーザーのような透光性が要求される材料として有用である．一方，多結晶は粒界が存在するため，電気伝導度や光の透過率は単結晶と比べて低くなる．反面，粒界の存在により，多結晶に特有の性質も現れ，サーミスタなどへ応用されている．

　無機化合物の単結晶は一般には高温，高圧下で作製する．時間をかけながら融液や溶液から結晶を析出させる方法で合成される場合が多い．多結晶は固相反応をはじめ，さまざまな合成方法が用いられる．

1.4.3　ガラスとガラス構造

　無機の非晶質は，無機ガラス，ゲル，非晶質半導体，無定形炭素および合金ガラスに分けられる．これらの非晶質は，ガラスとその他の非晶質に分けて取り扱われる．ガラスは次の2つの条件を満たす固体と定義される．

　① 原子配列がX線的に不規則な網目構造をもつ．

　② ガラス転移現象を示す．

　①はガラスが構造上非晶質であることを示している．図1.29に結晶とガラスの2次元の原子配列図を示す．(a)は結晶を表し，規則的に原子が配列している．(b)はサッカリアセン(Zachariasen)によって提案されたガラスの不規則網目構造である．(c)はランダール(Randall)によって提案された微結晶構造説に基づくガラスの不規則構造モデルである．図(c)に○で囲んだ領域が微結晶部分である．微結晶の大きさは2 nm以下で，その割合は図のように少ないものから微結晶どうしが接触するほど多いものまである．このような微結晶をつなぎ合わせるためには，非晶質のマトリックス部分の存在が必要である．微結晶の向きが不規則であるため，微結晶が小さければ，X線非晶質性，等方性，透明性，その他の物性を不規則網目構造説と同様に説明できる．

　②は非晶質の中でもとくにガラスに特徴的な条件である．すなわち，ガラスとその他の非晶質との区別は，**ガラス転移温度**(T_g)の有無によってなされる．非晶質半導体や無定形炭素にはガラス転移温度が観測されないが，無機ガラスや合金ガラスにはガラス転移温度が観測される．物質を高温の液体状態からゆっくり冷却すると，凝固点で結晶化

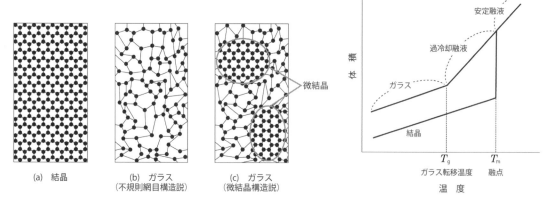

<table>
<tr><td>(a) 結晶</td><td>(b) ガラス
(不規則網目構造説)</td><td>(c) ガラス
(微結晶構造説)</td></tr>
</table>

図 1.29　構造モデル　　　　　　　　　　　図 1.30　ガラス形成液体の体積の温度変化

が起こり，結晶が生成する．純物質を冷却すると，融点 T_m に近い温度で凝固が起こり，
図 1.30 に示したような不連続な体積変化を伴う．液体を急速に冷却すると，T_m で結晶
化が起こらず，液体の体積 - 温度関係が T_m 以下の温度領域までもち越される場合があ
る．この状態が過冷却液体とよばれるものである．さらに温度が低下するにつれ，過冷
却液体の粘度は大きくなり，ある臨界温度以下では物質は固体のように振舞う．この臨
界温度がガラス転移温度とよばれるものであり，体積の温度変化は T_g 以下では結晶の
それと同程度になる．T_g は融点 T_m の 2/3 に近く，また T_g ではガラスの種類にかかわ
らず粘度が 10^{13}P（ポアズ）に近い値の温度にある．逆にガラスを加熱すると膨張する
が，ガラス転移温度でガラスは過冷却液体となるため，膨張はさらに大きくなる．これ
がガラス転移現象である．ガラス転移温度は，熱機械分析（TMA）により熱膨張係数が
変化する温度から求められるほかに，示差熱分析（DTA）や示差走査熱量分析（DSC）な
どを用いて，比熱が変化する温度からも求められる．
　従来，ガラスとは「高温融体が結晶化することなく冷却した無機物質」という定義が
与えられてきた．しかし PVD や CVD，ゾル - ゲル法などの方法も用いて，溶融急冷し
て作製するガラスとまったく同じものが得られている．また，金属や高分子もガラス化
することが明らかになっている．したがって，ガラスは "ガラス転移現象を示す非晶質
固体" と定義するのが適当である．
　ガラスは，結晶を特徴づけるような原子や分子の配列の周期構造や並進対称性をもた
ない．図 1.31 と図 1.32(a) に化学組成が SiO_2 のシリカ結晶とシリカガラスの構造を示
す．シリカガラスの基本構造単位はシリカ結晶と同じ SiO_4 四面体であり，この構造単
位を短距離（範囲）構造という．シリカガラスではこの SiO_4 四面体が頂点の O を共有し
てつながり，網目構造ができあがっている．このような構造単位どうしの連結様式（構
造）を中距離（範囲）構造，あるいは中距離（範囲）秩序とよぶ．中距離の意味する範囲は 1
nm 程度までである．それ以上の距離における構造を長距離（範囲）構造，あるいは長距
離（範囲）秩序とよぶ．ガラスではこのような距離における秩序はない．ガラス構造が結
晶構造と異なる点は，その構造単位の連結様式である．四面体の構造要素である Si－O
距離は一定であるので，連結様式に影響するのは Si－O－Si 結合角である（コラム 1 参
照）．

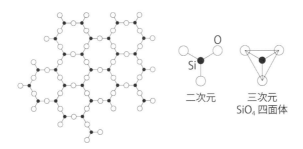

図1.31 シリカ結晶の構造の模式図

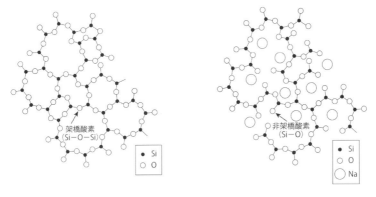

(a) シリカガラスの構造を模式的に2次元に描いたもの

(b) アルカリ金属をドープしたシリカガラスの構造の模式図

図1.32

　2成分および多成分系のガラスの構造は，成分の種類，組成，生成条件などによって複雑に変化する．ガラス中の酸素イオンは，三角形や四面体配置をしており，陽イオンはその中心に位置している．ガラスの配位多面体を形成している陽イオンは，網目形成体（network former）とよばれる．一方，配位多面体を作らずに不規則に分布して，網目構造を変化させるはたらきをもつ陽イオンを網目修飾体（network modifier）という．SiO_2，B_2O_3，P_2O_5，GeO_2，As_2O_3 などは単独でガラスを形成するので，網目形成酸化物またはガラス形成酸化物とよばれる．ガラス形成酸化物に Na_2O のようなアルカリ酸化物およびCaOのようなアルカリ土類酸化物を加えると，溶融温度が低下し，液体の粘度，ガラス転移温度，密度，屈折率，化学的特性，硬度などの性質が変化する．これらは網目修飾酸化物とよばれる．

　SiO_2に Na_2O を加えた組成のガラスでは，次の反応によって $\equiv Si-O-Si\equiv$ が切れる．

$$\equiv Si-O-Si\equiv + Na_2O \rightarrow \equiv Si-O-Na+Na-O-Si\equiv \qquad (1.1)$$

Na^+ イオンの添加によって，$Si-O$ 結合の一部が切られ，結合の弱い $Na-O$ 対ができる．陽イオンと強く結合して網目を形成している酸素を架橋酸素，Na^+ と弱く結合している酸素を非架橋酸素という．つまり，Si と Si を結びつけていた架橋酸素が非架橋酸素になり，網目は切断される．Na_2O-SiO_2 系ガラスの構造模式図を図1.32(b)に示す．

　構造解明には短範囲から長範囲にわたる解析手段が必要であるが，とくに蛍光 X 線，ESCA，紫外・可視吸収スペクトル，赤外・ラマン吸収，NMR，ESR などの分光学的方法は，構成原子やイオンの配位状態，結合力，結合形式などの短距離構造の究明に有効である．遠赤外吸収や，比熱容量に現れる低周波振動や電子顕微鏡観察によって中距離構造の存在が明らかになり，広いエネルギー幅の電磁波や中性子を用いた動径密度測定と，ガラス構造モデルに対する理論動径分布関数予測をもとにその構造が解明されつつある．また，長距離構造は，分子動力学を適用したコンピューターシミュレーションにより追及されている．

コラム 1

シリカ(SiO₂)

　SiO₂(二酸化ケイ素あるいはシリカ)にはガラス状態も含めて構造の異なる多くの固相(多形)が存在する．代表的なものは石英(quartz)，トリジマイト(tridymite)，クリストバライト(cristobalite)の 3 種で，それぞれ低温型(α 型)と高温型(β 型)がある．結晶相と温度の関係を図 1.33 に示した．シリカにおける Si^{4+} および O^{2-} のイオン半径はそれぞれ 0.041 nm および 0.14 nm で，Si^{4+} が中心に位置し O^{2-} が頂点を占める四面体が最小構造単位をなす(図 1.34(a))．この四面体は頂点を共有しながら連続した構造を形成する．それぞれの多形に対応する構造の相違は O^{2-} と 2 個の Si^{4+} との間にできる結合角 θ の違いによるものである(図 1.34(b)，図 1.35)．β-石英の θ は 150° で，四面体の連結様式はらせん状であるのに対し，トリジマイトの θ は 180° で六角形の環状配列をとる．クリストバライトもトリジマイトとほぼ類似した構造であるが，より開放的である．したがって，三者のなかでは石英は最も密に充填した構造となり，比重や屈折率も最大である．石英のうち，とくに透明な単結晶が水晶である．水晶は圧電性を有するため，振動子，表面弾性波素子などに用いられている．石英ガラス(密度 2.20 g/cm³)は耐食性に優れ，フッ化水素酸を除くほとんどの酸に耐える上，熱伝導率は 0.8〜1.7 W/mK で低いが，熱膨張係数が 0.5〜1.4×10^{-6}/K ときわめて小さいので，急熱急冷にも耐えることから化学器具材，熱器具材として広く用いられている．また，紫外，可視領域に広い透光性を有するため，光通信用ファイバーなどの重要な光エレクトロニクス材料に用いられる．シリカゲルは，Na₂SiO₃ を酸処理してつくられる．数%の水を含み，多孔質で表面積が大きく，吸着力が強いので触媒や乾燥剤となる．

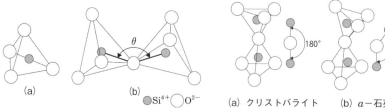

図 1.33　シリカ(SiO₂)の結晶相と温度の関係

図 1.34　シリカの結晶構造(θ は結合角)　　　　図 1.35　SiO₂ 結晶中の Si−O−Si 角度

1.4.4　固 溶 体

　純粋な単体の性質は電子配置と構造によって決まるが，化合物の性質は構成元素や原子間の化学結合の性質のほかに，組成と構造に依存する．また，単一の構造に不純物を含む異種の原子または化合物が侵入または導入されると，母結晶の構造を崩すことなく固体の状態で混ざり合うことがある．これを固溶とよび，固溶体(solid solution)が形成される，という．固溶体には**置換型固溶体**(substitutional solidsolution)と**侵入型固溶体**(interstitial solid solution)がある(図1.36)．

　置換型固溶体は，ある結晶構造の格子点がまったく不規則に異種原子によって置き換えられた相である．二成分系状態図において二成分が任意の割合で置換する場合を「連続固溶(または全域固溶)」といい，両端成分の近傍でお互いの置換量に制限がある場合を「部分固溶(または制限域固溶)」という．この連続固溶体を形成するには，次に示すヒューム-ロザリー(Hume-Rothery)の経験則を満足する必要がある．

　① 結晶構造が同じである．
　② 原子半径の差が15％以内である．
　③ 電気陰性度がほとんど等しい．
　④ 原子価が2以上異ならない．

　これらの条件を満たさない場合は連続固溶体が形成されにくく，固溶が制限されたり，化合物が形成されやすい．

　侵入型固溶体は，結晶格子の間隙に異種原子が統計的に分布するように入り込んだ相である．これは単体金属に多く見られ，H，B，C，Nなどの軽元素が母結晶の形を崩すことなく，格子間に入り込んで固溶する．この場合，侵入する原子の大きさは母結晶格子の隙間に対して十分に小さいことが条件である．

　異種の原子の原子価が母結晶の原子と異なる場合，結晶全体の電荷補償のため原子の構造中の位置(格子位置)から原子が欠損することがある．欠損位置を**空孔**(vacancy)とよぶ．格子位置の間に配位する原子も存在する．これを**格子間原子**(interstitial atom)とよぶ．空孔にはフレンケル型とショットキー型がある(図1.24，図1.36)．フレンケル型では空孔と格子間原子とが同数生成する．侵入または導入された異種の原子と空孔を**格子欠損**(lattice defect)という．格子欠損は物質の性質に影響を及ぼす．

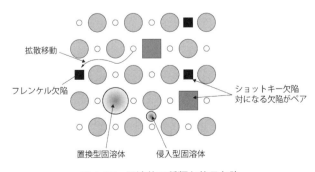

図1.36　固溶体の種類と格子欠陥

1章　演習問題

1.1　次の条件を満足する結晶系は何か．複数回答あり．
　　(a)$a=b$，　(b)$b=90°$，　(c)$a=c$

1.2　結晶面を表記するミラー指数について，(100)，(101)，(111)，(200)，(113)を図示せよ．

1.3　次の立方格子の図形内の網掛けで示した面の面指数を考えよ．

1.4　次の六方格子の図形内の網掛けで示した面の面指数$(hkil)$を考えよ．なお，これを(hkl)でも示せ．

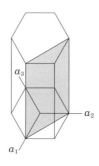

1.5　次の物質の結晶系は何か．
　　(a)酸化マグネシウム，　(b)酸化亜鉛，　(c)α型酸化アルミニウム，
　　(d)硫酸カルシウム二水和物，　(e)酸化鉄，　(f)二酸化ケイ素

1.6　ダイヤモンドの空間占有率は34%である．炭素原子の半径をaとした場合，立方体の1辺の長さはどのように表すことができるか．

1.7　次のカッコ内に数字を入れよ．
　　NaClにおいて，Na^+は（　）個のCl^-に囲まれている．Na^+とCl^-の距離をrとするとNa^+から$\sqrt{3}r$離れたイオンは（　）個あり，$2r$離れたNa^+は（　）個ある．なお，$\sqrt{5}r$離れたイオンは（　）個ある．

1.8　CaSの合成時にLi^+を添加するとどのような空孔が生成するか．

1.9　ショットキー欠陥とフレンケル欠陥を見分ける分析方法を1つ書け．

1.10　NaCl結晶中にショットキー欠陥が生成する場合およびフレンケル欠陥が生成する場合の平衡反応式をクレーガー・ビンクの記号を用いてそれぞれ示せ．

1.11　ZrO_2 に少量の Y_2O_3 を固溶化させると酸素空孔が生じる．適当な記号を用いて酸素空孔が生成する場合の平衡反応式をクレーガー・ビンクの記号を用いて示せ．また，酸化物イオンの格子空孔との静電的な相互作用により，物理的な性質に対してどのような影響が予測されるかを考察せよ．

1.12　ガラスとは何かを結晶質および(ガラス以外の)非晶質との違いに着目して定義せよ．

1.13　ガラス転移について，ガラス形成液体の体積の温度変化を示す模式図を示して説明せよ．

1.14　ガラス構造研究法をいくつかに分類し，それぞれの特徴を簡単に説明せよ．

1.15　置換型固溶体と侵入型固溶体について，それぞれ説明せよ．

2. 固体反応論

固体材料の形成反応は，気相から固相，液相から固相，固相から固相への相転移により起こる．また，固体を出発原料とした合成では拡散現象が重要となる．本章では，相転移および拡散について概説する．

2.1 相 転 移

化学的組成や物理的状態が一様で均一な系を**相**という．固体，液体，気体は，それぞれ固相，液相，気相とよび，相の境界には界面が存在する．たとえば，加熱したミョウバンを含む高濃度の水溶液を冷却すると，飽和溶解量以上のミョウバンは溶解していられなくなり，ミョウバンの結晶が析出する．これは液相から固相への**相転移**であり，相転移は新たに界面を形成する現象であるとも理解できる．ミョウバンの例は温度変化に伴った相転移であるが，その他にも圧力によっても相転移の変化を示すことがある．また，相転移は，状態が変化するものだけでなく，固相間の転移もある．それについても概説したい．

2.1.1 固相転移

それぞれの相は，温度，圧力および物質量により決まるギブスの自由エネルギーが異なり，最も低い自由エネルギーを有する相が選択されることとなる．水の気相から液相の相転移などのように，それぞれの相によって体積やエントロピーが大きく異なる．そのため，相転移の前後において，温度変化に対し体積やエントロピーが不連続な変化となる．

相の数を p，成分の数を c，自由度を f とすると，相平衡が成立しているとき，ギブスの相律 $f = c - p + 2$ が成立する．図2.1に水の状態図を示す．1成分（$c = 1$）のとき，自由

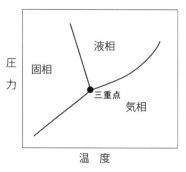

図2.1 水の状態図

26

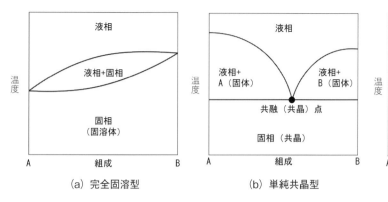

固溶体A：Aの成分が多い固溶体
固溶体B：Bの成分が多い固溶体

(a) 完全固溶型　　　　　　　(b) 単純共晶型　　　　　　　(c) 部分共晶型

図2.2　2成分系状態図

度 f は相の数で決まる．たとえば，気相，液相，固相のいずれかの領域では，温度および圧力によって状態が決定する．一方，各相の境界線上では，気相と液相などの2つの相が共存し $p=2$ となることから，$f=1$ となり，温度または圧力により状態が決まる．また，三重点ではすべての相が共存することから，$f=0$ となり，温度も圧力も変化しない．次に2成分系について考える．2成分系（$c=2$）では，$f=4-p$ となりより複雑な系となるが，無機材料の場合，1 atm 付近で取り扱われるか，または蒸気圧が小さく，気相を無視することができるので，圧力を変数から除外することができる．そのため，$f=c-p+1$ となり，横軸に組成，縦軸に温度で状態図を表すことができる．圧力一定のときの2成分系の典型的な状態図を図2.2に示す．完全固溶型の状態図は，原子レベルで2つの成分が任意の割合で混ざり合う場合にみられる．

　凸レンズ状に固相線と液相線に囲まれた領域は2相共存領域であり，液相線よりも高い高温側は液相のみが，固相線よりも低温側は固相のみが存在する領域である．一方，固相の2成分が部分的にしか固溶しない場合には，固相の2相共存状態が存在することとなり，単純共晶型や部分共晶型の状態図となる．これらの状態図で，それぞれ100％の組成の部分のAおよびBはそれぞれの融点である．他の成分が入り，その成分量が増加すると，それぞれの純粋な融点から徐々に減少する．その後，ある組成において，最も低い温度となる．この温度になると，両成分が融解（固化）するまで温度は上昇（減少）せず，一定温度が保たれ，すべての物質が完全に融解（固化）した後，再び温度が上昇（減少）する．この温度を共融点（共晶点）という．状態図を見ることで，液体からの固体の生成，固溶体の形成などの相転移に関する知見を得ることができる．

2.1.2　多形転移と転移速度

　2.1.1項で述べたように，蒸発，融解などのような物質の状態間の転移だけでなく，固体間の相転移もある．化学組成が同じで結晶構造が異なるとき，元素の場合は同素体といい，化合物の場合は多形という．同素体の代表例として，炭素には等軸晶系のダイヤモンド，立方晶系のグラファイト，さまざまな結晶系が報告されているフラーレンがある．一方，多形の例として，光触媒材料としてよく知られている二酸化チタン（TiO_2）には正方晶系のルチルとアナターゼ，斜方晶系のブルッカイトがあり，炭酸カルシウム（$CaCO_3$）には六方晶系のカルサイトおよび斜方晶系のアラゴナイトがある．さらに，二

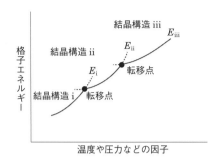

図2.3 格子エネルギーと因子の関係

酸化ケイ素(SiO₂)であれば，α-石英(低温型)，β-石英(高温型)，トリジマイトおよびクリストバライトがある(コラム1参照)．多形のそれぞれの結晶構造をその物質の変態とよび，結晶構造が変化することも相転移とよぶ．温度と圧力の変化により，このような相転移が起こり，通常はどちらか一方が一定の状態(一定圧力下における温度変化など)での変化により起こる．図2.3に種々の結晶構造を有する(多形を有する)化合物の格子エネルギーと温度や圧力などの因子の関係を示す．

いずれの相においても熱力学的には平衡状態であることから，その系が有するギブスの自由エネルギーは最小である．そのため，各結晶構造における格子エネルギーも最小であるといえる．温度や圧力の変化にともない結晶構造iの格子エネルギー E_i も変化するが，ある点で別の結晶構造iiの格子エネルギー E_{ii} の方が小さくなる．このとき，エネルギーの低い安定な結晶構造に変化することで相転移が起こる．この相転移が起こる点を**転移点**という．

相転移には，可逆的なものと不可逆的なもの，転移速度の速いものと遅いものとがある．結晶構造の変化が原子の移動および再配列に基づくことを考えれば，原子がわずかに移動することで起こる転移は容易に起こり，転移速度も速い．この転移には可逆的なものも多く，代表例として SiO₂ の α-石英(低温型)と β-石英(高温型)の転移がある．一方，原子が長い距離を移動して起こる転移は，もとの結晶構造から原子が再配列することで起こる転移もある．多くの転移はこの転移であり，不可逆的で転移速度は遅い．また，結晶系に着目すると，低温型に比べ，高温型の方が結晶の対称性が高い．

コラム 2

安定化ジルコニア

転移の際には長さや体積の変化を伴うことが多く，粒界に応力や亀裂が発生する．そのため，その材料を使用する温度範囲において，相転移が起こらないことが望ましい．たとえば，酸化ジルコニウム(ジルコニア(ZrO_2))は，低温では単斜晶系，高温では正方晶や立方晶へと変化するが，単斜晶から正方晶の転移では大きな体積変化が起こる．そのため，純粋な結晶は温度サイクルによって崩壊する．これを避けるために，少量の CaO, MgO または Y₂O₃ などを安定化剤として添加することで，異常膨張収縮のないジルコニア(安定化ジルコニア)にして用いられたりする．高濃度の酸素空孔をもつ安定化ジルコニアは，高温において酸化物イオン伝導体として知られており，燃料電池の電解質として使用される．

2.2　核生成と成長

　一般的に，核が生成した後，その核が成長することで無機材料の合成は進行する．この核生成と成長を制御することで，粒子径などの形状や物性を制御することが可能であり，これらの現象を理解することは材料設計の観点からも重要である．本節では，核生成と結晶成長について概説する．

2.2.1　均一核生成と不均一核生成

　核生成は，相変化の初期において，熱力学的に不安定な相から安定な相を形成する中心ができるプロセスである．ここでは，溶液からの核生成プロセスについて考える．図2.4に溶解度曲線を示す．溶解度曲線は，平衡状態のときの溶質の濃度と温度の関係を示しており，一般に温度の上昇にともない，溶質の濃度は増加する．また，溶解度曲線の上部に過溶解度曲線が存在する．過溶解度曲線は，自発核形成が起こる曲線であり，実験条件により変化する．溶解度曲線と過溶解度曲線で囲まれた領域は過飽和領域とよばれ，準安定領域である．不飽和領域の溶液を冷却する過程を考える．まず，冷却するので，濃度は一定となり，横軸と平行に温度は変化していくこととなる．不飽和領域では，まだ生成物は存在しない．そのまま冷却していくことで過飽和領域に入るが，この領域でもまだ核発生は起こらない．さらに冷却が進行し，過溶解度曲線を超えたときに核が生成する．核が生成することにより溶質の濃度は減少することとなり，過飽和領域の核が含まれた溶液となる．この過飽和領域において，核を中心に結晶成長が進行することとなる．結晶成長については，2.2.2項で詳細に述べる．また，これは冷却のみではなく，溶液をある一定温度に保ち，溶媒を蒸発させ，溶液を濃縮させることによっても進行させることが可能である．一方，化学反応を起こすことにより，溶解度の低い生成物を形成させることで核を発生させることも可能である．その場合，図2.4に示す縦軸と平行に変化することとなり，化学反応進行により，核発生がただちに起こり溶質濃度が減少することとなる．その後，過飽和領域において核を中心に結晶成長が起こる．これらのように，自発的に核生成が起きることを**均一核生成**という．ここで，過飽和領域において，人為的な核の添加，異種物質への吸着などにより結晶成長が起こる．この

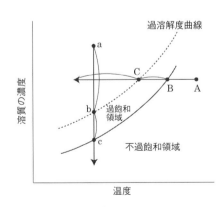

図2.4　溶解度曲線

(橋本ら，「E-コンシャス　セラミック材料」，
三共出版 (2010) 図6-1 を改変)

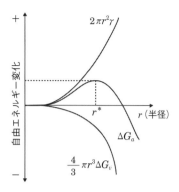

図 2.5　核の半径と自由エネルギー変化の関係

図 2.6　壁面上における不均一核生成のモデル

場合，**不均一核生成**とよぶ．

　均一核生成において，核の生成には 2.1.1 項で述べたように新たに固相と液相の界面が生成しなければならない．そのため，小さな粒子が生成するときには，その系の自由エネルギーは増加することとなる．液相から固相が形成するときの自由エネルギー変化は，界面の生成に伴う自由エネルギー変化に加え，体積自由エネルギー変化と新たに固相が現れることによるひずみ自由エネルギー変化との和になる．生成する固相を半径 r の球状粒子と仮定した場合，液相から固相の自由エネルギー変化であることから，ひずみ自由エネルギーを無視すると（固相から固相の場合には無視することはできない），相転移による全自由エネルギー変化（ΔG_a）は以下の式 (2.1) で表される．

$$\Delta G_a = \frac{4}{3}\pi r^3 \Delta G_v + 4\pi r^2 \gamma \tag{2.1}$$

　ここで ΔG_v は単位体積あたりの体積自由エネルギー変化，γ は液相と固相の界面の単位体積あたりの界面エネルギーである．この式を図示すると図 2.5 のようになる．非常に小さい粒子が生成している場合，第 2 項が支配的となる．エンブリオ（安定な核よりも小さな粒子）の粒子径が増加するにしたがって，それを形成する第 2 項の自由エネルギーも増加する．しかし，さらに成長していくことで，第 1 項の体積自由エネルギー変化が支配的となり，全自由エネルギー変化は低下し，系は安定化することとなる．このとき，全自由エネルギー変化は極大値を有し，この障壁を乗り越える必要がある．この障壁に対応する粒子の半径を臨界半径（r^*）とよび，全自由エネルギー変化の式を r について微分することで求まる．

$$r^* = -\frac{2\gamma}{\Delta G_v} \tag{2.2}$$

　ここまでの話は理想的な均一核生成についてである．通常は容器内で反応を進行させることから，容器の壁面などの界面において核生成は不均一に起こる．図 2.6 に不均一核生成のモデルを示す．ここでは壁面を考えるが，種結晶などに置き換えても同じである．不均一核生成において，壁面などの異種界面が担う役割は，核生成に対するエネルギー障壁を減少させることである．核が壁面上に生成すると，核—壁面の界面が新たに生成することとなる．このときの界面エネルギーの関係は，Young の式の導出の関係図に類似している．そのため，核の生成する角度を接触角 θ とした場合，$\theta<90°$ のとき，

式(2.1)の第2項の界面エネルギーが減少することとなり，エネルギー障壁が減少し不均一核生成が起こることとなる．

2.2.2 結晶成長

2.2.1項で述べた核生成は安定な相が形成するプロセスであったのに対し，結晶成長は安定相である核を中心に安定相が拡大していくプロセスである．核と液相の界面は結晶成長の唯一の場となる．粗い界面を有するか，平滑な界面を有するかによって異なる．粗い界面を有する場合，その表面にはステップやキンクが存在する．このようなところに位置する原子は結合原子数が少なく，高い表面エネルギーを有する．結合原子数が少ないだけでなく，結合により表面エネルギーを低下させることができるため，表面に吸着する原子はステップやキンクに吸着しやすい．このとき，吸着した原子の表面拡散は起こらず，結晶成長が進行することとなる．一方，平滑な表面を有する場合，吸着した原子は表面拡散によりキンクに到達し，そこで結晶に取り込まれる．これが繰り返されることにより，最終的には原子はステップやキンクをうめ，完全な平面になる．完全な平面になったのち，その表面に新たに核が生成し，そこからステップやキンクがまた生成する．そのステップやキンクをうめるように原子が吸着し，結晶が成長していくこととなる．この2次元的な成長を特徴とするのが**層成長機構**である．また，結晶成長の過程において，らせん転位が成長途中の結晶に存在すると，このらせん状のステップにしたがって渦巻状の結晶が成長することとなる．この成長過程を，**渦巻成長機構**という．

2.2.3 ガラスの結晶化

ガラスは過冷却液体を急冷固化したものであり，熱力学的に準安定状態にあるので，潜在的に結晶化直前のエネルギー状態にある．したがって，ガラス転移温度(T_g)領域か，それ以上の温度に保持すると結晶が析出しはじめ，安定な結晶状態に移行する．この過程をガラスの結晶化という．結晶の析出は，高温の溶融状態から常温に冷却する過程で，液相温度以下の温度に保持した場合や，常温で固結された状態から原子の再配列が可能なT_g領域かそれ以上の温度にまで徐々に再加熱された場合に進行する(図1.30)．ガラス工学においては，製造・加工の過程で望ましくないものとして結晶析出が起こることを失透とよぶのに対して，結晶析出現象を積極的に利用して種々の特性をもつガラス製品を創出することを**結晶化**とよんでいる．

結晶化の過程は，結晶核の生成と核の成長(結晶成長)の二段階を経て進行する．まず結晶核が生成し，これを核として結晶が成長する．結晶核の生成形態には，ガラスの内部から一様に生ずる**均一核生成**(homogeneous nucleation)と，ガラスの表面あるいは内部に存在する異種物質の表面から生ずる**不均一核生成**(heterogeneous nucleation)とがある．一般的にガラスの結晶化は表面より始まることが多く，表面結晶化とよばれているが，この場合は不均一核生成が起こっている．ついで，結晶核は加熱の方法によりさまざまな形や大きさに成長し，結晶化がガラス全体におよぶ．

核生成速度Iおよび結晶成長速度Uは，式(2.3)および式(2.4)で与えられる．

$$I = AD \exp\left(-\frac{a\gamma^3}{\Delta Gv^2 RT}\right) \tag{2.3}$$

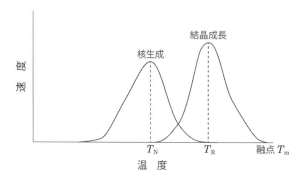

図2.7　核生成速度および結晶成長速度の温度依存性

$$U = f\lambda D' \left[1 - \exp\left(-\frac{\Delta Gv}{RT} \right) \right] \tag{2.4}$$

　ここで D，D' は母相と結晶の界面における原子の拡散定数で，移動の活性化エネルギーを ΔE とすると $\exp(-\Delta E/RT)$ に比例する定数，ΔGv は母相と結晶の単位体積あたりの自由エネルギー差，a は核の形状因子，γ は母相と結晶の界面における界面エネルギー，λ は原子のジャンプ距離，f は結晶界面において原子を受け入れることのできるサイトの割合，A は定数である．核生成速度と結晶成長速度の温度関数モデルを図2.7に示す．核生成は融点よりはるかに低い温度で起こりはじめ，温度 T_N でその速度は最大となる．T_N においては多数の核が生成するが，それよりも低温または高温においては生成速度が減少し，少数の核しか生成しない．核の成長はより高い温度（T_R）で最高となる．均一核生成が起こる場合には，T_N/T_g は $1.00\sim1.05$ で，$T_N \geqq T_g$ であるのに対し，不均一核生成（表面結晶化）では $T_N < T_g$ であることが明らかになった．

　このような結晶化過程は，X線回折，光学顕微鏡および電子顕微鏡，高温顕微鏡，示差熱分析（DTA）および示差走査熱量測定（DSC）などの熱分析により定量的に観測され，数多くのガラス組成系において解析されている．

2.2.4　結晶化ガラス

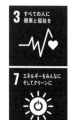

　ガラスを再加熱し，結晶を析出させてつくられる材料を結晶化ガラスあるいは**ガラスセラミックス**（glass-ceramics）という．結晶化処理の特徴は，① 結晶核生成剤（ガラスマトリックスに溶け込みにくく，核生成を促進する高表面エネルギーサイトを作り得る TiO_2，ZrO_2，Fe_2O_3，V_2O_5，NiO，Cr_2O_3 などの酸化物やフッ化物，硫化物）の添加など，ガラスの結晶化の条件を調整することによって核生成や結晶成長を制御し，構成結晶粒子を $0.02\sim20\mu m$ 程度の大きさにそろえることができる．② 原料を一度均一な融液にするため，気孔のない緻密な構造の製品が得られる．③ ガラスの軟化温度は普通 $500\sim700℃$ であるが，結晶化により $1000\sim1300℃$ に上げられ，耐熱性の向上が図られる，などである．

　組成，微細構造，結晶化のための加熱条件を調整することによって，表2.1に示すような多種多様の特性をもつ結晶化ガラスがつくられている．(1)耐熱衝撃性が高く，調理鍋や加熱板として利用される $Li_2O-Al_2O_3-SiO_2$ 系低膨張（ゼロ膨張）結晶化ガラス，(2)耐熱容器として利用される透明結晶化ガラス，(3)強誘電体結晶を含む電子機能結晶

表2.1　おもな実用結晶化ガラス

種　類	組成(核形成剤)	主結晶相	特　徴	用　途
高強度	Na_2O-Al_2O_3-SiO_2 (TiO_2)	ネフェリン	釉薬で強化	食器(茶碗, 皿)
低膨張	Li_2O-Al_2O_3-SiO_2 (TiO_2, ZrO_2, P_2O_5)	β-石英固溶体またはβ-スポジュメン固溶体	低膨張, 透明または不透明	食器, 熱交換器, ストーブ, レンジ, 耐熱窓, 反射望遠鏡
高抵抗	MgO-Al_2O_3-SiO_2 (TiO_2)	コージェライト	高周波絶縁性	IC基板
高誘電率	BaO-SrO-PbO-Nb_2O_5-SiO_2	Nb_2O_5	高誘電率	コンデンサ
マイカ	SiO_2-B_2O_3-Al_2O_3-MgO-K_2O-F	雲母 $KMg_3AlSi_3O_{10}F_2$	機械加工可, 絶縁性, 耐熱衝撃性	電気絶縁材料
低　触	PbO-ZnO-B_2O_3	Pb, Znのホウ酸塩	低融点, 高抵抗	ブラウン管, そのほかの封着
感　光	Li_2O-Al_2O_3-SiO_2 (Au, Ce)	$Li_2O \cdot 2SiO_2$	化学切削可能	流体素子
スラグ	Na_2O-CaO-ZnO-Al_2O_3-SiO_2 (Mn, Fe)	ウォラストナイト, アノーサイト, ジオプサイト	高強度, 着色	壁材, 床材, タイル
建材用	Na_2O-K_2O-CaO-ZnO-Al_2O_3-SiO_2	β-ウォラストナイト	美麗, ガラス質多い	壁材

化ガラス, (4)磁気ディスクなどの基板として利用される高強度・高じん性結晶化ガラス (たとえばカナサイト結晶化ガラス), (5)普通の旋盤やのこぎりで機械加工(切断や研削)が可能な K_2O-MgO-Al_2O_3-B_2O_3-SiO_2-F系マシナブル(マイカ)結晶化ガラス, (6)美観を有する壁面に使用され, ガラス製品のように加熱によって曲げることができる CaO-Al_2O_3-SiO_2 系建材用結晶化ガラス, (7)高強度で生体活性を有する MgO-CaO-P_2O_5-SiO_2 系人工骨結晶化ガラス, などである.

2.3　拡　散

　一般的に, **拡散**(diffusion)とは粒子や熱などが広がっていく物理現象であり, 日常では煙が空気中に広がるときなどに観察される. 固体反応を論じる場合, 拡散とは異種の粒子の混合系が熱平衡に近づく際に生じる濃度変化の過程といえる. 一定温度では, 物質は一般に濃度の高い領域から低い領域に拡散により移動する. 言い換えれば, 濃度の勾配が拡散の成因である. たとえば, セラミックス(多結晶体)を作製する際, 粉体粒子を焼結させるが, このときのキーワードが1.3節で説明した空孔の拡散である.

2.3.1 拡散の種類と法則

　拡散という現象は勾配がその成因であるが，濃度勾配により物質移動が生じる場合，フィックの法則を使用する．フィックの法則には第一法則と第二法則があり，それぞれについて説明していく．なお，オームの法則は電流が電位の勾配に比例する拡散現象を，フーリエの法則は熱の移動（拡散）が温度勾配に比例することを提示する法則であり，フィックの法則と類似している．

　まず，フィックの第一法則について説明する．2.3.4項で説明するが，焼結時にネック部分で生じた空孔は拡散により移動して粒界部分で消滅する（図2.8）．いま，ネック部分と粒界領域の空孔濃度と拡散距離が一定であると仮定すると，その拡散は定常状態で起きることになる．この定常拡散の濃度勾配を示した図が図2.9である．この場合，単位面積を通って単位時間に拡散によって移動する量（流速 J）は式(2.5)として示され，これを**フィックの第一法則**とよんでいる．

$$J = -D\frac{dc}{dx} \tag{2.5}$$

この式は x 方向のみの物質移動を考えているため，1次元のフィックの第一法則とよぶ場合もある．また，この式にマイナスが付いているのは濃度の高い方から低い方に流れるためである．なお，d は常微分記号である．ここで，D は拡散係数，c は濃度，x は距離，dc/dx は濃度勾配である．

　次に，**フィックの第二法則**について説明する．この法則は濃度分布が時間とともに変化する場合に使用される．濃度が時間の関数である場合，距離 dx の微小部分の物質移動（拡散）を考えると，

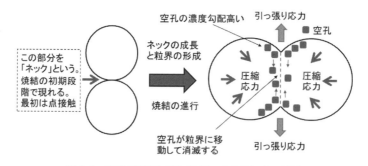

図2.8　空孔の濃度勾配と粒界への移動による消滅

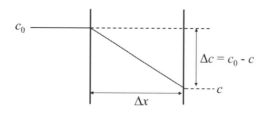

図2.9　定常拡散の濃度勾配

$$\frac{\partial c}{\partial t} = \frac{\partial}{\partial x}\left(D\frac{\partial c}{\partial x} \right) \tag{2.6}$$

が得られる．なお，∂は偏微分記号である．Dが濃度に依存しない場合や濃度の狭い範囲では，Dが偏微分の外に出て，

$$\frac{\partial c}{\partial t} = D\frac{\partial^2 c}{\partial x^2} \tag{2.7}$$

と表記できる．これらの式(2.6)および式(2.7)はフィックの第二法則(1次元)とよばれる．上述のように，フィックの第二法則は偏微分方程式であるので，その解を求めるには境界条件が必要となる．

　図2.10は，純粋な物質AとBを$x=0$の面で接合したモデルであり，$t=0$ではAとBが単に接合している状態である．これを所定の温度で加熱すると，物質AはB側に拡散により移動する．このとき，Aの初期濃度をc_0とし，tがt_1，t_2，t_3となるにしたがって時間が経過し($t_0<t_1<t_2<t_3$)，物質Aの濃度はc_0からcへと変化する．この図の場合，$t=0$の境界条件(初期条件)は以下の式(2.8)のように示される．

$$c=c_0 \quad (x\leq 0,\ t=0), \quad c=0 \quad (x>0,\ t=0) \tag{2.8}$$

この解は，

$$c=\frac{c_0}{2}\left[1+\mathrm{erf}\frac{x}{2(Dt)^{0.5}} \right] \tag{2.9}$$

となる．ここで，erfとは「誤差関数」であり，$z=x/2(Dt)^{0.5}$とすると，zとerf(z)との関係は表2.2に示したようになる．

　ここで，式(2.9)について説明を加える．zが1のときerf(1)は0.8427となる．この数字を式(2.9)に代入すると，$c=0.9214c_0$となる．これは，最初の界面から$2(Dt)^{0.5}$離れたところの物質Aの濃度は0.92となり，初期界面を挟んで対象の位置($z=-1$)では，$c=0.08c_0$となることを示している．この$2(Dt)^{0.5}$は**拡散距離**とよばれ，固相反応にもとづく粉体合成やセラミックス製造の領域にも有用である．この拡散距離は試料片の形

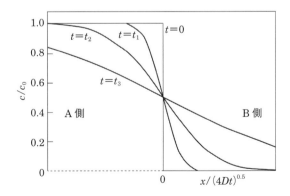

図2.10　各時間tにおける拡散式((2.8)式)のプロット

(守吉ら，「セラミックスの焼結」，内田老鶴圃 (1995) p 37 を改変)

表2.2　誤差関数の数値表

z	erf(z)	z	erf(z)	z	erf(z)
0	0	0.55	0.5633	1.3	0.9340
0.025	0.282	0.60	0.6039	1.4	0.9523
0.05	0.0564	0.65	0.6420	1.5	0.9661
0.10	0.1125	0.70	0.6778	1.6	0.9763
0.15	0.1680	0.75	0.7112	1.7	0.9838
0.20	0.2227	0.80	0.7421	1.8	0.9891
0.25	0.2763	0.85	0.7707	1.9	0.9928
0.30	0.3286	0.90	0.7970	2.0	0.9953
0.35	0.3794	0.95	0.8209	2.2	0.9981
0.40	0.4284	1.0	0.8427	2.4	0.9993
0.45	0.4755	1.1	0.8802	2.6	0.9998
0.50	0.5205	1.2	0.9103	2.8	0.9999

（守吉ら，「セラミックスの焼結」，内田老鶴圃(1995)p 39 を改変）

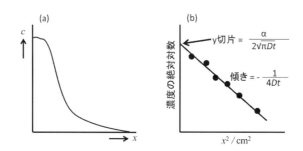

図2.11　薄膜条件での(a)濃度分布および(b)拡散係数の決定

状などの要因で変化するため，おおよその値ではあるが，拡散が進行する距離を理解するのに活用できる．たとえば，D が 1.0×10^{-9} cm^2/s のとき，10 時間拡散が進行すると，その拡散距離は $2 \times (1.0 \times 10^{-9} \times 10 \times 3600)^{0.5} = 0.012$ cm $= 0.12$ mm となる．

2.3.2　拡散とイオン伝導

　一般的に，拡散(物質移動)は気体・液体・固体のすべての状態において生じる現象であるが，本書は無機材料を対象としているため，固体に注目する．固体中の原子やイオンは熱エネルギーによりその平衡格子位置で絶えず振動している．十分なエネルギーをもった原子やイオンはある瞬間に隣接する格子位置にジャンプすることがある．このジャンプの繰り返しが固体中の拡散といえる．室温程度の温度では，固体中の拡散は実測できないが，セラミックスを作製するような十分な高温になると，固体中の拡散は観測できるようになる．結晶などの固体内では，原子やイオンが密に詰まっているので，それらの間に隙間は小さく，その隙間を通り抜けて原子やイオンが移動することは難しい．そこで，原子やイオンが固体(結晶)中を拡散するには点欠陥が必要となる．点欠陥については1.3節を参照してほしい．特に，空孔と格子間原子(イオン)の2つの点欠陥は拡散に重要な役割を果たす．

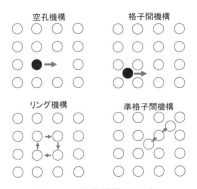

図2.12　拡散機構のモデル

　図2.12は拡散機構を示したモデル図である．空孔機構では空孔の存在は必須であり，イオンは空孔と位置を交換することにより移動する．たとえば，酸化ニッケルなど金属酸化物において，ニッケルイオンが欠損した点欠陥(空孔)があるとすると，その空孔が右に動くということは空孔が移動した先のニッケルイオンが反対方向の左に動くということを意味する．これが固体(結晶)中のイオン伝導を説明する考え方である．ここで形成する欠陥濃度は温度により指数関数的に増加する．そのため，イオン伝導度は酸化ニッケル中の欠陥濃度に強く影響を与えるため，焼成時の温度や酸素分圧などの雰囲気が重要になってくる．この空孔機構は，空孔が主な欠陥となる金属やショットキー欠陥が主な欠陥となるイオン結晶が対象となる．

　一方，格子間機構では，原子が一部格子間に入って移動する．準格子間機構では，格子間の原子が正規の結晶サイトに入り，代わって正規位置の原子が格子間位置に押し出される．この機構では，原子は玉突きのように移動することになる．格子間位置に存在できる小さな原子(イオン)は格子間機構により拡散し，フレンケル欠陥が主となるイオン結晶では格子間機構あるいは準格子間機構を経由して原子やイオンが拡散すると考えられている．さらに，格子欠陥を必要としない拡散機構としてリング機構が提案されている．これはいくつかの原子(イオン)が集団で回転するモデルであるが，このような現象が実際に起きているという証拠は(筆者の知る限り)得られていない．

2.3.3　固相反応

　固相反応とは，固体内あるいは固相間で起こる化学反応のことである．本節では，「拡散」について論じているため，図2.13に示したモデルを用いて，以下の固相反応を考え

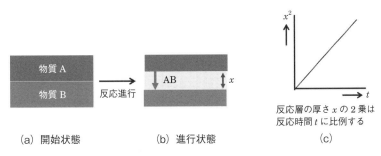

図2.13　固相反応のモデル：A(s)＋B(s)→AB(s)

ていく.

$$A(s) + B(s) \longrightarrow AB(s) \tag{2.10}$$

まず,(a)では固体Aと固体Bが平面で密に接しており,それを加熱すると,(b)のようにAがBに拡散により移動して化合物ABを形成する反応である.ここではBからAへの拡散が生じないものとする.したがって,この反応は反応成分の拡散移動とそれに続く界面での化学反応によって進行する.一般的に,Aの拡散速度が系全体の反応速度の律速となる場合が多い.

A成分が反応層であるAB内を拡散し,AB/B反応界面に達すると,新たにAB層が形成される.界面での反応速度が速いとすると,反応はAB層内を移動する成分Aの拡散速度によって決まるので,Bの反応率(α_B)は以下の式(2.11)で表すことができる.

$$\frac{da_B}{dt} \propto \frac{dx}{dt} = k'' \frac{S}{x} \tag{2.11}$$

ここで,k''は成分Aの拡散係数を含む定数,Sは反応界面の面積である.Sは反応が進行しても変化しないので,

$$x^2 = 2k'' St = k' t \tag{2.12}$$

と表現できる.この式は反応層の厚さxの2乗が時間tに対して比例することを示している(図2.13(c)).つまり,固相反応では,反応層の厚さxは時間tに対して放物線を描くことを意味する.したがって,反応時間の経過とともに反応生成物が形成しにくくなる.そのため,実際の固相反応による粉体合成では,目的とする物質の単一相を得るために,反応生成物を粉砕・混合して圧粉体を作製し,それを繰り返し加熱するなどの工夫が必要となる.

2.3.4 焼　　結

焼結とは,熱力学的には粉体粒子の表面エネルギーが減少する方向に物質移動(拡散)が起こり,互いの元素が結合して結晶粒子の間に結合が生じる現象である.この拡散には前述した空孔が大いに関与する.簡単に述べると,表面エネルギーは粉体粒子の比表面積に関わりがあり,比表面積が大きいほど,言い換えれば,粉体粒子が微細であるほど表面エネルギーが大きくなる.この粉体粒子から圧粉体を作製し,焼成すると多結晶体(セラミックス)が得られる.セラミックスの微細構造を形作る結晶粒が徐々に大きくなり,その結晶粒が多面体となり丸みを帯びてくるほど,表面エネルギーが安定な状態であるといえる.

ほとんどのセラミックスは焼結を経て作製される.セラミックスに優れた材料特性を与えるためには,その微細構造を精密に制御する必要があるが,その制御に必要な要素は緻密化と粒成長の2つである.そこで,次に,緻密化と粒成長について説明する.

一般的に,セラミックスは高融点をもち,金属のように一旦溶かして,それを鋳型に流し込んで所望の形状をつくることは難しい.そこで,焼結プロセスがセラミックス製造に適用される.実際には,原料粉体から所望の形状をもつ圧粉体(成形体ともいう)を作製し,それを融点以下の温度で焼成する.セラミックスを作製する際の加熱を焼成ということが多い.この焼成により圧粉体中の粉体粒子の間に固体の結合が生じてセラ

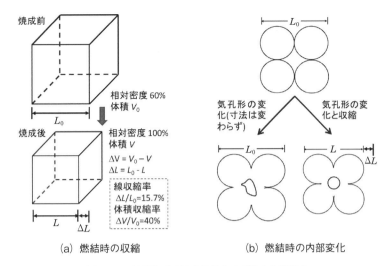

(a) 燃結時の収縮　　　　　　　　　　(b) 燃結時の内部変化

図2.14　焼結による(a)収縮および(b)内部変化

　ミックスが作製される．物質の融点の70%に相当する温度をタンマン温度というが，この温度は焼結が開始する温度とされている．

　図2.14(a)に示したように，焼結の際には成形体の収縮が起きる．ここで，L_0 および V_0 はそれぞれ成形体の長さと体積を，L および V は焼成後のそれらを示している．焼成前後の長さの変化 ΔL は $L_0 - L$，体積変化 ΔV は $V_0 - V$ となる．収縮率は，線収縮率（%）と体積収縮率（%）で示すことができ，それぞれ $\Delta L/L_0 \times 100$，$\Delta V/V_0 \times 100$ で計算できる．セラミックス作製においては，収縮率を予め想定して成形体の寸法を大きめに作製しておくことが肝要である．成形体内部の粒子の充填が不均一な場合や焼成時に成形体全体を均質に加熱できないと，最終的に製造されるセラミックスの変形やひび割れの原因となる．概して，大きなセラミックスを製造することは難しく，たとえばトイレの便器などの大型のセラミックスを寸法精度よく製造するのは極めて高い技術といえる．

　また，図2.14(b)は，固相焼結時に成形体の内部で生じる変化のモデル図である．焼成前の成形体は粉体粒子の集合体であり，粒子間には多くの隙間が存在する．これらの隙間が気孔である．図2.14(a)では，この隙間（気孔）の体積の割合は全体積の40%としている．これを気孔率40%と表現する．一方，固体部分の体積は60%程度であり，成形体の相対密度は60%となる．球形の粉体粒子は加熱により結合し，気孔を系外に排出しながら緻密化し，最終的に気孔をほとんど含まない緻密な焼結体へと変化する．このとき，成形体中に存在していた隙間は，図2.14(a)に示したように，体積では40%分，長さでは15%程度収縮する．

　ここで，相対密度（%）および気孔率（%）について説明を加えておく．相対密度（%）は，成形体や焼成後のセラミックスのかさ密度（g・cm^{-3}）をその理論密度（単一相の場合）あるいは真密度（複数の結晶相を含む場合）で割り，100を乗じると求めることができる．この相対密度の数字を100から引いたものが気孔率（%）となる．このときの気孔率は，外界と連通している開放気孔と通じていない閉塞気孔を含むので，全気孔率とよぶこともある．

　セラミックスの焼結には初期・中期・後期の3つ段階が存在する．一般的な目安として，初期段階は相対密度で〜60%まで，体積収縮率で4〜5%程度の状態であり，この段

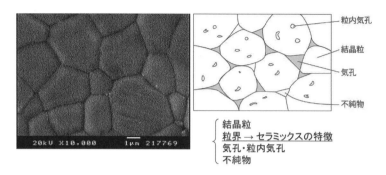

図2.15 実際のセラミックスの微細構造とそのモデル図

(走査型電子顕微鏡にて撮影：試料は水酸アパタイト焼結体)

階では緻密化は起こらず寸法変化も起こらない．中期段階は，相対密度が60〜95％，体積収縮率が5〜20％程度の状態であり，緻密化が起こり，かつ焼結内部では粒成長も進行する．後期段階は孤立気孔の消滅であり，この孤立気孔が完全に消滅すると，相対密度100％の焼結体が得られる．

　図2.15に，実際のセラミックスの微細構造とそのモデル図を示しておく．セラミックスは多結晶体ともよばれており，結晶粒とその結晶粒どうしの境界である粒界がセラミックスの微細構造の特徴である．また，気孔の分類には，粒界に存在する気孔と結晶粒内に取り込まれた孤立気孔とが存在する．この孤立気孔を拡散により系外に排出することは難しいため，孤立気孔をできるだけ形成させない焼成プロセスを工夫する必要がある．これは，後述するが，体積拡散という移動速度が遅い経路でしか孤立気孔を系外に排出できないためである．また，3つの粒子の境界を三重点とよぶが，三重点や粒界には不純物が偏析しやすく，また空孔濃度も増加しやすい．

　次に，焼結の駆動力について説明する．焼結を引き起こす駆動力は界面エネルギーである．固体の自由表面には表面エネルギー，固体と固体の界面の粒界には粒界エネルギーが存在する．これらのエネルギーが発生する原因は，表面や粒界での化学結合の切断であり，表面や粒界を縮める方向に作用する．セラミックス作製は高温下で行うため，固体であっても拡散などにより物質移動が起きるようになり，変形が可能になる．これが駆動力となり，物質が移動して焼結が起きるようになる．

　先述した図2.8は，2つの球状粒子が点接触から焼結によりネックが形成した様子を示している．粒子間のネック部分の曲率は非常に小さく，曲面により発生する力は粒子を互いに押し付けあう．そのため，粒界部分には圧縮応力が生じ，ネック直下には引っ張り応力が生じる．この応力は空孔の形成を促すため，ネック直下では空孔濃度が高く，粒界部分では低くなる．この空孔濃度の勾配より，空孔はネックから粒界に向かって拡散する．この空孔が粒界に達すると，その領域に存在する転位と作用して消滅し，粒界部分を構成する結晶は縮小する．空孔が移動すると，それとは反対の方向に物質が移動する．物質は粒界からネック部分に空孔拡散により移動し，粒子間の気孔を埋めていく．この移動は拡散により支配される．拡散は，その物質の供給源と経路によって表面拡散・粒界拡散・体積拡散に分類される．その移動速度は，「表面拡散 ＞ 粒界拡散 ＞ 体積拡散」の関係にあり，体積拡散は非常に遅い．また，活性化エネルギーは「表面拡散 ＜ 粒界拡散 ＜ 体積拡散」の関係にあり，低温では表面拡散が，温度の上昇とともに

粒界拡散，ついで体積拡散が支配的になると考えられている．

　一般的に，粉体粒子の粒径が小さいものほど焼結しやすい．これは表面エネルギーが大きいと粒子どうしが合体して表面積を減少させる方向に物質移動しやすいためであるが，もう少し詳しく言うと以下の3つの理由による．まず，同じ物質であれば，粒子が小さいほどネックの曲率半径が小さくなり，焼結の駆動力が大きくなる．二つ目は，物質移動の距離が減少し，粒界からネックへの移動が容易になる．三つ目は，粉体粒子間の気孔が小さく，それを埋めるための物質の絶対量が少ないためである．

　図2.16は焼結時における物質移動の経路を示したモデル図である．先ほど，ネック部分を埋める物質が粒界から空孔拡散により運ばれることを述べたが，実はこれ以外のルートでも供給される可能性がある．同じ熱エネルギーを受けた場合，粒子の凸の部分は蒸気圧が高く，ネックの部分は凹で蒸気圧が低いので，「蒸発─凝縮機構」で物質移動が起きる．このとき，粒子の凸部分は痩せて，凹部分を埋めるので，緻密化は起きず，焼結体は多孔質になる．ただし，ネックが形成されることにより，焼結体はある程度の強度を有することになる．社会実装されているセラミックス製品は，緻密体ばかりではなく，その用途により多孔質なセラミックスも大いに需要がある．

　また，物質の供給源がどこになるかは，供給源からネック部分への物質移動の速度に依存する．図2.16に示した通り，物質移動のルートは，表面拡散・粒界拡散・体積拡散・蒸発凝縮機構があり，それらのなかで最も速いルートにより物質が移動し，系全体の焼結を支配する．緻密化を生じるプロセスは粒界からネック部に粒界拡散（あるいは体積拡散）により物質移動が起こる場合である．ネック部を埋めるための物質が表面から体積拡散・表面拡散・蒸発─凝縮機構により移動する場合には緻密化は生じない．

　これまでは，焼結時の緻密化について拡散をもとに考えてきたが，焼結時には緻密化とともに**粒成長**(grain growth)も起きている．成形体の内部に存在する**粒子**(particle)は焼結により合体し，**結晶粒**(grain)となる．この結晶粒のサイズは相対密度とともにセラミックスの材料特性に影響を与える．たとえば，機械的性質について考えると，相対密度が100%に近く，結晶粒のサイズが小さい方が強度は大きい．したがって，最終

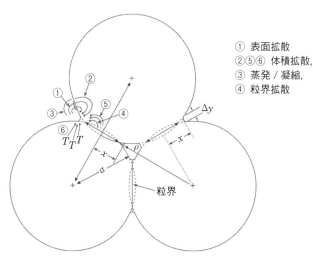

図2.16　焼結時における物質移動の経路（モデル）

（守吉ら，「セラミックスの焼結」，内田老鶴圃(1995)p 104を改変）

的に作製されるセラミックスの結晶粒をどのようなサイズに作り込むのかは非常に重要である.

粒子が成長することにより粒界の面積が減少し,全粒界エネルギーが減少する.この粒界エネルギーの低下が粒成長の駆動力となっている.一般的に,大きな粒子は体積当たりの表面積が小さく安定である.そのような粒子は粒成長のときに小さな粒子を取り込みながら成長する.これは「富めるものはますます富む」という現象といえる.そのため,粒子は一旦成長を始めるとますます粗大化する可能性がある.ここでは,粒子の形状も重要である.図2.17にそのモデル図を示す.粒子の接触点では粒界エネルギーのつり合いが取れているため,粒子間の角度は120°が理想的である.したがって,結晶粒が六角形のとき,粒界は直線となるが,それ以外の場合は曲面となる.辺の数が5以下の場合(五角形など)は結晶粒は小さくなり,いずれも他の粒子に取り込まれるが,7以上の場合(八角形など)は結晶粒は大きくなっていく.

この「粒子は粒成長のときに小さな粒子を取り込みながら成長する」という現象を利用したセラミックスの微細構造制御の方法を紹介したい.それは**テンプレート粒子成長**(template grain growth)**法**である.この方法は,比較的大きな単結晶粒子をテンプレート粒子とし,それに微細なマトリックス粒子を混合して成形・焼成すると,テンプレート粒子の結晶面の影響を受けて粒成長するため,特定の結晶面を配向させた「異方性制御セラミックス」を作製できる.

別の視点から粒成長を考えると,粒界の移動が粒成長とみなすことができる.そのモ

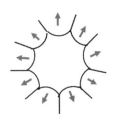

それぞれの粒界が曲率の中心に向かって移動する→結晶粒は成長する!　結晶粒が六角形で,角度が120°のときは粒界は直線となる。　それぞれの粒界が曲率の中心に向かって移動する→結晶粒は小さくなり,大きな粒子に取り込まれる!

図2.17　結晶粒の形状と粒界の移動方向

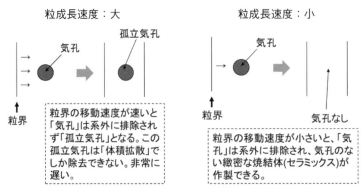

図2.18　粒界の移動速度と粒成長・孤立気孔の形成

デル図を図2.18に示す．粒成長は気孔により妨害される．それは粒成長と同時に気孔も移動しなくてはいけないからである．粒成長の駆動力が適切であると，気孔は粒界の移動に引きずられ，その気孔を系外に排出できる．一方，粒成長の駆動力が非常に大きいと，粒界の移動速度が速くなり，気孔は系外に排出されることなく，結晶粒内に取り込まれ，孤立気孔となる．この孤立気孔は体積拡散でしか取り除けないので，一旦，孤立気孔が形成されるとその気孔を取り除くことは難しい．一方，気孔が大きい場合には，気孔の動きが粒界の動きを支配することになる．

2章　演習問題

2.1　厚さ1mmの鉄板の片側の炭素濃度を0.1 mass%，その反対側を0.2 mass%に保ち，温度1000℃で長時間保持して定常状態とした．このときに単位面積の鉄板を通って1秒間に移動(拡散)する炭素の流速を求めよ．なお，ここで流速Jは，1秒および1 cm^2あたりに移動した炭素の質量とする．

2.2　拡散距離を0.12 mmから1.2 mmまで進行させるとすると，どのくらいの時間が必要かを求めよ．

2.3　長い材料の一端に(ここを$x=0$とする)，全量αの薄い放射性同位元素(ラジオアイソトープ)を塗布し，時間tの期間，そのアイソトープを拡散させたときの任意距離xにおけるアイソトープの濃度を示せ．

2.4　均一核生成と不均一核生成の違いについて記述せよ．

2.5　結晶成長過程について記述せよ．

2.6　焼結過程を段階的に説明し，その際の物質移動機構について述べよ．

2.7　結晶中の各種拡散機構について，図を用いて簡単に説明せよ．

2.8　ガラスの結晶化過程について説明せよ．

3. 合成とキャラクタリゼーション

　本章では，セラミックスを作製するための出発原料粉体の合成方法や粉体性状を明らかにする分析法について説明するとともに，単結晶・多結晶体・薄膜の作製方法についても言及する．

3.1 先端手法の原理

　機能性無機材料としてのファインセラミックスを作製するためには，まず出発粉体を合成する必要がある．この粉体を成形して所定の形をつくり，その後，適切な焼成条件で焼結させてセラミックス(多結晶体)を作製する．このとき，一般的に合成される粉体は微粒子であることが望まれる．ただし，陶磁器などの伝統的なセラミックスを作製する際には，その出発原料は粘土などの天然原料を使用する場合もある．

　本節では，まずセラミックス作製に必須な粉体の合成方法について説明する．粉体合成は出発物質の状態により固相法・液相法・気相法に大別されるため，ここでもその分類にしたがって説明する．また，単結晶や多結晶体，薄膜の作製についても言及する．

3.1.1 粉末合成(固相)

　本項では，固相からの粉末合成について述べるが，その前に「どのような粉体を合成すればよいのか？」ということを考えてみたい．この質問は，固相からの粉末合成だけでなく，液相や気相からの粉末合成で得られる粉体に同様に求められることである．

　優れた材料特性をもつセラミックスを作製することを念頭に粉末を合成するので，ここで言う「よい粉体」とは，成形しやすく，かつ焼結しやすい粉体である．このような粉体を**易焼結性粉体**とよぶ．この粉体は，緻密で均一な焼結体をできる限り低い温度で作製できる粉体と言い換えることもできる．その易焼結性粉体が具備すべき条件は以下の4つである．

　　(1)一次粒子の粒径が小さく均一で，またその組織が緻密であること

　　(2)粒径分布が狭いこと

　　(3)形状は等方的で，できれば球形に近いこと

　　(4)二次粒子が極力少ないこと

　ここで，上記の4つの条件の理解を助ける意味で，結晶子・一次粒子・二次粒子について少し説明を加えたい．図 3.1 は粒子の階層構造を示したモデル図である．**結晶子**(crystallite)は一次粒子を構成する単位であり，単結晶とみなすことができる．**結晶子径**(crystallite size)は粉末 X 線回折法(XRD)により「シェラー式」より求めることができる(3.3.2 項参照)．このとき，算出される結晶子径はその回折線のミラー指数($h k l$)に対して垂直方向のサイズであることに留意しないといけない．言い換えると，一次粒

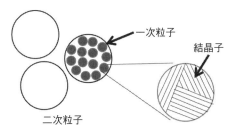

粒子サイズ：二次粒子＞一次粒子＞結晶子

図3.1 粒子の階層構造：結晶子・一次粒子・二次粒子

子は結晶子径から構成されているといえる．一次粒子は，透過型電子顕微鏡(TEM)に
より直接観察できるので，その観察結果から一次粒子径を決定できる．また，粉体の比
表面積を決定する方法のひとつに BET 法があるが，そこで得られた比表面積にその粉
体の密度を掛け，その逆数に形状に関係する因子(球状の場合は6)を掛けると BET 径
を求めることができる．この BET 径も一次粒子径に相当する．もし，結晶子径と一次
粒子径がほぼ同じであれば，一次粒子は単結晶であるとみなされ，上記の「(1)一次粒子
の粒径が小さく均一で，またその組織が緻密であること」を満たすことになる．二次粒
子は一次粒子が集合したものである．その二次粒子がさらに凝集しやすい場合は，二次
粒子がさらに集合した三次粒子を考慮する必要がある．一般的に，二次粒子は走査型電
子顕微鏡(SEM)で直接観察でき，さらにレーザー散乱法などの方法で粒度分布を求め，
その分布曲線から平均粒子径を決定できる．二次粒子は一次粒子が凝集したものである
ため，焼結時には二次粒子内部での焼結が先に進行し，ついで二次粒子間の焼結が進行
することになる．そのため，「(4)二次粒子が極力少ないこと」を満たすことが易焼結性
粉体としては理想的である．しかしながら，現実的には，単分散の一次粒子は合成が難
しく，多くの場合，二次粒子が形成されている．

　それでは，本題に戻る．固相からの粉末合成は**固相法**とよばれる．固相法は，①固体
の熱分解，および②固相反応の2つに大別されるので，それぞれについて概説する．

　まず，固体の熱分解を利用した固相法は，気体を発生する熱分解反応を利用する．

$$A(s) \longrightarrow B(s) + C(g) \uparrow \tag{3.1}$$

たとえば，耐火材などに利用されている酸化マグネシウム(MgO)の原料粉体を調製し
たい場合には，塩基性炭酸マグネシウムを原料にして所定の温度で加熱すると MgO を
得ることができる．このとき，金属イオンは Mg^{2+} であるが，そのカウンターイオン
は，酢酸塩やシュウ酸塩，水酸化物，塩化物，硝酸塩，硫酸塩など複数の種類がある．
これらのなかで，熱分解温度が低いものを選び，さらに MgO 単一相が得られつつも最
も低い温度で仮焼すると，最も表面エネルギーの大きい MgO 粉体を得ることができ
る．これが易焼結性粉体の有力な候補となろう．また，この熱分解反応は気体を放出す
ると反応が右に進むため，実際に合成する場合には，効率的に気体を系外に排出するよ
うに加熱条件(例：減圧する)に工夫することも重要である．

　次に，**固相反応法**について述べる．この方法は複数の金属元素を含む粉体を製造する
場合に，その粉体の構成元素を含む酸化物や各種無機塩の混合物を高温で反応させて，
目的の粉体を合成するものである．2.3.3項で固相反応については説明しているが，こ

のときは物質 A と B を密に接触させ，A が B に拡散することにより物質 AB が生成することを考えた．今回も同様であるが，固相反応法では，物質 A と B の接触面積を増加させるため，混合する出発原料を微粒子とし，またそれらの粒子径もほぼ同一かつ粒度分布を狭くすることが望ましい．さらに言えば，一次粒子が単結晶であることが理想的である．

標準的な合成手順は，「原料の秤量→混合→仮焼→粉砕→（単一相になるまで繰り返す）」であり，出発原料の質量は正確に測りとれるので，化学量論組成の目的物質を合成しやすい点は固相反応法の大きなメリットである．実は，粉体どうしを均一に混合するのは難しく，ある程度の組成が不均一になっていると想定しておいた方がよい．研究室レベルでは，乳鉢・乳棒やボールミルを用いて混合するが，このとき乾式よりも湿式下で混合した方が均質に混合できる．仮焼時には，混合した粉体粒子どうしの接触確率を高めるため，圧粉体を作製し，それを加熱する方が効率がよい．その後，粉砕して目的の物質（結晶相）が合成されているのかを XRD で同定する．もし，ここで目的とする物質が合成できていない場合は，この一連のプロセスを繰り返すことになる．

固相反応は，拡散律速であるため，図 2.13 で示したように，反応生成層の厚さ x は反応時間 t の平方根に比例する．したがって，反応完了時間をできる限り短くするためには粒子径を小さくする必要がある．また，この反応は粒子どうしの接触点から開始するので，原料粉体の混合状態や充填状態は反応速度と最終的に得られる物質の化学組成に均一性に影響を与える．また，目的とする物質が得られるまで，繰り返し加熱するので，その温度に依存するが，表面エネルギーが低下してしまい，焼結にはやや不向きな場合もある．一般的に，1000℃で合成した粉体は，1000℃で長時間焼成してもほとんど焼結は進行しないと考えた方がよい．固相反応法の場合も，熱分解法の場合と同様に，できる限り低い温度で目的物質を得るための条件を見いだす必要がある．

3.1.2 粉末合成（液相）

液相からの粉末合成は**液相法**とよばれる．液相法は，出発物質自身が融点以上で融液となっている場合と出発物質が所定の溶媒に溶解して溶液となっている場合がある．融液からの合成の代表例は単結晶の育成であるため，3.1.4 項に譲り，本項では溶液からの液相合成について説明する．

溶液からの粉末合成のメリットは，比較的簡単な方法で，均質かつ比表面積が大きく（表面エネルギーの大きい）得られることである．また，溶液状態ではイオンが原子レベルで均一に混合されているはずなので，粉体どうしを混合・加熱する固相反応法よりも最終生成物の化学的な均質性は高い．したがって，液相法は，工業的な観点からも易焼結性粉体の合成方法として有力な方法である．一方，合成する際の仕込み組成と最終的に得られる目的物質の化学組成が必ずしも一致しないという課題や液相から形成された粒子が微粒子であるがゆえに凝集体を形成しやすいという問題もある．

したがって，液相法による粉末合成に際し，注意すべき点は，①溶液状態の原子レベルの均質性を担保しつつ，②化学量論的な組成を有し，かつ③凝集の少ない微粒子をいかにして合成するのかということに帰着する．

表 3.1 に代表的な液相からの粉末合成の方法を記載する．多くの研究者や技術者が上述の課題解決を目指し，さまざまな合成方法が提案されている．液相法の本質は，溶液から析出させた物質の溶解度と過飽和度の理解にある．液相法は合成したい物質の構成

表 3.1 液相からの粉末合成法(代表的として)

液相合成	沈殿生成法	沈殿法	直接沈殿法
			均一沈殿法
			共沈法
		加水分解法	無機塩加水分解法
			アルコキシド加水分解法
		水熱合成法	
		水中火花放電法	
		ゾル-ゲル法	
	脱溶媒法	噴霧乾燥法	
		噴霧熱分解法	
		熱ケロセン法	
		液体乾燥法	
		凍結乾燥法	

イオンを含む溶液からその目的物質を析出させる方法であり,不飽和溶液はもちろん溶解度積以下でかつ飽和溶液の状態であっても均一核生成・成長は起こらず,沈殿は生成しない.沈殿生成には溶解度積よりも大きな過飽和度という状態が必要となる.表 3.1 は沈殿生成と脱溶媒の 2 つに大別しているが,これは過飽和な溶液からどのようなルートを経て固体物質を沈殿させるのかという観点での分類である.

まず,沈殿生成の沈殿法について説明する.**沈殿法**は,沈殿生成反応という化学的な手法で溶質を固体粒子とし,その後,溶媒を分離する方法である.このときの沈殿生成は,反応系の pH や温度,溶液濃度,混合操作,撹拌速度,沈殿剤の滴下時間,沈殿の熟成時間,カウンターイオンの影響,溶媒の種類などに影響を受ける.このときの沈殿粒子の粒径は,核発生速度と核成長速度の相対的な大小関係で決定するが,核発生速度が大きいほど粒径は小さくなる.沈殿形成時の粒子径を考える上で,以下の Weimam の式は便利である.

$$rQ = (Q - S)/S \qquad\qquad (3.2)$$

ここで,rQ は相対過飽和度,Q は過飽和度,S は溶解度である.rQ を小さくすると少数の大きな結晶粒子が,rQ を大きくすると多数の小さな結晶粒子が得られる.たとえば,重量分析に使用するような大きな結晶を得たい場合には,溶解度を高めるために液温を高く,かつ溶液を酸性にし,さらによくかき混ぜながら沈殿剤を少量ずつ加えることで過飽和度を低減させる工夫をするとよい.

次に,沈殿法のなかのいくつかの方法について紹介する.まず,直接沈殿法は金属塩溶液(金属塩の懸濁液の場合もある)に直接沈殿剤を滴下して沈殿を得る方法である.最も一般的な方法であるが,沈殿剤を滴下したときの局所的な不均一性や複数の金属イオンを含む場合にそれらの溶解度の差により沈殿開始のタイミングをずれて組成変動が生じるなどの課題もある.

上記の課題をクリアするために考えられた手法が均一沈殿法である.これは溶液内にあらかじめ沈殿剤として尿素やシュウ酸塩を添加しておき,その沈殿剤を反応系の温度などで制御しながら,徐々に加水分解させて沈殿剤を反応系内に導入し,過飽和度を下げて,均一でろ過しやすい沈殿粒子を得る方法である.もう一つの方法は共沈法であり,沈殿剤の種類などを含めて沈殿条件を最適化することにより,複数の目的イオンを

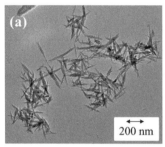

図3.2　沈殿生成法により合成したセラミックス原料粉体の粒子形態

(a) 透過型電子顕微鏡(TEM)により撮影:
　　ここで観察されている粒子は一次粒子であるが，緩い凝集体を形成している．
(b) 走査型電子顕微鏡により撮影:
　　繊維状粒子が観察できる．後述するが，これは単結晶である．

同時に沈殿させる方法である．

　実際の合成事例として，図3.2に，(a)直接沈殿法と(b)均一沈殿法で合成した水酸アパタイト(HAp)粉体の粒子形態を示す．(a)は $Ca(OH)_2$ 懸濁液に H_3PO_4 溶液を滴下して合成したものである．微細な一次粒子が凝集した二次粒子を形成している．この粉体から圧粉体を作製し，1200℃で5時間，水蒸気気流中で焼成すると相対密度98%程度の緻密なセラミックスを作製できる．(b)は $Ca(NO_3)_2$，$(NH_4)_2HPO_4$，$(NH_2)_2CO$(尿素)を含む硝酸酸性の溶液を80℃で24時間，ついで90℃で72時間加熱して合成した繊維状 HAp 単結晶粒子である．沈殿剤の尿素が以下の化学反応式(式(3.3))により加水分解して反応系のpHを NH_3 が最終的に10程度まで上昇させる．

$$(NH_2)_2CO + H_2O \longrightarrow 2NH_3 + CO_2 \qquad (3.3)$$

尿素は70℃以上で加水分解して NH_3 を生じ，反応系のpHを上昇させる．尿素の加水分解は反応系の温度により制御できる．このような結晶形態の形態制御は液相法のメリットの一つである．

　次に，**加水分解法**について説明する．この方法は金属塩溶液に水を加えることで，加水分解させ，水酸化物あるいは含水酸化物前駆体を得る方法である．出発物質の純度が高ければ，高純度で化学的均一性の高い粒子が得られるのが特長である．出発物質として無機塩を用いたものが無機塩加水分解法であり，金属アルコキシドなどの有機金属化合物を利用した方法がアルコキシド加水分解法である．

　さらに，得られる粉末の化学的均一性を向上させた方法にゾル-ゲル法がある．この方法は金属アルコキシドに代表される有機金属化合物や無機金属化合物を含む溶液に水を加えて加水分解および縮重合反応を起こさせ，金属酸化物あるいは水酸化物の微粒子を含むゾル溶液とし，さらに反応を進めてゲル化させて，目的の物質を得る方法である．基本的に，ゾルからゲルへの変化で化学組成に変動が生じないため，出発溶液の分子レベルの化学的均一性が担保された方法といえる．また，この方法は，粉末のみならず，薄膜や繊維，バルク体などの種々の形状をもつ固体材料を作製できることもメリットの一つである．これまでは沈殿法について述べてきたが，ここからは脱溶媒法について説明する．この方法は，まず溶液を用意し，その溶液を噴霧やコロイド生成などの方法で細分化し，その上で加熱などにより溶媒を除去する手法である．基本的に，組成変動は

細分化された1つの噴霧粒子内あるいはコロイド粒子内に限定されるため，沈殿法よりも化学的な均質性は高くなる．少し言い方を変えると，この手法は噴霧した液滴1つから強制的に溶媒を除去して過飽和状態を経由させて瞬時に沈殿を生成させる力技といえよう．

・**噴霧乾燥法**：金属塩溶液あるいはコロイド溶液を噴霧し，その液滴を熱風中で乾燥させる方法である．乾燥した粒子は仮焼してセラミックス原料粉体とする．急速に乾燥させるため，相分離はほとんど起こらず，焼結性のよい粉体が得られやすい．この方法は懸濁液にも適用できる．

・**噴霧熱分解法**：噴霧乾燥法の熱風をより高温の熱源に変更した方法であり，液滴を乾燥・熱分解させるため，one process で粉体を直接合成できる．熱源には，電気炉や火炎，プラズマなどを利用できる．本手法の最大のメリットは，比較的簡単な操作で，化学的均一性の高い多成分系粒子を one process で合成できる点にある．しかしながら，液滴から出発しているため，中空球状の二次粒子として得られることが多く，焼結用の原料とする際には粉砕を加える必要がある．また，この噴霧熱分解に使用する溶液に NaCl や KNO$_3$ を加え，合成後にそれらの添加剤を溶解させることでナノ粒子を容易に得る方法も開発されている．

・**エマルジョン法(熱ケロシン法)**：金属塩溶液を混ざり合わない溶媒(ケロシン)に加えて超音波照射などで分散し，それらを加熱したケロシンに滴下して脱水して乾燥粒子を得る方法である．これを仮焼して焼結体用の原料とする．

・**凍結乾燥法**：溶媒除去に熱を利用しないユニークな方法である．まず，金属塩溶液を適切な冷媒(例：液体窒素など)中に噴霧し，凍結粒子を調製し，これらを凍結した状態を維持したまま，凍結乾燥して乾燥粒子を得る．それらを仮焼して焼結体用の原料粉体とする．この方法で得られる粒子は，加熱をしていないため，容易に一次粒子に粉砕できるというメリットがあり，易焼結性粉体となる．

実際の合成事例として，図3.3に噴霧熱分解法で合成したセラミックス粉体の粒子形態を示す．これは最終的に銀イオンが 1 mol％炭酸カルシウムに担持されるように，酢酸カルシウム水溶液に硝酸銀を加え，その溶液を超音波照射で液滴とし，それらを噴霧熱分解して得た銀担持炭酸カルシウムである．SEM 像より球状の二次粒子が観察できる．TEM の明視野像より，内部が透けていることから，この粒子はピンポン球のように内部が中空となっていることが分かる．これは液滴表面から溶媒が脱離して過飽和度が増し，まず表面から優先的に沈殿が形成して殻が形成され，ついで殻を形成する一次粒子の隙間を通って溶媒が脱離した結果と考えれば説明できる．また，エネルギー分散型 X 線分光法(EDX)による元素マッピングにより銀ナノ粒子が炭酸カルシウム粒子表

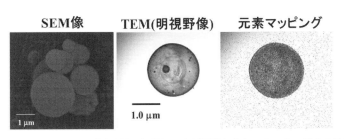

図3.3 脱溶媒法のひとつ「噴霧熱分解法」により調製したセラミックス粉体の粒子形態

面に析出していることが理解できる．噴霧熱分解法は銀担持炭酸カルシウムのような多成分粉体を one process で合成できる．この銀担持炭酸カルシウムは抗菌性をもつ．

3.1.3 粉末合成（気相）

気相からの粉末合成は**気相法**とよばれる．気相反応法は，金属化合物を気化・反応させるため，粉体合成における**ビルドアップ**(building-up)法の典型例であり，高純度化しやすく，またサブミクロンオーダー以下の分散性のよい超微粒子を容易に合成することができる．ビルドアップ法はイオン・原子・分子などの小粒子から目的のサイズを有する粒子を構築する合成方法である．この対になる合成方法に大きな粒子を機械粉砕などで細分化していく**ブレークダウン**(break-down)法がある．気相法は，出発原料を気化できれば，酸化物のみならず，窒化物や炭化物のような非酸化物の超微粒子も合成できる．気化させる方法には，抵抗加熱やレーザー，真空加熱，スパッタリング，イオンビーム，プラズマ加熱などがある．

高機能なファインセラミックス用原料は，高純度に加えて，超微粒子が求められており，固相法や液相法よりも分散性が高く，超微粒子が得られやすい気相法は非常に注目されている．本項では，代表的な気相法である，**物理気相析出法***(physical vapor deposition；PVD)と**化学気相析出法***(chemical vapor deposition；CVD)について簡単に紹介したい．

* 物理気相析出法は，物理的気相蒸着法，物理的気相堆積ともいう．

* 化学気相析出法は，化学的気相蒸着法，化学的気相堆積ともいう．

・**PVD法**：これは加熱・気化させた金属あるいは非金属気体を基板上に析出させる方法である．化学反応は起こらず，通常は減圧下で析出させる．出発原料の不純物も蒸発して凝縮するので，高純度化な物質を析出させるためにも原料そのものを高純度化しておく必要がある．この方法は粉体合成というよりも薄膜を形成するのに適している．SEM観察の際，試料が絶縁体の場合は白金や金を試料表面にコーティングするが，これは放電によってターゲット(出発原料)の白金や金を弾き飛ばし，試料に被覆している．この方法をスパッタリングとよぶが，これもPVDの一例である．

・**CVD法**：この方法では，気体分子どうしの反応(式(3.4))あるいは気体の熱分解(式(3.5))の反応を経由して目的とする固体物質を合成する．

$$A(g)+B(g) \longrightarrow C(s)+D(g) \tag{3.4}$$

$$A(g) \longrightarrow B(s)+C(g) \tag{3.5}$$

出発原料には蒸気圧の高い金属ハロゲン化合物やその硫化物・水素化物・有機化合物などを用いる．それらの金属化合物の蒸気と反応ガスとを直接反応させ，金属の酸化物・窒化物・炭化物などの微粒子を合成する．高純度化した気体原料を用いるので，高純度の微粒子を合成できる点に特長がある．熱分解では，目的とする物質の構成元素をすべて含む気体が必要である．以下，代表的な気相反応を例示しておく．

・熱分解反応：$Si(CH_3)Cl_3 \longrightarrow SiC+3HCl \tag{3.6}$

・酸化反応：$4AlCl_3+3O_2 \longrightarrow 2Al_2O_3+6Cl_2 \tag{3.7}$

・加水分解反応：$TiCl_4+2H_2O \longrightarrow TiO_2+4HCl \tag{3.8}$

・水素還元反応：$SiCl_4 + 2H_2 \longrightarrow Si + 4HCl$ $\qquad(3.9)$

・窒化反応：$3SiCl_4 + 4NH_3 \longrightarrow Si_3N_4 + 12HCl$ $\qquad(3.10)$

ここまでに紹介した固相法・液相法・気相法のなかでも，気相法は，固相法や液相法と比べて，分散性のよい超微粒子を合成するのに最も適した方法であり，易焼結性粉体の調製に有利である．一方，固相法や液相法と比べて，合成設備が非常に高価であり，かつ合成する際にハンドリングも煩雑である．したがって，粉末の合成方法は，ユーザーの目的に応じて，適材適所で最も適切な方法を選択する必要がある．

3.1.4 単結晶育成

単結晶(single crystal)は，1つの結晶内のどの部分においても，その結晶を構成する粒子の配列が規則正しく配列した状態をもっており，後述するセラミックス(多結晶体)とは異なる構造をもつ．単結晶内の一定方向(晶帯軸)では原子は必ず等間隔に並び，また同じ方向の断面(結晶面；ミラー指数(hkl)で表現される)では，すべて同じ原子配列模様が現れる．自由に成長した単結晶は，全表面自由エネルギーが最小となるように最密充填面(低指数の面)で囲まれた多面体となる．言い換えると，原子密度の高い特定の結晶面が発達するため，水晶や方解石のように各結晶に特有の多面体となる．たとえば，単純立方格子では(100)面，体心立方格子では(110)面，面心立方格子では(111)面が現れる．

単結晶は，溶液や融液，あるいは気相から作製することができる．ただし，通常，単結晶を作製する場合は「育成」というよび方をする．気相からの単結晶育成は，特定の基板上でのエピタキシャル(epitaxy)成長などによる単結晶薄膜の合成が典型的な事例である．この方法は炭化ケイ素(SiC)や半導体化合物の合成に応用されており，産業的に重要な手法であるが，詳細は3.1.6項にゆずる．

溶液からの単結晶育成は，食塩水を用意しておき，ゆっくりと時間をかけて水を蒸発させると比較的大きな NaCl 結晶ができるのと似ている．溶液からの単結晶育成は，①水溶液法，②水熱合成法，③フラックス法が知られている．水溶液法は，溶質を十分に溶解させた水溶液を加熱・濃縮後，冷却して単結晶を育成する．温度変化による溶解度差を利用した方法といえる．水熱合成法は，オートクレーブとよばれる耐圧容器を利用する．通常は，単結晶育成のきっかけ(核)となる種結晶を水熱反応容器内に設置して育成する．水熱条件下では，大気圧よりも高い圧力がかけることができるので，水の沸点は100℃を超える．この温度と圧力が目的物質の溶解性をさらに高めるため，溶解/析出反応が大気圧下よりも優位に進行する．また，加熱時に反応容器内部に温度勾配を付けることで，物質移動を促進するやり方もある．フラックス法は，低融点融剤(フラックス)の溶融塩中に原料を加えて単結晶を育成する．

融液からの**単結晶育成**は，水が氷になるときに類似している．水の融点は概ね0℃であるから，液体としての水は焼結した固体(氷)がすでに溶けている状態とみなせる．融液からの単結晶育成には多くの方法があるが，ここでは，①ベルヌーイ法，②チョクラルスキー法，③ブリッジマン法について簡単に述べておく．ベルヌーイ法は，単結晶の原料となる酸化物粉体を酸素/水素火炎中に落下させて溶融させ，その融液を種結晶を備えた結晶受棒に落として冷却・固化させることにより単結晶を育成する方法である．

　チョクラルスキー法は，坩堝内で溶融させた単結晶の原料となる融液を温度勾配下で上方に引き上げることで単結晶を育成する方法である．大型のバルク単結晶の育成に有利である．ブリッジマン法も大きな単結晶を育成するのに有効な方法である．一端のとがった容器中に単結晶の原料を入れて溶融したのち，温度勾配をもつ垂直型電気炉内を低温側へ降下させ，容器先端から単結晶を固化・成長させる．

3.1.5　多結晶作製

　本項で主題とする**多結晶**は多くの結晶粒が集合した多結晶体であり，一般的にはセラミックスを指す．セラミックスは，通常，①粉体合成，②成形，③焼成の3つのプロセスを経て作製される．すでに，3.1.1〜3.1.3項で粉体合成については説明している．セラミックスを作製するには，まず目的とする化学組成をもつ易焼結性粉体を調製する必要がある．伝統的なセラミックスでは，この粉体原料が粘土や陶石に代わるが，基本的なプロセスは同様である．そこで，本項では成形と焼成の2つについて説明したい．

　まず，成形について述べる．成形とはセラミックスを作製する前の「前駆体」を作製する過程である．セラミックスの成形とは，必要な材料特性を発揮する目的の形状を付与するための方法と定義でき，種々の成型方法が利用されている．その代表例を表3.2に示す．この表では，成形方法を，①乾式加圧成形，②塑性成形，③鋳込成形，④テープ成形に分類した上で，各成形方法とそれらの長所・短所・主たる形状をまとめている．

　①　乾式加圧成形：単純形状の製品の大量生産に適した方法である．工業的には，湿式混合粉砕したスラリーを噴霧乾燥法などで顆粒とし，流動性や充填性を向上させ，金型やゴム型で加圧して成形体を得る方法である．金型プレスで一軸加圧成形を行うと成形体内部に密度分布ができてしまい，焼成後に変形や歪み，クラックが生じやすいという欠点がある．その欠点を補った方法が冷間等方加圧（cold isostatic pressing；CIP）であ

表3.2　セラミックスの主な成形方法

分類	成形法	長所	短所	主な形状
乾式加圧成形	金型プレス：パンチとダイスを用いて原料粉体を加圧成形する	量産性	密度が不均一	平板状ブロックなど
	CIP：ゴム型に原料粉体を入れ、水などを媒体にして静水圧を掛ける	密度均一	設備高価	パイプ・球など
塑性成形	ろくろ成形：坏土を回転円板上に押さえつけて円形に成形する	設備簡単	生産性	円筒状・皿・ツボなど
	押出成形：坏土をピストンなどで口金を通して押し出して成形する	連続生産可、小〜大製品	配向	棒・パイプ・シート状・ハニカム状など
	射出成形：有機系バインダーで可塑性をもたせ、型内に射出して成形する	複雑形状、寸法精度・密度均一	金型高価脱脂時間長い	複雑形状・タービンローターなど
鋳込成形	泥漿鋳込：低濃度の泥漿を流し込み、着肉後、排泥あるいはそのまま固化	複雑形状、設備作業簡単	生産性と寸法精度が低い	複雑形状・薄肉・立体品など
	加圧鋳込：加圧した泥漿を流し込み、吸水速度を速くする	生産性高い、複雑形状	設備が特殊	
	回転鋳込：遠心力を利用して着肉させた後、排泥	高密度、均質多層構造体		円筒型など
テープ成形	ドクターブレード法：高濃度の泥漿をブレードで厚さを調整しつつ。ベルトに流して板状に固化	生産性、収縮均一	設備投資大、有機溶剤対策	フィルムシートなど

る．CIP ではゴム型に原料を入れて水などを媒体にして等方的な静水圧を掛けるので成形体内部の密度分布が均一化されるという特長がある．

　② **塑性成形**：可塑性をもった坏土(はいど)を利用する成形法であり，複雑な形状をもつ製品の製造に適した成形方法である．この方法では，熱可塑性樹脂や水分によって成形に必要な可塑性を担保する．なお，坏土とはセラミックス用原料を配合・粉砕して，加工成形に適した含水練土(ねりつち)状態にあるものを指す．

　③ **鋳込成形**：複雑な形状をもつ製品の製造に有用な方法である．この成形方法は，複雑な形状をもつ前駆体をより均一に成形できる特長をもつ．原料粉体を分散媒である液体中に懸濁させたスラリー(泥漿(でいしょう)とよぶ)を石膏型などに流し込んで，目的とする形状の成形体を得る方法である．石膏は，半水石膏($CaSO_4 \cdot 1/2H_2O$)が水和して二水石膏($CaSO_4 \cdot 2H_2O$)に変化するときに硬化するが(骨折時のギブスとしても利用されている)，そのときに任意の形状に加工できるので，型枠として有効である．しかも硬化後の二水石膏は多孔質構造を有するため，スラリーの余分な水分を除去しやすいというメリットもある．

　④ **テープ成形**：薄いシート状のセラミックス成形体を連続的に成形する方法の総称である．最も有名な方法はドクターブレード法である．これは原料粉体と有機バインダー・可塑剤・解コウ剤・溶剤からなるスラリーをシートの厚さを調整するドクターブレードを通過させて，一定の膜厚をもったセラミックスシートをキャリアテープ上に塗布成形する方法である．この方法は，薄いシート状セラミックスの作製に有用である．さらに，スラリー中の原料が異方性粒子の場合はスリップキャスト中にそれらの粒子を一定方向に配列させることができるため，そのシートを重ねて焼成することで「配向性制御セラミックス」の製造方法としても重要視されている．

　ここまでで，粉体から成形体を作製できたことになるので，次は**焼成**について概説する．セラミックスを作製するためには成形体を焼成して焼結させる必要がある．焼結は，常圧焼結と加圧焼結に分類される．常圧焼結は，粉末原料を前述の成形方法により目的形状の成形体(圧粉体)を作製し，それを大気圧下で焼成する方法である．状況に応じて，焼結を促進させる添加物として焼結助剤を混合する．また，焼成時の雰囲気は大気中だけでなく，焼成したい目的物質に応じて，減圧や真空，窒素やアルゴンなどの不活性ガス中で焼成する場合もある．後述する加圧焼結のような大型の設備は不要なので，量産に適している．

　加圧焼結は，**ホットプレス**(hot pressing；HP) と**熱間等方圧加圧**(hot isostatic pressing；HIP)に大別される．常圧焼結における焼結の駆動力が熱エネルギーのみであるのに対し，これらの加圧焼結では外部からの圧力により焼結の駆動力をさらに増加させる．この加圧および熱エネルギーにより，共有結合性の強い難焼結性物質(例：炭化ケイ素・窒化ケイ素・窒化ホウ素など)を比較的低温かつ短時間で緻密化できる．しかしながら，装置の構造上，連続的な焼結が難しく，また一軸加圧を行うため，金型によって作製できるセラミックスの形状に制約があることが課題となっている．また，高温下で加圧できる金型は，素材が限定されており，焼成雰囲気の種類や圧力の調整にやや制限がある．通常，HP の金型には，黒鉛やアルミナ，炭化ケイ素などが使用される．特に，黒鉛は炭素であるため焼成雰囲気は還元あるいは中性雰囲気に限定されるものの，高温になるほど強度が増し，さらに摩擦係数が低く，加工しやすいため，頻用されている．

　HIP は，アルゴンなどの不活性化ガスなどを圧力媒体として，等方的に加圧しながら

表 3.3　各焼成法による HAp セラミックスの作製条件（比較）

焼世方法	加　圧	温　度
常圧焼結	なし	1000 - 1300℃
ホットプレス(HP) (Hot pressing)	10 - 100 MPa	900 - 1200℃
熱間等方圧加圧(HIP) (Hot isostatic pressing)	～150 MPa	～800℃

　焼成する方法である．HP が一軸加圧なのに対し，HIP では 3 次元的に加圧できるので，複雑形状の試験片を作製することができる．一般的に，ガラス・金属などのカプセルの中にセラミックスの原料粉体を入れ，脱気後にカプセルを封じてから加圧しながら焼成する．この方法では，HP よりも加圧できるため，より低い焼成温度で，相対密度 100% の緻密な焼結体を作製できる．さらに，低温で焼成できるため，最終的に得られるセラミックスの結晶粒のサイズも小さく，透光性を備えたセラミックスを容易に製造できる．しかしながら，加圧焼結では，HP も HIP も常圧焼結と比べて，大型の設備が必要であるため，量産には向かないという課題がある．

　まとめると，高密度焼結体を得るためには，「HIP＞HP＞常圧焼結」の順で有利であり，しかも緻密化が達成する温度も低い．表 3.3 は，人工骨として臨床応用されている水酸アパタイト($Ca_{10}(PO_4)_6(OH)_2$；HAp)を上記の方法で焼成した時に緻密化が達成される温度と圧力を示している．緻密な HAp セラミックスを常圧焼成で得るためには，1000℃から 1300℃の焼成温度が必要であるが，加圧を焼結の駆動力に利用するホットプレスや HIP を利用すると，低温度での焼結が可能になる．低温での焼結は，粒成長を伴わずに緻密化させることができるため，力学的な観点からも有効である（小さな結晶粒が密に詰まった焼結体は強度が高くなる）．また，HAp は化学量論比である Ca/P 比 1.67 よりも低いと 800℃以上でβ-リン酸三カルシウム(β-$Ca_3(PO_4)_2$；β-TCP)に分解するが，HP や HIP を使えば，より低い焼成温度での焼結が可能であるので，その分解を防ぐ効果もある．

3.1.6　薄膜作製

　無機材料を利用するさまざまなシチュエーションにおいて，その材料形態を薄層状に加工した，いわゆる**薄膜**として取り扱うケースが数多く存在する．粉体焼結や単結晶育成などにより作製される塊状の材料（バルク材料）とは異なり，薄膜材料は厚さ方向のサイズが極小に限定された極薄の平板状の形態を有する．無機材料からなる薄膜を利用する際には，薄膜材料自身を"独立膜"として単独で利用するケースもあるが，多くの場合には基板となる他の材料の表面にコーティングされる形で利用される．

　薄膜形態に加工された無機材料を利用する目的はその材料を利用する分野や用途に応じてケースバイケースであるが，主として図 3.4 に示すように，①材料の表面修飾，②微細集積構造の形成，などを意図したものが多くのケースを占める．①では，ある特定の材料の表面に種類の異なる別材料を薄膜としてコーティングすることにより，基板材料の表面に本来とは異なる特性を付与することがその目的となる．②は，薄膜堆積ならびにその加工（洗浄，エッチング，イオン注入，研磨，他）の繰り返しにより**集積回路**

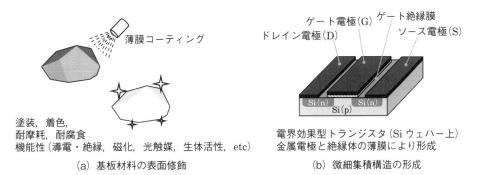

(a) 基板材料の表面修飾

塗装，着色，
耐摩耗，耐腐食
機能性（導電・絶縁，磁化，光触媒，生体活性，etc）

(b) 微細集積構造の形成

ゲート電極(G) ゲート絶縁膜
ドレイン電極(D) ソース電極(S)

電界効果型トランジスタ（Si ウェハー上）
金属電極と絶縁体の薄膜により形成

図3.4　薄膜材料の主要な用途

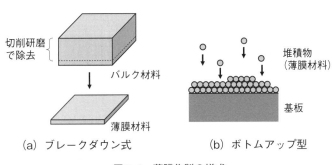

切削研磨
で除去

バルク材料

薄膜材料

（a）ブレークダウン式

堆積物
（薄膜材料）

基板

（b）ボトムアップ型

図3.5　薄膜作製の様式

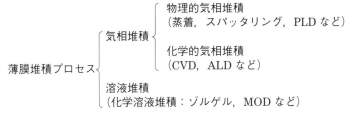

薄膜堆積プロセス
　気相堆積
　　物理的気相堆積
　　（蒸着，スパッタリング，PLD など）
　　化学的気相堆積
　　（CVD，ALD など）
　溶液堆積
　（化学溶液堆積：ゾルゲル，MOD など）

図3.6　薄膜作製プロセスの分類

（Integrated Circuit：IC）などを形成するプロセスがそれに該当し，薄膜はそれらを構成する超微細な構成部品を形成するための重要な手段となる．

　薄膜の大きな特徴でもある厚さ方向サイズについては特に明確な定義は存在せず，多くのケースではミリメートル（mm）未満からマイクロメートル（μm）の規模がその範疇となり，さらに近年の**超微細回路集積**（Ultra Large Scale Integration：ULSI）の分野においてはナノメートル（nm）厚さの薄膜が頻繁に利用されている．そのような極小厚さの材料を得るためには，塊状のバルク材料を切削加工するような，いわゆる "ブレークダウン式" の材料製造技術での対応が極めて困難であり，原料となる物質を原子やイオン，あるいは分子などの形態で基板表面に供給し，それらを積み重ねることで薄膜を形成する "ボトムアップ式"（図3.5）の材料製造技術が主として利用される．

　薄膜作製の工程では材料合成時に供給される原料の拡散様式が生成物（＝薄膜）の特徴や性能に大きく影響するため，それらに基づき図3.6に示すようなプロセスの区分が

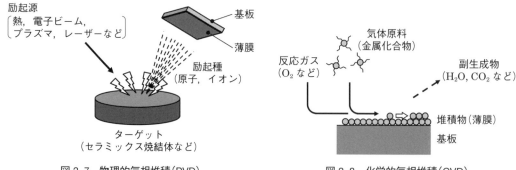

図 3.7　物理的気相堆積(PVD)　　　　　　　　　図 3.8　化学的気相堆積(CVD)

*溶液からではなく，溶融塩などの液相から単結晶の層を成長させる液相エピタキシー法 (Liquid Phase Epitaxy) などもあるが，薄膜形成には適さないため本項での説明からは除外する.

一般的に利用される. **気相堆積**は，気相状態の原料を用いて薄膜材料(固相)を製造するプロセス手法である. その工程は，(1)原料を気化(蒸発)，(2)基板表面への原料の気相拡散，そして(3)基板表面での薄膜堆積，といった3つのプロセスから成り，基本的にそれらはすべて超高真空条件の密閉チャンバー内で実施される. もう一方の**溶液堆積**は，溶液状態の原料を用いて薄膜材料を製造する手法であり，基板上に塗布された溶液から固相状態の薄膜材料を得るプロセス手法である*.

気相堆積法は，それらのプロセスの反応様式に応じて物理的手法と化学的手法の二種類へとさらに細分化することができる. 前者は**物理的気相堆積**(Physical Vapor Deposition : PVD)とよばれ，原料と同一の生成物を薄膜として堆積する，すなわち化学反応を伴わない薄膜堆積プロセスがこのカテゴリーに分類される. 融点の低い金属材料や有機物材料の薄膜堆積では，それらの材料を抵抗加熱で気化したのちに基板表面に堆積させる真空蒸着の手法を利用することが比較的一般的であるが，比較的高い融点や沸点をもつ無機材料を原料(蒸着源)とした場合には単純な抵抗加熱ヒーターで原料を気化は非常に困難である. そのため，金属酸化物ターゲットなどの高融点原料を気化するためにさらに強力なエネルギー励起源を利用する手法，すなわち電子ビーム蒸着，スパッタリング堆積，**パルスレーザー堆積**(Pulsed Laser Deposition : PLD)，などが無機材料薄膜を堆積するために利用されている.

*化学反応の基本的な様式は，3.1.3項で説明されるCVDと類似点が多く，当該項目であげた多くの化学反応は薄膜堆積でも採用することができる.

後者に相当する**化学的気相堆積**(Chemical Vapor Deposition : CVD)は，薄膜堆積の過程において化学反応を伴う気相堆積手法である. この手法では，比較的揮発性の高い金属化合物(金属アルコキシド，水素化物，ハロゲン化物，β-ジケトン錯体，有機金属化合物など)を原料とし，それらが気化したのちに熱分解や酸化など化学反応を経て基板上に薄膜が堆積することになる*. PVDと異なり，原料の気化に強力なエネルギー供給源を必要としないことがCVDの一つの大きな利点であるといえる. しかしながら，目的とする無機材料(主に金属酸化物)の薄膜堆積を行うためには，十分な揮発性を有する原料種の選定に加え，それらの気化・化学反応・堆積の挙動を適切にコントロールするための反応装置条件(温度・圧力・キャリアガス流量，など)の精密制御が求められるため，結果としてプロセスの難易度がPVDと比較して高くなる傾向がある. さらに近年は，気化した原料を基板表面の単分子吸着と化学反応(酸化など)を繰り返すことにより無機材料を堆積させる**原子層堆積**(Atomic Layer Deposition : ALD)が超集積回路用のナノサイズ薄膜などを形成するために利用されている.

溶液堆積の手法は，主に金属酸化物からなる無機材料薄膜の堆積に利用され，その工

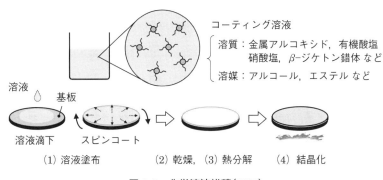

コーティング溶液

溶質：金属アルコキシド，有機酸塩
　　　硝酸塩，β–ジケトン錯体 など

溶媒：アルコール，エステル など

溶液　基板

溶液滴下　スピンコート

(1) 溶液塗布　　　(2) 乾燥，(3) 熱分解　　　(4) 結晶化

図3.9　化学溶液堆積(CSD)

程には必ず化学反応が伴うことから**化学溶液堆積**(Chemical Solution Deposition)と称することが多い．その工程は，(1)基板への原料溶液の塗布，(2)乾燥による溶媒の除去，(3)熱処理による有機物(原料の有機側鎖や不純物)の熱分解，および(4)さらに高温での熱処理による材料の結晶化，といった4つの基本プロセスから構成され，(1)〜(3)のプロセスを複数回繰り返した後に(4)を実施する，など，必要に応じて基本プロセスを組み変えながら薄膜堆積が実施される．これらのプロセスは大気圧条件下で実施可能であり，超高真空チャンバーや原料気化器などの設備を必須とする気相法での薄膜堆積と比較して材料製造環境を準備する観点で多大なメリットを享受することができる．

　溶液中に溶解した原料(溶質)の化学反応により薄膜を形成する金属酸化物が生成するが，使用する原料種に応じた多様な反応経路が関与することが知られている．それらの代表例を次に示す．

［金属有機酸塩の熱分解］

$$(RCOO)_x M \longrightarrow MO_x + yCO_2 + zH_2O \tag{3.11}$$

［金属アルコキシドの加水分解および重縮合］

$$M(OR)_x + H_2O \longrightarrow M(OR)_{x-1}(OH) + ROH \tag{3.12}$$

$$2M(OR)_{x-1}(OH) \longrightarrow (OR)_{x-1}M-O-M(OR)_{x-1} \tag{3.13}$$

R：アルキル鎖などの有機鎖，M：金属イオン

x：金属イオン価数，y, z：任意の自然数(R の化学組成に依存)

前者の式(3.11)は，市販の有機金属化合物分解(Metal-Organic Decomposition：MOD)コーティング溶液を用いた薄膜堆積プロセスにおける典型的な酸化物形成反応である．一方，後者の式(3.12)と式(3.13)は，それぞれがゾル – ゲル(Sol-gel)反応の素反応を示すものであり，"加水分解"と"重縮合"からなる一組の反応が進行することで金属 – 酸素 – 金属(M−O−M)の結合が1つ形成される．実際のプロセスは式に示した単純な反応ではなく，金属イオンを取り巻く複数のアルコキシ基(OR)それぞれにおける多段的な反応が進行することが予想できる．

表 3.4　各種の薄膜堆積プロセスの特徴

	プロセス操作性	堆積物純度	段差被覆性	組成制御性
物理的 気相堆積 (PVD)	やや複雑 励起源や真空装置の運用 が必要	不純物混入 少ない	可能〜やや困難 励起された粒子が直線的に 基板表面へ衝突するため 側壁や孔内の堆積は困難	可能 (CVDより容易) ターゲット組成を制御
化学的 気相堆積 (CVD)	複雑 気化器やキャリアガス 真空装置の運用が必要	不純物混入 比較的に 少ない	非常に良好 原料気体の浸透拡散と 表面吸着により達成可能	やや困難 各原料の気化挙動を精密 に制御する必要あり
溶液堆積	単純かつ簡便 化学実験レベルの溶液プ ロセス設備が必要	不純物混入 やや多い 原料・溶媒 由来	非常に困難 溶媒の粘性により微細な 凹凸構造への侵入が困難	比較的に容易 コーティング溶液の組成 を制御

　気相堆積および溶液堆積の特徴を表 3.4 にまとめる．溶液法は大気圧下で簡便に薄膜堆積が実行できるメリットを有する反面，外因的な異物混入や副生成物の残存などを常に懸念せねばならず，堆積した薄膜材料から残留不純物を完全に除去することは非常に困難である．その一方，気相法により堆積された薄膜材料は溶液法由来のものよりも不純物混入量が極めて低レベルに抑制することができ，その影響は薄膜の特性や性能にも大いに影響する．また，各プロセスの原料拡散様式は凹凸を有する基板(触媒反応用の多孔質担体や集積回路のホール／トレンチ構造など)の段差被覆性にも強く影響し，特に比較的に温和な条件で気体原料の高い浸透性を利用することができる CVD では非常に優れた被覆性を実現することが可能である．さらに，プロセスの相違は堆積薄膜の組成制御性にも強く関与しており，その難易度はプロセスの種類に応じて大幅に異なる．たとえば，複数の金属イオンを含む多成分系酸化物の薄膜を堆積する際，溶液法では溶液中における原料(溶質)の濃度比を調節することにより比較的容易に組成の制御を実施することができるが，気相法，特に CVD においては各原料の供給量比を装置条件のコントロールにより精密に制御せねばならない．

　表 3.4 にまとめられた通り，本項で説明された薄膜作製プロセスはそれぞれが独自の特徴に応じた長所と短所を併せもつため，すべての面で他者に勝るプロセスは現時点では存在しないと認識できる．したがって，研究や製造の現場で薄膜作製のプロセスを選定する際には，その目的や用途に応じてそれぞれのプロセスを使い分けることが望ましい．

3.2　伝統手法の原理

3.2.1　陶磁器製造の歴史

　一般的な焼き物としては，土器，陶器，磁器などがある(図 3.10)．土器は粘土で形作り，それを 1000℃ 以下の温度で焼いたものである．写真左は弥生土器とよばれるものであり，**釉薬**(うわぐすり)はなく，透水性があると思われる．なお，釉薬を使用することにより透水性を防ぐことができる．**陶器**は，カオリナイト，モンモリロナイトを多く含む粘土を用いて形作り，それを 1200℃ 付近の温度で焼成して作製される．釉薬を用いる

が，透光性はないが，透水性を示す．特徴としては厚手で，叩くと鈍い音がする．一方，
磁器は白色粘土にガラス質の長石，ケイ石，陶石などを添加して高い温度で焼成してい
る．陶器と比較すると色は白色であり，このため，鮮やか色絵を施すことによりはえる．
なお，硬いため指で軽くはじくと高い音がする．

　歴史をさかのぼってみると日本では 12000 年前のものとされる**土器**が見つかってお
り，縄文土器，弥生土器などとして発展してきた．しかし，4〜5 世紀になると朝鮮半島
よりろくろ技術と窯が伝えられたことにより 1000℃ 以上の温度が可能となり，陶器が発
達してきた．鎌倉時代になると日常雑器が作られるようになり，さらに釉薬なども発達
し，透水性に優れ，丈夫な陶器がでてきた．日本の代表的な陶器としては，益子焼，瀬
戸焼，美濃焼などがある(図 3.11)．駅弁で人気の釜めしの容器はいまでも陶器を使用し
ており，益子焼である．

　磁器の歴史としては，豊臣秀吉の朝鮮出兵においてもち帰った技術であり，1616 年に
有田泉山で磁器の原料である陶石が発見され，それを用いて焼成して作製されたとされ
ている．磁器の原料としては，粘土(カオリン)，長石(カリ長石($K_2O \cdot Al_2O_3 \cdot 6SiO_2$)，
ソーダ長石($Na_2O \cdot Al_2O_3 \cdot 6SiO_2$)および石英である．製造としては，まず石英，長石を
粉砕し，不純物を取り除き，すべての原料を混合し，練り，成形し，乾燥させ水分量を

図 3.10　土器(左)と陶磁器(右)

図 3.11　瀬戸焼の茶碗(左)と美濃焼の中鉢(右)

図 3.12　伊万里焼(左)と有田焼(右)

10%以下とする．これを加工し，700℃で素焼きし，その後1300℃で焼成する．これにより，釉薬はガラス化し，光沢や色が得られるようになり，そして強度も向上する．磁器の有名な産地としては，伊万里・有田焼，九谷焼などが知られている（図3.12）．

3.2.2　セラミックス製造の歴史

　20世紀になると電気が普及するようになり，それに伴い電気を流さない絶縁体として**碍子**（がいし）が注目されるようになった．この絶縁材料である碍子に陶器が使われるようになった．現在，碍子は陶石，長石，粘土，アルミナなどを原料として1300℃で加熱され得られている．絶縁材料として，紙，木材なども考えられたが条件によっては電気を通すため，絶縁状態を持続できる陶器が注目されるようになった．

　しかしながら，1920年代になると**プラスチック**が開発され，速やかに家庭内のコップ，お皿などが陶器からより軽く丈夫であるプラスチックに置き換えられるようになった．これまでの茶碗，お皿などの陶磁器はケイ酸塩でできており，プラスチックの出現によりケイ酸塩工業は一気に斜陽になってきた．

　一方，アルミナ，ジルコニアなどを原料とし，これらの純度，粒径，形状などを精密に制御し，さらに焼成温度，時間などの焼成工程も詳細に管理することにより，従来の陶磁器にない性能を示す**セラミックス**（ceramics）を製造できるようになった．セラミックスの語源はギリシャ語の「keramos」であり，粘土を焼き固めたものという意味である．セラミックスの狭義では陶磁器を意味しており，広義は窯業製品の総称として用い

コラム 3

非酸化物セラミックス

　酸化物セラミックスが主流であったが，非酸化物セラミックスも登場してきたが，この理由としては熱機関のセラミックス化によるものである．すなわち，1300℃付近での温度に耐えて作動することが求められ，従来の酸化物系セラミックスでは対応できなくなり，非酸化物系セラミックスへの開発が進んだ．非酸化物系セラミックスに求められるのは熱衝撃に強く，靭性に富み，さらに硬度，耐食性に優れているということである．

　これまでのケイ酸塩を中心とした窯業品と比較して，高付加価値のセラミックスをファインセラミックス，アドバンスドセラミックスなどとよぶようになった．さらに，アルミナ，ジルコニアなどを代表とすると酸化物でイオン結合性結晶であったものから，窒化物，炭化物などの共有結合性の強い炭化ケイ素（SiC），窒化ケイ素（Si$_3$N$_4$）なども開発されるようになった．SiCは高硬度を示し，耐薬品性に優れ，熱伝導性が高いという特徴を有している．また，Si$_3$N$_4$は高温化での強さが大きい，高靭性を示す，熱膨張率が低い，耐熱衝撃性が強いなどの特徴を有している．共有結合を有することにより高温での熱膨張を抑制することができるようになっている．

図3.13　セラミックス製の包丁とはさみ

られ，無機物を焼き固めた焼結体をさす．ガラスもセラミックスに含まれる．なお，日本でセラミックスという言葉が定着したのは，1981年にアメリカ航空宇宙局で再使用をコンセプトとした有人宇宙船スペースシャトルの表面に張られた耐火材をセラミックスと紹介されたのをきっかけである．さらに，1986年のつくば万博においてセラミックス包丁，セラミックスハサミが販売されるようになり，身近なものにセラミックスが使われ始めた(図3.13)．鉄と比較してさびない，軽いなどの特徴を有する．

3.2.3 耐火物の製造

　耐火物とはJIS R 2001において「1500℃以上の定形耐火物および最高使用温度が800℃以上の不定形耐火物，耐火モルタル並びに耐火断熱れんが」と定められている．このように，耐火物には大きく分け定形耐火物と不定形耐火物がある．定形耐火物の製造は，原料を粉砕・分級し，いくつかの種類を混ぜる場合には配合し，結合剤などを添加して混練を行う．その後，高圧プレス機などを用いて成形し，100〜300℃で乾燥させ，その後焼成を行う．焼成にはトンネルキルンがよく用いられており，トンネルの長さは数mから100mにもなる．一般的な焼成温度は1500℃以下であり，高温焼成では1500〜1800℃，さらに超高温焼成になると1800℃以上となる．その後，必要に応じて加工され，検査を経たのち製品となる．これに対して，不定形耐火物の製造には，成形→乾燥→焼成の工程はなくなる．不定形耐火物の場合には，成形が施工となり，乾燥・焼結が実際の操業に相当する．不定形耐火物の施工例を図3.14に示す．(a)は不定形耐火物を練り合わせており，これを流し込みなどして成形したものが(b)である．

(a) (b)

図3.14　不定形耐火物の練り合わせおよび施工の様子

3.2.4　ガラスの製造

　ガラスの製法としては溶融法(高温溶融法)が一般的であり，大部分のガラスはこの方法で合成されている．溶融法は，酸化物，炭酸塩，水酸化物などの固相の原料をその溶融温度以上に加熱し，溶融して液相(融液)にした後，流し出して，種々の形に成形し，冷却してガラスを得る方法である．溶融法の工程は，ガラス原料の調合，高温での溶融・清澄，熱間で一次形状を付与する成形，冷却中に歪を除去しつつ行われる徐冷，および加工・検査などに分けられる．図3.15に実験室における溶融法によるガラス作製プロセスを示す．

　(1) 調　合：ガラスの主原料は，ケイ砂(SiO_2)，ホウ酸(B_2O_3)，ホウ砂($Na_2B_4O_7$)，炭酸ナトリウム(Na_2CO_3)，石灰石($CaCO_3$)，四酸化三鉛(Pb_3O_4)などであり，そのほかに，溶融ガラス中の気泡を除去するための清澄剤，溶解促進剤として，硝酸ナトリウム

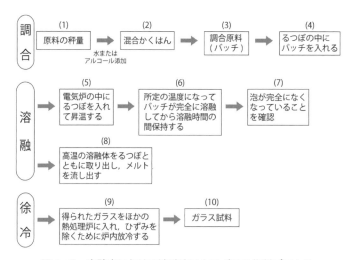

図3.15　実験室における溶融法によるガラス作製プロセス

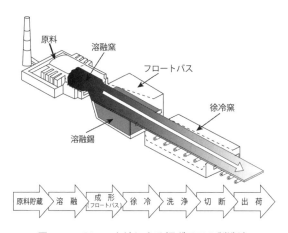

図3.16　フロート法による板ガラスの製造法

（NaNO₃），硫酸ナトリウム（Na₂SO₄），三酸化アンチモン（Sb₂O₃）などが少量添加される．これらの原料を目標のガラス組成になるように秤量し，ミキサーで混合する．混合された調合原料をバッチという．

（2）溶融・清澄：バッチとカレット（使用済みガラス製品とか，成形不良品などのガラスくず）を高温に保った溶解槽に投入し，原料の分解，溶融，ガラス化反応，泡抜き，均質化が行われた後，成形温度まで下げる．るつぼ溶融のプロセス（バッチ式）は，光学ガラスなどの少量多品種ガラスの製造で用いられる．大量生産される板ガラス，びんなどの溶融は，タンク窯による連続溶融方式で，入口から原料を連続投入し，出口からはガラスを連続的に取り出す方法である．溶融のための熱源は重油バーナーが一般的であるが，溶融ガラスに直接電流を通じてジュール熱で加熱する電気溶融の方式もある．

（3）成　形：板ガラスの場合にはフロート法，ロールアウト法などがある．図3.16にフロート法の模式図を示す．フロートバスは溶融金属スズで満たされており，溶融ガラス素地は比重差によって溶融スズの上に浮かび，平面的に広がり流れていく．徐々に冷

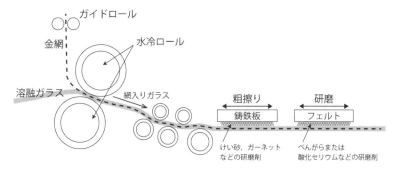

図3.17 ロールアウト法による板ガラスの製造法

却しながら成形した板ガラスを連続的に引き出す．この引き出し速度を調節することで所定の厚みの平滑なフロート板ガラスが製造される．この製造方法は，英国のピルキントン社(Pilkington Brothers Ltd.)によって発明され，開発されたものであり，研磨工程なしで優れた平行，平滑面と火造りの光沢をもった板ガラスが得られる利点があり，現在の板ガラス製造法の主流となっている．また，ガラス表面に模様を付けた型板ガラスや金属製のワイヤー・ネットなどを入れた網入りガラスは，ロールアウト法によって製造される．図3.17にロールアウト法の模式図を示す．溶融ガラス素地を2本の水冷ロールの間に通して製板する方法で，2本のロールの下側のロールに彫刻した模様が施されており，連続して模様を転写されたガラスは，徐冷窯に送られ一定の寸法に切断される．びん，テーブルウェアなどの成形法としてはプレス法，ゴブ法，手吹き法などがある．

　(4) 徐冷(アニーリング)：急速に冷却すると内部応力を発生して破損するため，ゆっくり冷却する．

　(5) 加工，検査：切断，研磨などの加工を加え，検査選別して製品となる．自動車用のガラスのように曲面状に二次加工されるものは，最終製品の形状に切断され，熱処理によって再成形される．

3.2.5 セメントの製造

　セメントは，高層ビル，橋，ダムなどの構造物を製造するためになくてはならない建築材料の一つである．セメントに砂，砂利を混ぜ，水を加えて固めたものがコンクリートである．すなわち，セメントは，砂や砂利をくっつける接着材の役目をしている．セメントはポルトランドセメントと混合セメントに分けられ，日本のポルトランドセメントの製造量は1996年度には9927万tと1億tに近づいたが，2019年のポルトランドセメントの生産量は4009万tである．なお，フライアッシュ，高炉スラグなどを添加した混合セメントの生産量は1275万tである．

　ポルトランドセメント(ここからはセメントと略)を製造するための原料は，石灰石，粘土，ケイ石，酸化鉄原料などである．なお，セメント1tを製造するのに石灰石は1.2t使用する．最近では，浄水汚泥，高炉スラグなどの廃棄物は原料として，廃タイヤ，廃プラスチックなどはエネルギーとして利用されるようになり，1tのセメントを製造するのに480kg程度の廃棄物が使用されている．

　セメントの製造は，原料工程，焼成工程および仕上げ工程の3つの工程からなる．セ

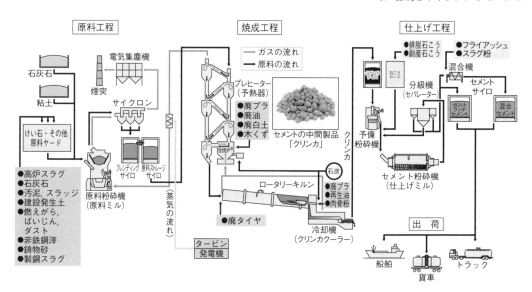

図3.18　セメントの製造工程

(セメント産業の図を一部改変)

メントの製造過程を図3.18に示す．まず，原料工程について説明する．原料である石灰石は日本全国に分布しており，その採掘はおもにベンチカットとよばれる露天掘りで行われ，火薬などを用いて石灰石を崩し，1次粉砕，2次粉砕などを細かくし，それをベルトコンベアなど用いて工場内に搬入する．石灰石，粘土，ケイ石などを計量して原料粉砕機で粉砕され，ブレディングサイロで均一に混合された粉末となる．焼成工程では，この粉末をSP（suspension preheater）キルンあるいはNSP（new SP）キルンの塔頂に入れられ，粉末を乾燥させながら下がっていき，ロータリーキルンに投入される前にはほとんど炭酸カルシウムが酸化カルシウムに脱炭酸している．SPおよびNSPキルンがあることにより熱効率が格段に向上する．

　原料がプレヒーターからキルンに入れられ，酸化カルシウム，ケイ石，酸化アルミニウムおよび酸化鉄が固相反応を起こす．また，このキルンは3〜4 rpmで回転することにより，粉末は1 cm程度の球状物となる．キルンの出口手前10 m付近で球状物の温度は1450℃となり，出口ではこの温度は1200℃まで下がり，すみやかにクーラーに入り，80℃まで冷却される．このようにして製造されたものが**セメントクリンカー**である．なお，クリンカーを冷やすために使われた空気はプレヒーターに戻され，粉末の乾燥などに使われる．仕上げ工程では，得られたクリンカーに3〜5%の二水セッコウを加えて仕上げミルで粉砕され，セメントとなる．セメントは船舶，トラック，貨車で運ばれる．

　セメントを構成するセメント化合物は，C_3S，C_2S，C_3AそしてC_4AFの4種類である．なお，CはCaO，SはSiO_2，AはAl_2O_3そしてFはFe_2O_3を表している．すなわち，C_2Sは$2CaO \cdot SiO_2$であり，これはCa_2SiO_4と表すことができ，Ca^{2+}イオンとSiO_4^{2-}イオンからなる酸素酸塩である．C_3SはこのC_2SとCaOからなる複合酸化物である．C_3Aは$3CaO \cdot Al_2O_3$であり，$Ca_3Al_2O_6$からなる複合酸化物である．また，C_4AFは$4CaO \cdot Al_2O_3 \cdot Fe_2O_3$であり，これは$C_2A$と$C_2F$からなる複合酸化物の完全固溶体である．セメントの成分はCaO，SiO_2，Al_2O_3およびFe_2O_3であり，これらはクラーク数の上位5つの元素から構成されており，地球にやさしい材料と考えることができる．

表 3.5 セメント化合物の性質

性質		C$_3$S	C$_2$S	C$_3$A	C$_4$AF
強度発現	短期	大	小	大	小
強度発現	長期	大	大	小	小
水和熱		中	小	大	小
化学的抵抗性		中	やや大	小	大
乾燥収縮		中	小	大	小

セメント製造においてこれらのセメント鉱物の生成過程を要約すると次のようになる.

800℃以下	CA (CaO・Al$_2$O$_3$), C$_2$F, C$_2$S の生成開始
800〜900℃	C$_{12}$A$_7$ の生成開始
900〜1000℃	C$_3$A, C$_4$AF の生成開始, CaCO$_3$ の熱分解終了
1100〜1200℃	C$_3$A, C$_4$AF の生成終了
1250℃	液相の生成開始, C$_3$A, C$_4$AF の液相への溶解
1300〜1450℃	C$_3$S の生成, 遊離 CaO の消滅
冷却 1200℃	C$_3$S, C$_2$S の結晶間隙に C$_3$A, C$_4$AF の晶出, 液相のガラス化

この 4 つの性質を表 3.5 に示す. C$_3$S は短期強度を示し, 水和熱が中程度であり, 乾燥収縮も大きい. これに対して, C$_2$S は短期強度が小さいが, 長期強度は高くなる. また, 水和熱が低いため, 乾燥収縮も小さい. C$_3$A は C$_3$S と同じように水和が速いために短期強度に優れるが水和別も大きく, 乾燥収縮も大きい. この 4 種類のセメント化合物の割合は原料の混合割合で変化させることができる. これにより, 普通ポルトランドセメント, 強度発現が早い早強セメント, 水和熱が低い中庸熱セメントなどとなる. なお. 普通ポルトランドセメントのセメント化合物の割合は C$_3$S 50%, C$_2$S 26%, C$_3$A 9%, そして C$_4$AF 9% である.

3.2.6 石灰の製造

日本は品質のよい**石灰石**に恵まれており, 北海道から沖縄にかけ 200 を超える石灰会社が存在する. 日本において唯一自給自足可能な鉱物はこの石灰石だけであり, その埋蔵量は 400〜500 億 t といわれている. この石灰石は先に説明したセメントおよび鉄の製造をはじめ, セメントの骨材, 路盤材などとして年間 1.3 億 t 近く使用されている.

石灰石は 3.2.5 項において簡単にふれたが, 石灰石の鉱山を階段状に採掘していくベンチカット工法で行われている. 1 段の高さは 10 m である. 爆薬を用いて石灰石を破砕し, それをホイルローダーでダンプに積み込み, ホッパーに投入する. 1 次破砕はジョークラッシャーで行い, 2 次破砕, 水洗などをして粒径別の製品としている.

炭酸カルシウムの脱炭酸温度は 890℃であるが, 石灰石の場合さらに高い温度で長時間かけて焼成を行い, **生石灰** (CaO) を得ている. この CaO は製鉄用, 軽量不燃建材である ALC (autoclaved lightweight concrete) の原料あるいは地盤改良材として使用されている. 石灰石を焼成するための装置としてはベッケンバッハ炉とメルツ炉がよく知られている. その外観図を図 3.19 に示す.

ベッケンバッハ炉はドイツの技術であり, 1966 年に日本に導入された. 主流である二

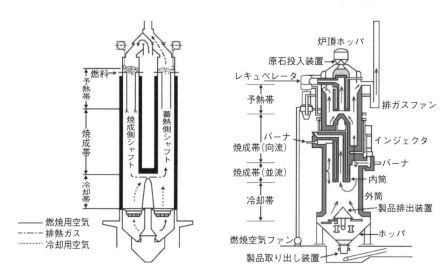

図 3.19 ベッケンバッハ炉(左)とメルツ炉(右)

重円筒炉本体は外筒と内筒の間に石灰石が充填され，燃料は中段と下段および外周数か所の燃焼室から供給される．排ガスは石灰石と燃焼用 2 次空気のそれぞれに使用される．特徴としては，外筒，内筒よりなる二重円筒構造になっていて，生石灰の残留 CO_2 が少ないことである．焼成能力は 1 日あたり 150〜600 t が標準であり，使用原石粒径は 15〜200 mm で，そのなかから粒径比で 1:2 から 1:4 の範囲のものを用いる．この炉の特徴は①廃熱の回収が効率よく行われるので熱消費料が少ない，②焼成帯の減量の滞留時間を長くして燃焼ガスと循環ガスの混合ガスとして焼成帯を通すので，焼成品は残留 CO_2 が少なく，高反応性である．

　一方，メルツ炉はスイスの Maerz Ofenbau 社が日本に技術導入した炉である．これは平行流蓄熱式立型焼成炉とよばれており，2 本または 3 本の丸型または角型のシャフトにより構成され，それらが焼成帯で接続されており，1 本のシャフトで焼成され，そのとき他の 1 本あるいは 2 本のシャフトに焼成しているシャフトでの排ガスを通すことにより余熱が行われるようになる．初期のメルツ炉で焼成することのできる原石の大きさは 40〜80 mm であったが，技術の進歩により原石のサイズの範囲は 20〜150 mm に広がっているが，最大粒径と最小粒径の比が 2:1 となるように調整されたものを使用することになっている．なお，1 日あたり最大で生産能力は 600 t 程度である．この炉の特徴は，①廃熱の回収とその熱量の燃焼への還元が合理的で，消費熱量が小さい，②構造が単純で管理しやすく，耐火物の維持費が安い，③生産量の増減による熱効率の変動が少ない，④熱量ガスと原料との接触を並流と向流に保つため，生石灰の活性度の管理が容易など，があげられる．

　生石灰は銑鉄の製造において必要である．鉄鉱石の 10% 程度の CaO を添加すると鉄鉱石中の不純物である二酸化ケイ素と反応しケイ酸カルシウムとなって銑鉄の上に浮かぶ．これを冷却したものがスラグであり，この量は鉄の生産量の 30% 程度である．スラグはセメントの代替として使用される．また，温度を高くして生成した生石灰は硬焼とよばれ，水和が遅いのが特徴である．ALC の原料などとして用いられている．

　生石灰を水和させることを**消化**とよび，これにより**消石灰**($Ca(OH)_2$)が得られる．消化の工程は連続式と半連続式および常圧式と加圧式に大別することができる．生石灰の

図 3.20 炭酸カルシウムの多形

消化では次の式 (3.14) のように大きな熱が発生する.

$$CaO + H_2O \longrightarrow Ca(OH)_2 + 15.2\,\text{kcal} \qquad (3.14)$$

　この発熱を利用して，生石灰は水分の多い地盤を安定化させる地盤改良材などとして用いることができる．生石灰が水と接した時に発生する発熱を利用して過剰な水分を蒸発させることができ，また生成した $Ca(OH)_2$ と土がポゾラン反応を起こし，固化する．セメント系の地盤改良材と比較して土壌の成分を受けにくいのが特徴である．また，身近なところでは駅弁を温めるのにもこの生石灰使用されている．

　また，$Ca(OH)_2$ は強アルカリを示すことから，酸性ガスや酸性の強い溶液の中和剤として用いられている．ごみ焼却場では，ごみを加熱処理することにより塩化水素 (HCl) ガス，硫黄酸化物 (Sox) ガスなどの酸性排ガスが発生する．この排ガスをそのまま大気に放出すると酸性雨の原因になるため，排ガス中に $Ca(OH)_2$ 粉体を噴霧して，中和して塩化カルシウムなどとした後に電気集塵機で回収される．なお，酸性ガスとの反応においては反応性を向上させるために，消石灰の比表面積を高める工夫がされており，比表面積を $40\,\text{m}^2/\text{g}$ 以上としたものが使われている．さらに，消石灰の比表面積を高くするだけではなく，細孔分布も制御して反応性を向上させることも行われている．また，ユニークな使用として海水中に消石灰スラリーを添加することにより水酸化マグネシウムが沈殿する．これは海水中において Mg^{2+} イオンは 0.1272% (1272 ppm) 含有されているためである．これを焼成することにより MgO が生成し，耐火物原料などとして利用される．

　一方，消石灰懸濁液に脱炭酸の際に発生して回収した CO_2 ガスを反応させることによる炭酸ガス化法で**軽質炭酸カルシウム**が生成する．軽質炭酸カルシウムは石灰石を粉砕して得られた重質炭酸カルシウムと比較して微細で，粒径・形状も制御することができるため，製紙用，ゴム，プラスチックの充填剤として使用されている．また，炭酸カルシウムには3種類の多形があるが，カルサイトとアラゴナイトは炭酸ガス化法により合成される．もう一つの多形であるバテライトは主にカルシウム塩と炭酸塩の反応により合成されている．それぞれの多形を図 3.20 に示す．

　カルサイトは菱面体あるいは紡錘状，アラゴナイトは針状，バテライトは球状あるいは板状結晶の形状となりやすい．

3.2.7　セッコウボードの製造

　セッコウボードは，二水セッコウを紙で巻いた建材であり，軽量，遮音性および耐火性に優れ，年間 4.5 億 m^2 製造されている．セッコウボードの密度はおおよそ $1\,\text{g/cm}^3$ である．セッコウボードの主原料は二水セッコウである．この二水セッコウとしては天

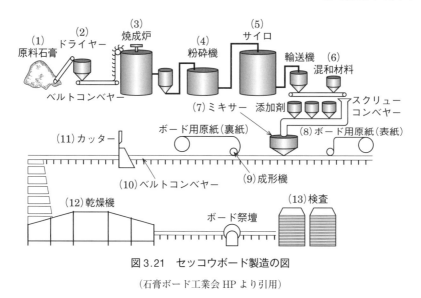

図 3.21　セッコウボード製造の図

(石膏ボード工業会 HP より引用)

　然物由来と化学セッコウとよばれるリン酸セッコウ，排煙脱硫セッコウを用いている．
使用される割合は天然：化学セッコウ＝40：60である．また，一部裁断不良など工場で
生じたリサイクルセッコウボードも使われている．リン酸セッコウはリン鉱石(Ca_{10}
$(PO_4)_6F_2$)を硫酸処理し，リン酸を製造される時に副産された二水セッコウである．排
煙脱硫セッコウは火力発電所で発生した硫黄酸化物を除去するために炭酸カルシウムを
用いて中和した時に生じる二水セッコウである．これらの原料を130℃程度で加熱して
脱水し，半水セッコウとする．これを添加材および水とともにスラリーを生成する．こ
のスラリーは連続して流れてくる下紙(製品表側となる面)と，上紙(製品裏側となる面)
との間に流し込まれ，厚みを整えてベルトコンベア上を移動していく．その間の数分間
で硬化し，その後カッターにより所定の長さにカットされる．セッコウボードの裏表を
反転させた後に，100〜200℃の乾燥機内で乾燥される．そして製品は仕上工程で最終的
には品種ごとの規定枚数に積み重ねられる．セッコウボードの製造過程を図 3.21 に示
す．

3.3　測定と評価—キャラクタリゼーション技術—

3.3.1　熱 分 析 法

　無機材料の特徴として有機材料と比較して高温での使用に耐えうることができる．こ
のため，無機材料の分解温度，転移温度を知ることは重要である．熱分析装置を用いて
測定することによりこれらを知ることができる．熱分析には，熱変化および重量変化を
観察することができる**示差熱分析**(TG-DTA(thermal gravimetry-differential thermal
analysis))，基準物質と試料の温度差から熱量を求めることができる**示差走査熱量計**
(DSC(differential scanning calorimetry))，熱をかけながら機械的強度を測定する**熱機
械分析**(TMA(thermomechanical analysis))などがある．TMA では熱膨張測定，引っ
張り測定，針侵入測定などを行うことができる．

　TG-DTA について説明する．まず，DTA の装置を図 3.22(a)に示す．試料および基

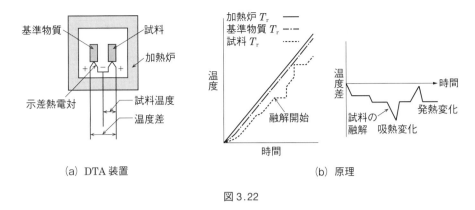

(a) DTA装置　　　　　　　　　　(b) 原理

図 3.22

準物質(中性体)を白金パンに入れる．試料は右側，基準物質は左側である．また，パンには白金とアルミニウムがあるが，アルミニウムの使用最大温度は600℃なので注意すること．試料を詰めた白金パンを試料ホルダーに乗せる．示差熱電熱はそれぞれに繋がっており，温度差を求めることができる．DTAの原理は加熱した際に試料と中性体との温度差が生じると電流が流れるゼーベック効果である．このため，中性体としては1500℃までに転移，分解，融解などを起こさないα-アルミナ(Al_2O_3)が用いられている．たとえば，試料と中性体を加熱した際に，所定温度でα-Al_2O_3のほうが試料より温度が高くなると，吸熱反応が起きていることがわかり，逆に低くなった場合には発熱反応が起きていることになる(図3.22(b))．

　また，TGでは精密な天秤を搭載しているため，温度における重量変化を連続的に測定することができ，DTA曲線と総合してどのような反応が起きているのかを観察することができる．たとえば，水酸化カルシウム懸濁液にCO_2ガスを吹き込むことにより炭酸カルシウムが合成されるが，反応がどの程度進行しているのか試料をX線回折測定することにより，試料が水酸化カルシウムと炭酸カルシウムの混合物であることはわかり，ピーク強度比などからある程度の割合を推定することはできるが定量することは難しい．しかし，試料を熱分析(TG-DTA)測定することにより，水酸化カルシウムの脱水量および炭酸カルシウムの脱炭酸量から水酸化カルシウムおよび炭酸カルシウムをそれぞれ定量することができる．

　DSCは試料を加熱することにより起きる物理・化学的特性の変化を精密に測定することができる装置である．高分子などのガラス転移，融解などの測定に有意義である．DTAは試料の転移，融解，さらに反応などの吸熱・発熱の現象が起こる温度を測定することができるが，DSCはこの温度測定に熱量測定が加わる．DSCではピーク面積を熱量(エンタルピー変化)に換算することができる．また，DSCには熱流束型と入力補償型があるが現在では前者のほうが主流である．

　TMAの原理は温度を上昇させながら荷重発生部からプローブを介して試料に一定の荷重を与えることができる．温度変化に応じて試料が膨張，収縮さらに軟化などの試料変形が起こり，それがTMA信号として出力される．プローブを変えることにより，圧縮・曲げ強さ，引張り強さおよび針侵入などを測定することができる．

3.3.2 回折法

　無機材料を分析する際，その結晶構造における X 線や電子線の回折現象を利用した解析手法が頻繁に利用される．本項では X 線を用いた回折現象，すなわち X 線回折の手法による無機材料の結晶解析技術について説明する．

　X 線は可視光と同じく電磁波の一種であり，原子の大きさと近い 0.5〜10Å の波長をもつ．X 線が原子と衝突すると，原子核周辺の電子と相互作用したのちに元の照射 X 線と同じ波長かつ同じ位相をもつ X 線をあらゆる方向に対して散乱する．これをトムソン散乱とよぶ．そして X 線が照射された物質内で原子が特定の周期性をもって配列している場合，それぞれの原子から発生する散乱 X 線どうしが互いに干渉し合い，結果として特定の方位に対して強い回折 X 線を放出することになる．このようにして発生した周期性のある原子の配列に基づいた X 線の干渉現象を **X 線回折**（X-Ray Diffraction：XRD）という．

　結晶，すなわち単位格子の繰り返しにより構成される集合体は，特定の周期性をもって配列した莫大な数の原子を提供するものであり，X 線が照射された結晶はその構造に応じた固有の回折 X 線を放出する．X 線の回折条件は主に単位格子の繰り返し構造により形成される格子面間隔 d_{hkl} により定めることができる．例として，図 3.23 に示すような面間隔 d_{hkl} をもつ格子面 (hkl) を想定し，これに対して入射角 θ の条件で波長 λ の X 線を照射した場合，式 (3.15) の条件を満たすことで回折角 θ の方位に対して回折 X 線が対称反射的に発生することが分かる．

$$n\lambda = 2d_{hkl}\sin\theta \tag{3.15}$$

ここで n は整数とし，その関係式を**ブラッグの条件**（Bragg's law）という．この関係は，図 3.23 における一つ目の波 1 と二つ目の波 2 が同位相である場合，それらの光路長の差分 ACB（$= 2 \times d_{hkl}\sin\theta$）が波長の整数倍である時に互いの散乱 X 線が強め合うことを示すものである．

　回折 X 線の強度は，結晶を構成する原子の配置とそれぞれの原子に含まれる電子数，入射 X 線に対する回折 X 線の進行方位（$2\theta/\lambda$）など，結晶の種類や測定手法に由来するさまざまな要因により変動しうる．また，回折条件を満たす格子面間に 1/2 波長分ずれた X 線を散乱するような構造が存在する場合など，特定の条件（消滅則）を満たす格子面の回折 X 線はその強度がゼロとなることがある．その結果，結晶に対して入射した X 線はいくつかの方位に対してさまざまな強度をもつ回折 X 線を生じさせることにな

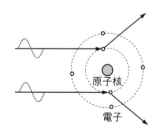

(a) 原子による X 線の散乱

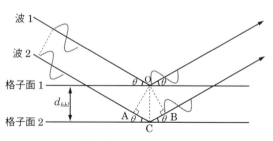

(b) 格子面での X 線の回折

図 3.23　X 線の散乱と回折

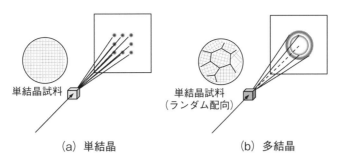

(a) 単結晶　　　　　　　　　　　(b) 多結晶

図 3.24　結晶による X 線回折

る．逆にいえば，それら回折 X 線の進行方位や強度には，その結晶を構成する原子や単位格子の特徴が強く反映されているに十分注意する必要がある．

　単結晶の測定試料に対して X 線を照射した場合，結晶方位に応じたいくつかの方向に対してブラッグの条件を満たすかたちで回折 X 線が発生し，図 3.24 に示すような方法でそれらを感光フィルムで受けるといくつかの明瞭な回折スポットが撮影できる．その一方，多結晶質の焼結体などの試料に対して同様の方法で X 線を照射した場合，同じくブラッグの条件を満たす形で回折 X 線が発生するが，感光フィルムには入射 X 線の延長線上を中心とした同心円上の回折リングが観察される．X 線が照射された範囲に配向方位の異なる微結晶（結晶子）が多数存在する，いわゆる"ランダム配向"の状態にある試料でこのような結果が観察される．また，ガラスなどの非晶質な測定試料では X 線回折の条件を満たす格子面が存在しないために回折スポットやリングは発生せず，ぼやけたハローのみが感光フィルム上で観察されることになる．

　単結晶の測定試料に対して X 線を照射した場合，結晶方位に応じたいくつかの方向に対してブラッグの条件を満たすかたちで回折 X 線が発生し，図 3.24 に示すような方法でそれらを感光フィルムで受けるといくつかの明瞭な回折スポットが撮影できる．その一方，多結晶質の焼結体などの試料に対して同様の方法で X 線を照射した場合，同じくブラッグの条件を満たす形で回折 X 線が発生するが，感光フィルムには入射 X 線の延長線上を中心とした同心円上の回折リングが観察される．X 線が照射された範囲に配向方位の異なる微結晶（結晶子）が多数存在する，いわゆる"ランダム配向"の状態にある試料でこのような結果が観察される．また，ガラスなどの非晶質な測定試料では X 線回折の条件を満たす格子面が存在しないために回折スポットやリングは発生せず，ぼやけたハローのみが感光フィルム上で観察されることになる．

　X 線回折の現象を利用した材料解析をさらに効率的に進めるため，ゴニオメーター式の粉末 X 線回折装置が一般的に利用されている．装置は主に，①入射 X 線の発生源，②試料ホルダー（回転ステージ付），③回折 X 線の検出器といった 3 つの部位から構成され，試料表面に対して発生源から照射される X 線の入射角 2θ を走査しつつ，対称方位の回折角 θ に対して放出される回折 X 線の強度を検出器で計測している（図 3.25）．試料の照射される X 線は，FeK_α（波長 1.9360 Å），CoK_α（1.7889 Å），CuK_α（1.5406 Å），MoK_α（0.7093 Å）など，金属ターゲットの励起により発生した特性 X 線をフィルターやモノクロメーターで単色光化した線源を用いる．このような装置を用いた測定結果の一例として，ケイ素 Si 粉末の圧粉体試料（ランダム配向）を用いて測定した X 線回折パターンを図 3.26 に示す．横軸は 2θ で記された回折角，縦軸は検出器で計測された回折

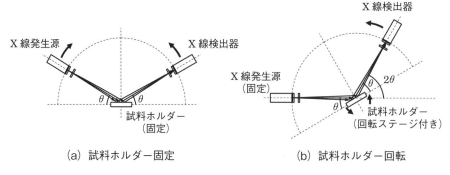

(a) 試料ホルダー固定 　　　　　　　　　(b) 試料ホルダー回転

図 3.25　X 線回折装置(ゴニオメーター式)

X 線の強度をそれぞれ表し，各格子面の回折に由来するピークを回折パターン上で観察することができる．回折パターンからは，回折ピーク位置 2θ(すなわち回折角度)やピーク強度 I などの情報を得ることができ，それらの情報を用いて無機材料の結晶学的な解析を行うことになる．

　最も頻繁に X 線回折が利用される用途として，入手した試料に含まれる結晶相の識別を目的とした「結晶相の同定」がある．これまでに数多くの物質に関する X 線回折データの情報が公開されており，現在，国際回折データセンター(International Centre of Diffraction Data : ICDD)が作成する" Powder Diffraction File(PDF)" など，データベースの形でそれらを利用することができる．それらのデータベースではさまざまな物質の結晶学的な基礎データ(名称，化学式，結晶系，空間群，格子定数，密度，融点，関連文献など)とともに各物質の X 線回折データ(格子面，格子面間隔，回折角度，回折強度，測定 X 線波長など)がまとめられており，これを実測のデータ(X 線回折パターン)と照合することにより測定試料に含まれる結晶質物質の同定などを行うことができる．照合の方法として，回折パターンから最も強度が高い 3 本の回折ピーク(3 強線)を選択してデータベース内の各データと比較するハナワルト法(Hanawalt method)などが一般的に利用されているが，近年はコンピューター検索による自動同定の手段などが充実化しつつある．また，さまざまな化学組成を有する固溶体や，新たに発見・合成された新規材料など，前述のデータベースに掲載されていないような物質についても X 線回折による分析は大変有効であり，それらの結晶系や格子定数，単位格子中での原子配置などの情報を解析する際に頻繁に利用されている．ヴェガード則(Vegard's law)を用いた固溶体組成の識別や，リートベルト法(Rietveld method)による結晶構造の精密解析などがその具体的な例である．

* 3.1.1 項参照　　　　X 線回折は粉体や焼結体などの材料に含まれる結晶子[*] のサイズを決定する作業，すなわち「結晶子径の測定」にも頻繁に利用される．材料に含まれる結晶子径 D は X 線回折パターンのピーク幅との間に式(3.16)に示すような相関性をもち，これを**シェラー式**(Scherrer's equation)という．

$$D = \frac{K\lambda}{\beta\cos\theta} \qquad\qquad (3.16)$$

ここで，λ は X 線波長，θ は回折角度，β は結晶子径の増減に由来するピーク幅の広がり(単位：rad)，K は形態因子の定数を示す[*]．ここで求められる結晶子径 D の値は X 線

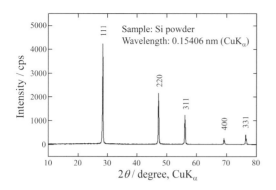

図3.26　ケイ素Si粉末のX線回折パターン

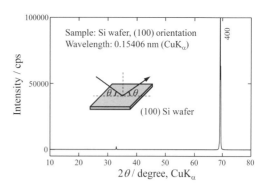

図3.27　結晶配向性によるX線回折パターンの変化

回折に対してコヒーレントな方位に対する結晶子の大きさ，すなわち結晶面(hkl)に対して垂直な方向に成長した結晶子のサイズの平均値に相当する．このような相関性は大きさ約100 nm程度までの結晶子径と良好に合致し，主に粉体材料などに含まれる結晶子を評価する際に利用される．

　その他のX線回折の用途として，測定試料内に存在する結晶の配向方位を解析する「結晶配向性の評価」をあげることができる．図3.26に示されるように，試料内に多数の結晶子が"ランダム配向"の状態で存在する場合，その結晶を構成するすべての格子面でブラッグの条件を満たす回折が発生するため，結果として得られるX線回折パターンはすべての格子面に由来する回折パターンを含む．その一方，特定の格子面が異方的に成長した"選択配向"の状態にある試料をゴニオメーター式の回折装置で分析した場合，図3.27に示すように測定系の鉛直方位に配向した格子面のみが検出されるため，その格子面に由来するピークが回折パターン上で選択的に観察されることになる．このように，同じ結晶からなる材料であってもその結晶配向性が異なる場合には測定パターンのピーク強度(比)が特徴的に変動するため，試料内での結晶の配向状態を解析・決定するための根拠としてX線回折のデータを利用することも可能である．これまでに，液相合成や気相合成により得られたファイバーや板状粒子，焼結体内で異方成長した結晶粒，基板上に成長させた薄膜，などを始めとしたさまざまな材料を対象としてX線回折を用いた結晶配向性の評価がなされており，それらの構造や特性を解析する際に役立てられている．

　本項では主にX線を用いた回折法の分析手法を紹介したが，類似した性質をもつ電子線を用いた分析手法，すなわち"電子線回折"においてもX線回折と同様な結晶学的データを取得できる可能性がある．電子線プローブを用いたそちらの分析手法は，同じく電子線をプローブとして利用する"電子顕微鏡"との親和性が高く，しばしば同一の装置内に組み込まれた形で超微細構造解析の手段として利用される．その詳細については後述の3.3.4項で説明する．

3.3.3　分　光　法

　物質に対して種々のエネルギーをもった光(電磁波)を照射すると，その光の一部が物質に吸収されたり，照射した光とは異なる状態の光が放出されたりする．そのような光を波長や周波数などの関数として整理する，いわゆる分光の手法は物質のさまざまな構

*回折パターンから読み取られるピーク幅(半値全幅 FWHM など)には結晶子による広がりβ以外にも不均一歪みや装置構成などに由来する広がりが含まれるため，正確に結晶子径の値を定めるためには対照試料の計測データなどを用いてそれらの要因を排除することが望ましい．また形態因子の定数は，通常の多結晶質材料で約0.9の値が使用される．

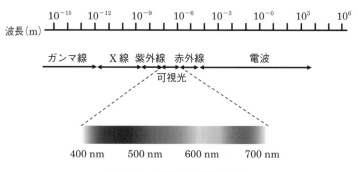

図3.28　電磁波の種類と波長

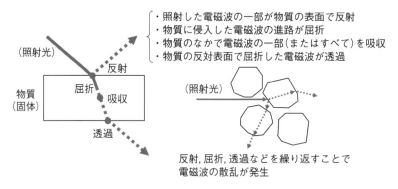

・照射した電磁波の一部が物質の表面で反射
・物質に侵入した電磁波の進路が屈折
・物質のなかで電磁波の一部（またはすべて）を吸収
・物質の反対表面で屈折した電磁波が透過

反射，屈折，透過などを繰り返すことで
電磁波の散乱が発生

図3.29　物質と電磁波の相互作用

造や特性を解析するため頻繁に利用される．本項では無機材料の構造解析に利用される
主な分光技術の原理と事例をいくつか紹介する．

　電磁波は変化する電場と磁場を伝搬する波動（波）であり，図3.28に示すように波長
領域の異なるさまざまな種類の電磁波が存在する．そして，これらの電磁波はその波長
に依存した大小さまざまなエネルギーを有していることが知られている．

$$E = h\nu = h\left(\frac{c}{\lambda}\right) \tag{3.17}$$

ここで E は光のエネルギー，h はプランク定数，c, ν, λ は光の速度，振動数，波長をそ
れぞれ示し，波長の短い光ほど高いエネルギーを有することが本式から分かる．

　物質に対してこれらの電磁波を照射した場合，電磁波はその物質と作用せずに透過す
ることもあれば，図3.29に示すように，物質と何らかの相互作用を起こすことで反射，
屈折，吸収などを生じながら物質を透過することもある．相互作用の有無やその内容は
主として対象となる物質の構造や特性に依存して定められる．したがって，分光により
物質を解析する際には，対象物に対してとして照射される"プローブ"としての電磁波
と，その後に物質から放出される"シグナル"としての電磁波の関係を十分に理解する
必要がある．

　表3.6に，無機材料の分析に用いられる分光法の名称とその目的，それらの分析時に
利用される電磁波（プローブ/シグナル）の関係をまとめる．大まかな傾向として，評価

表3.6　無機材料の分析に用いられる代表的な分光法

測定手法	利用される電磁波	測定で分かること
蛍光X線分析(XRF)	蛍光X線 電子殻間での電子遷移に由来	構成元素の同定 (化学組成の定性・定量分析)
紫外可視分光(UV-VIS)	紫外光，可視光 バンド間の電子遷移などに由来	電子の移動・勃起の挙動を評価 (光吸収やバンドギャップなど)
フーリエ変換赤外分光(FT-IR) ラマン分光	赤外光(赤外光〜紫外光) 分子や結晶の振動モードに由来	分子や結晶の対称性を評価 (結晶系や欠陥構造など)

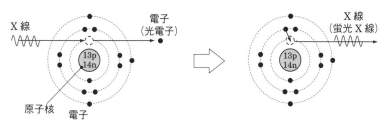

図3.30　原子からの蛍光X線の発生

の対象となる物質の構造が極小になるほど波長の短い電磁波がプローブとして採用される傾向にあるようにもみえる．これらの分光法の特徴と原理についてそれぞれ簡単に説明する．

　蛍光X線分析(X-Ray Fluorescence analysis：**XRF**)は物質を構成する個別の原子(またはイオン)を対象とした分析手法であり，原子から放出される特性X線を計測・解析することで原子の種類，すなわち物質の構成元素を同定することができる．プローブとしては主にX線が利用され，X線は原子核周辺の電子殻に存在する電子と相互作用する．特に高エネルギーのX線が照射された場合，その電子は図3.30に示すように光電子として原子外に叩き出され，電子を失った空間(空孔)に対してより外殻，すなわち高エネルギー順位に存在する外殻電子が遷移してくる．その際，遷移の前後でのエネルギー差に相当する電磁波(X線)が原子の外に放出され，その波長は電磁波のエネルギーに対応した固有の値をとる．このようにして発生するX線を**蛍光X線**といい，それぞれの元素がその原子の電子配置に応じた独特なエネルギー値をもつ蛍光X線を生じる．ただし，ひとつのエネルギー順位に属する電子しか存在しない水素HおよびヘリウムHeでは蛍光X線は発生しない．

　蛍光X線分析の装置は主に，①X線の発生源，②試料ホルダー，③X線分光器および検出器，といった部位から構成される．ここでは，試料にプローブとなるX線を照射し，そこから発生した蛍光X線を分光したのちにその強度を計測することで測定データを得ている．そこで計測された蛍光X線のエネルギー値により測定試料に含まれる元素を同定することが可能であり，元素の含有量は発生した蛍光X線の強度により定めることができる．

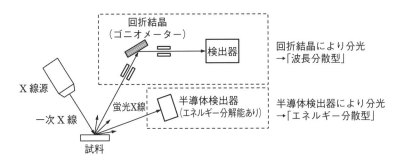

図3.31　波長分散型(WDX)とエネルギー分散型(EDX)

試料：Ba-Ti-O 系化合物

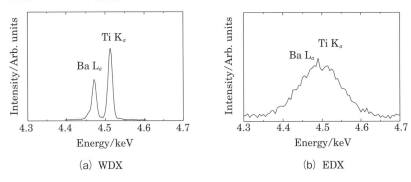

(a) WDX　　　　　　　　　　　　(b) EDX

図3.32　検出器による分解能の相違

　また分析の際，さまざまなエネルギー状態で混在したX線を分光するために**波長分散型X線分光法**(Wavelength-Dispersive X-ray spectrometry：**WDX**)と**エネルギー分散型X線分光法**(Energy-Dispersive X-ray spectrometry：**EDX**)といった2つの方式の分光手法が利用されている．それぞれの方式について，装置構成やサイズ，測定分解能や計測可能な元素の組み合わせなど，さまざまな点で明確な違いがあるため，それぞれを用途に応じて適切に使い分ける必要がある．

　紫外可視分光(UltraViolet-VISible spectroscopy：**UV-VIS**)は可視〜紫外領域の光に相当する光を物質に照射し，その吸収特性を評価する手法である．この領域での電磁波の吸収特性は物質の外観(透明性や色彩など)などと密接に関係することが知られているが，物質科学的な観点から考えると，それらは主に物質中での電子の移動や励起などの動的挙動に関連するさまざまな現象に起因すると考えることができる．

　たとえば，絶縁体や半導体のバンド構造を考えると，光照射によりキャリア励起を生じさせる際には価電子帯から伝導帯の間のエネルギーギャップの大きさ，すなわちバンドギャップエネルギー E_g に相当する光の吸収が発生する．これを逆転させて捉えると，可視紫外分光の測定結果(UV-Vis スペクトル)から光吸収の生じる閾値である吸収端波長 λ を定めることができれば，式(3.17)を用いて E_g に相当するエネルギーの値を算出することが可能である．図3.32や図3.33に示すように一般的な半導体や絶縁体の E_g は数 eV 付近に位置し，紫外・可視から近赤外領域での光吸収がそれらに相当することから，可視紫外分光はそれらの材料のバンド構造を分析する手段として有効である．

　その他にも，半導体ナノ粒子のプラズモン共鳴など，物質内での電子の動的挙動を評

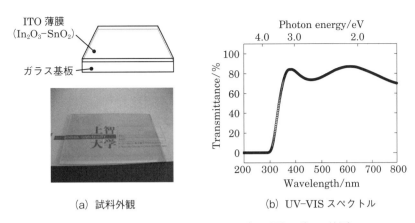

（a）試料外観　　　　　　　（b）UV–VIS スペクトル

図 3.33　半導体の UV-VIS スペクトル（ITO 電極/ガラス基板）

物質（無機材料）	E_g / eV
Ge	0.7
Si	1.1
InP	1.3
GaAs	1.3
GaP	2.2
CdS	2.5
Cu_2O	2.2
In_2O_3-SnO_2 (ITO)	3.0~3.7
TiO_2	3.1
ZnO	3.2
ZrO_2	5.0
C (Diamond)	5.3
Al_2O_3	8.8
SiO_2	~9

図 3.34　主要な無機材料のバンドギャップ E_g と光エネルギー

価する際に可視紫外分光はしばしば利用される.

　フーリエ変換赤外分光（Fourier Transform-InfraRed Spectroscopy：**FTIR**）は有機化合物の定性分析を行う際に頻繁に使用される分析手法であり，その分析では，多原子分子に対して赤外光を照射して吸収スペクトルを計測する．赤外線は分子の振動や回転運動を励起することで分子に吸収され，それらの起源となる分子中の官能基の存在や分子自身の構造対称性をその吸収スペクトルに基づき評価することができる．有機化合物とは若干カテゴリーの異なる無機材料において赤外分光の手法が活躍する場面としては，材料中に含まれる多原子イオン（OH^-，CO_3^{2-}，SO_4^{2-}，PO_4^{3-} など）の同定がまず容易に思い浮かぶ．また，SiO_2 や ZrO_2 などといった金属酸化物の結晶構造での振動運動なども赤外領域での吸収を発生し得ることから，それらを無機材料の構造（結晶相）や対称性（結晶系）を評価する手段として利用できる可能性もある．ただし，無機骨格構造に関連する赤外吸収は基本的に $1000\ cm^{-1}$ 以下の遠赤外領域でそれらの大半が観察されるため，有機化合物を対象とした通常仕様の装置とは異なる分光系の利用が必要とされるケースがほとんどであることに注意する必要がある．

　ラマン分光（Raman Spectroscopy）も赤外分光と同様に無機材料での骨格構造の振動

を観察対象とした分光手法の一種である．物質に対して光を照射した際に発生する散乱光のうち，その入射光とは異なる波長をもつ散乱（ラマン散乱）が本手法での計測の対象であり，その波長差を生じさせるエネルギー吸収の起源となる骨格構造の振動を測定データから評定することになる．物質に照射する励起光には種々のレーザー光が使用され，紫外から可視，近赤外に到るまでさまざまな波長領域の光源を励起光として利用することができる．測定対象の物質に応じて適切な光源を選択することで赤外分光よりもさらに高精度な構造評価を実施できることが本手法の大きな特徴であり，他の分析手法では評価が困難な極めて微小な結晶構造の変化などを観察することが可能となる．近年，金属酸化物結晶における構造相転移や欠陥形成などに関する挙動を観察する際の有力な手段としてラマン分光は頻繁に利用されている．

3.3.4 顕微鏡法

　粉体やセラミックスを調製したのち，それらの粒子形状や微細構造を観察することは物性の理解や社会実装に向けた材料開発に重要な要素である．本項では，**電子顕微鏡法**（electron microscopy）を取り上げる．これまでに一度は理科の授業などで顕微鏡というものを使って何かを観察したことがあるだろう．そのときに光，すなわち可視光を使ってモノを観察したはずである．電子顕微鏡は，その可視光が「電子線」という電磁波に代わったものと考えてよい．電子線は，可視光よりも波長の小さい電磁波なので，普通の顕微鏡よりもはるかに高い倍率で物質を観察できるようになる．

　走査型電子顕微鏡（Scanning electron microscope ; SEM）は，数 10 倍から 10 万倍ぐらいの拡大倍率が必要な場合に活躍する装置で，立体的な像を観察することができる．一言で言ってしまうと，SEM は試料の表面形態に関する情報を得るのに有効な装置である．もうひとつの電子顕微鏡は，**透過型電子顕微鏡**（Transmission electron microscope ; TEM）であり，これは試料内部の情報を得るのに有効な装置となっている．

　まず，SEM について説明する．SEM では，図 3.36 に示した「試料に入射した電子線と試料との相互作用」で発生する信号を検出して，試料表面の信号分布像として結像することで，さまざまな種類の像を得ることができる．また，それぞれの信号の発生機構とその用途について，表 3.7 にまとめて示す．これらのなかで，SEM 観察において最も重要なものは①二次電子と②反射電子である．二次電子は試料表面の凹凸や形態の観察に有効である．二次電子像は試料表面から生じる数 eV 以下の低エネルギー電子を信号

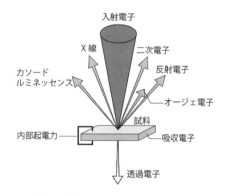

図 3.35　試料に入射した電子線および試料との相互作用

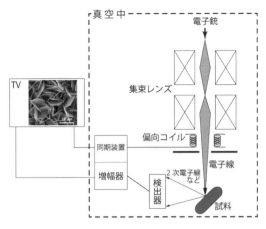

図 3.36　SEM の装置構成

（坂公恭，「結晶電子顕微鏡学」，内田老鶴圃(2005)p.86 を改変）

表 3.7　入射する電子線により発生する信号とそれらの用途

	信号	発生機構	用途
①	二次電子	固体中の電子が励起され、運動エネルギーをもって外部に放出されたもの	形態観察(この用途が最も多い)
②	反射電子	後方背面散乱されたもの	試料の組成差を検出、結晶方位
③	X線	電子の制動輻射による連続X線、内殻電子間遷移による特性X線、さらにこれらのX線で二次的に発生する蛍光X線	放出される特性X線を利用した元素分析
④	カソード・ルミネッセンス	試料の電子状態の励起により形成される電子正孔対の再結合時に発生する	試料内部の不純物や欠陥構造の研究など
⑤	オージェ電子	励起状態にある原子が基底状態に戻るときに光子ではなく電子を放出するもの	析出元素の分布や電位分布の観察
⑥	透過電子	試料を透過したもの	薄片試料の内部情報の観察、TEMで利用
⑦	吸収電子	入射電子がエネルギーを失って試料に吸収されたもの	反射電子と相補的な信号
⑧	内部起電力	電子線照射で試料内部に発生する電子正孔対により有機される内部電圧	半導体などのp-n接合部の調査など

（泉ら監修，「機器分析の手引き 3」，化学同人(2003)p.114 を一部修正して記載）

として形成される像で，試料表面の形状に依存し，表面に敏感な像が得られる．反射電子は「試料表面の組成分析」や「試料結晶の結晶方位観察」に利用される．反射電子は，試料の組成・表面の凹凸・結晶性・磁性などによりその量と方向が変わるが，主に i)試料の平均原子番号に依存する反射電子発生効率および ii)試料表面での反射電子の角度依存性などが反射電子像のコントラストの原因となっている．少し言い方を代えると，原子番号の大きい元素を含む物質は電子を多く保有しているので，反射してくる電子の数も多くなり，その部分は明るく観察される．逆に，原子番号が小さい元素を含む部分は暗くなるので，コントラストがつくことになる．③の X 線も重要であるが，これは**エネルギー分散型 X 線分光法**(energy dispersive X-ray spectrometry；EDX)と係わりが

深く，3.3.5 項で説明している．

　図 3.36 は SEM の装置構成を示している．電子銃から放出される電子線を細く絞り，偏向コイルを用いて試料表面上の微小領域に当て，走査する．電子線が当たると二次電子などが放出されるので，それを検出器で検出する．この信号を TV のブラウン管の上にディスプレイするが，その際に試料表面を走査する電子線と同期させると試料表面の拡大像が得られる．SEM では，図の□で囲った部分は真空中にある．

　ここで，SEM で観察を行う前に必要な試料作製についても触れておく．SEM 観察では，試料の最表面を観察することになるので，表面が清浄であることが必要である．図 3.37 に示したように，まず観察したい表面を上にして，試料台にサンプルを固定する．このときに観察部位が金属試料台に電気的に接触している必要があるため，導電性の接着剤や導電性の両面テープなどで固定する．また，試料が絶縁性のものや二次電子の放出効率が低い元素からなる試料では，試料表面を金属などの導電性物質でコーティングする必要がある．このコーティングの目的は，本来，i)導電性のない表面に導電性をもたせて電子線照射による試料のチャージアップを防ぐだけでなく，ii)二次電子放出効率の低い試料表面を金属で覆うことで二次電子の発生効率を高めるねらいがある．通常のSEM 観察では，Au や Pt などを PVD の一種である「イオンスパッタリング」でコーティングしている．

　図 3.38 は，繊維状の水酸アパタイト(HAp)単結晶粒子から作製した多孔質セラミックスの SEM 像である．これは二次電子を利用して観察している．図 3.38(a)の SEM 像では，多くの気孔が観察できる．これらの気孔内に酵素重合法を用いてポリ乳酸を導入した有機/無機ハイブリッド材の微細構造を図 3.38(b)に示す．ポリ乳酸はポリマーであるので，主成分は炭素・水素・酸素である．HAp はカルシウム・リン・酸素が主成分である．HAp はポリ乳酸よりも平均原子番号が大きいので，HAp の存在部分がポリ

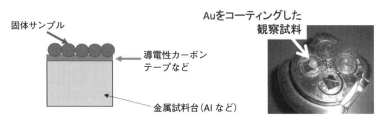

図 3.37　SEM 観察試料の調製

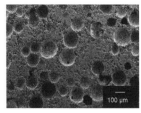

多孔質 HAp セラミックス
（図 3.2(b)の繊維状アパタイトから
作製；多くの気孔が観察される）

(a)

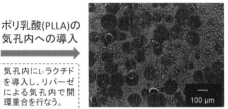

HAp/PLLA ハイブリッド
（気孔に導入された PLLA は HAp
部分よりも暗く見える）

(b)

図 3.38　二次電子による材料表面の観察：多孔質セラミックスおよび有機無機ハイブリッドの微細構造

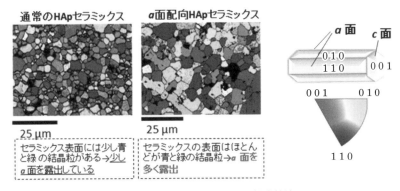

図3.39　反射電子を利用した観察技法

電子線後方散乱回折法によるセラミックスの配向性の違いを視覚化できる.

乳酸の部分よりも明るく観察されている.

　図3.39に**電子線後方散乱回折法**(Electron Back Scatter Diffraction method；EBSD)
による観察例を示す.これは結晶方位を視覚化できる反射電子を利用した技法である.
観察対象はHApである.HApは六方晶系に属しており,図中のモデル図のようにc軸
に垂直なc面と,a軸に垂直なa面をもつ.EBSD法では,c面に対応する001は赤く,
a面に対応する010,110はそれぞれ緑・青に色分けされる.通常のHApセラミック
スは,赤・青・緑が比較的混然一体となっているが(実際は青と緑がやや多い),**テンプ
レート粒子成長法**(templated grain growth；TGG)で作製したa面を多く露出した異方
性制御セラミックスでは緑と青の部分が多く観察できる.

　次に,TEMについて説明する.TEMは,図3.35に示した試料を透過した⑥透過電
子(表3.7)を観察に利用する.SEMが表面形状などを立体的に観察したのに対し,
TEMでは2次元的に,言い換えれば,影絵のように観察され,試料の内部情報を得るこ
とができる.さらに,結晶学の知見をTEMからの情報とをリンクさせると,物質の局
所情報を得るのにこれほど強力な分析機器はない.

　まず始めにTEMの装置の構造を生物用の光学顕微鏡と比較する(図3.40).TEMは
透過光を利用する生物用の光学顕微鏡とちょうど対比することができる.光源のかわり
に電子源である電子銃がある.集束レンズ・対物レンズはどちらも同じ名称であるが,
光学顕微鏡の接眼レンズに対応するものが投影レンズである.集束レンズは試料に平行
に電子線を照射する役割を果たす.対物レンズは初期の拡大レンズであり,電子顕微鏡
の性能はこのレンズで決定される.投影レンズは最終的に高倍率の拡大像を得るための
ものである.光学顕微鏡のレンズはガラスを用い,空気とガラスの屈折率の差を利用す
るが,電子顕微鏡用のレンズでは電磁石を用いて電子線の向きを変える.

　それでは,TEMで具体的に何が分かるのか.以下,簡単に紹介していく.

　(1)試料の大きさ,形状が分かる:これにより,試料の外形とサイズ,粒度分布,表面
構造,凝集の度合いなどが明らかにできる.

　(2)**制限視野電子線回折**(selected area electron diffraction；SAED)**像**:あとで少し詳
しく説明するが,SAED像は,非晶質試料ならハローが,単結晶なら2次元点配列の単
結晶パターンが,多結晶からはデバイシェラーリングが得られる.特に,結晶性試料の
場合には,試料の単位格子の大きさを決定することができ,各面間隔の測定から試料の

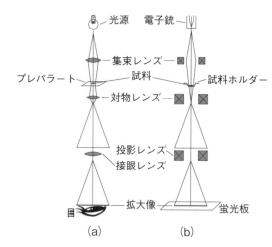

図3.40　光学顕微鏡(a)と透過型電子顕微鏡(b)との比較

(坂公恭，「結晶電子顕微鏡学」，内田老鶴圃(2005)p. 85 を改変)

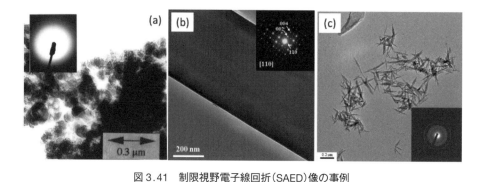

図3.41　制限視野電子線回折(SAED)像の事例

(a)ハロー(非晶質)，(b)ネットパターン(単結晶)，(c)デバイシェラーリング(多結晶)

同定も可能である．著者らの観察例を図3.41に示す．(a)が非晶質リン酸カルシウム，(b)が均一沈殿法により合成した繊維状HAp，(c)が直接沈殿法(湿式法)により合成したHAp粉体(一次粒子が観察されている)のSAED像であり，それぞれハロー(非晶質体)，ネットパターン(単結晶)，デバイシェラーリング(多結晶)が観察されている．

　(3)結晶の格子欠陥や転位の存在とそれらの種類，性質，方向などが分かる：超高分解能TEMからは，結晶内の分子配列，原子配列とその乱れ，分子内の原子配列などを明らかにできる．

　(4)結晶の配向方位，固体反応において反応前後の方位関係などが分かる．

　(5)極微小試料の元素分析ができる．これはSEMのところで示したEDXと同じ原理に基づいている．EDXは3.3.5項を参照してほしい．

＊詳しくは坂による名著「結晶電子顕微鏡学—材料研究者のための—」(内田老鶴圃，2005)を参考にしていただきたい．

次に，試料に電子線を透過させたときに現象を考えながら，TEMにより得られる重要な情報である電子線回折と電子顕微鏡像について説明する(図3.42)＊．いま，単結晶試料に平行な電子線が入射したとする．電子線は結晶内を直進して結晶を透過する電子線(透過波)と，結晶内でブラッグ回折を起こし，入射電子線に対して，$2\theta_b$(θ_b：ブラッグ角)の角度で回折される回折電子線(回折波)に分かれる．透過波・回折波のいずれも対

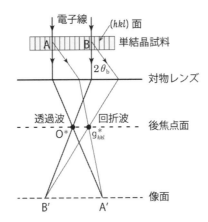

図3.42　試料に入射した電子線の挙動：透過波と回析波

（坂公恭，「結晶電子顕微鏡学」，内田老鶴圃（2005）p.88 を改変）

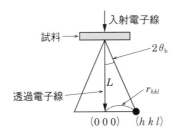

図3.43　電子線回折図形の解析

物レンズの後焦点面に焦点を結んだ後，像面に試料の像を結ぶ．ここで，後焦点面上にフィルムを置けば，電子線回折像が得られ，像面にフィルムを置けば，試料の拡大像，すなわち電子顕微鏡像が得られる．実際には，対物レンズの下方に置かれている中間レンズの焦点距離を調整して，中間レンズ，投影レンズの下方に置かれたフィルム上に電子線回折図形または電子顕微鏡像を結像させている．

　次に，電子線回折についてもう少し掘り下げたい．先述した図3.41のスポット（b）あるいはリング（c）と中心（000）からの距離を測ることで，この物質が何であるかを同定することなどができ，また入射した電子線の晶帯軸から試料の結晶形や方位などを知ることもできる．図3.23（b）はブラッグの回折条件（$2d_{hkl}\sin\theta=n\lambda$）を示したモデル図である．このブラッグの式は X 線回折に用いられるが，電子線回折の場合にも成り立つ．しかも X 線回折とは異なり，電子線回折では，特に試料が薄く，かつ波長が短いため，一度に多くの回折条件を満たす．いま，図3.43に示したように，カメラ長（L），回折写真の入射点（回折図の中心）から各点までの距離（r）を測定すれば，$r=L\tan 2\theta$ となる．θ は約 10^{-3} rad と小さいことから，$2\sin\theta=r/L$ と近似できて，

$$d=\lambda/(2\sin\theta)=L\lambda/r \tag{3.18}$$

$$d\cdot r=L\cdot\lambda=\text{一定} \tag{3.19}$$

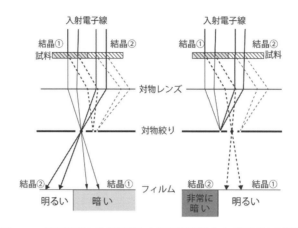

図3.44　明視野像と暗視野像における透過波および回折波の経路

(坂公恭,「結晶電子顕微鏡学」, 内田老鶴圃(2005)p.116 を改変)

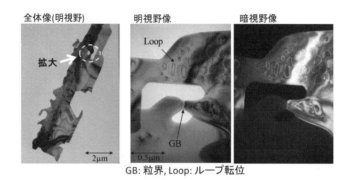

GB: 粒界, Loop: ループ転位

図3.45　TEM による明視野像と暗視野像の観察事例

試料は図3.2(b)のアパタイトファイバーを1000℃, 1時間加熱したもの. 結晶の内部構造が観察されている.
具体的には, 結晶転位である粒界やループ転位が観察されている.

となる. これにより, 各回折点に対する格子面間隔dを求め, その値を X 線や, すでに
電子線回折で明らかになっている値と比較することで試料の同定を行なえる. つまり,
L, λ は TEM の観察条件であり, すでに分かっている. いま, r_{hkl}を測定すれば, 格子
面間隔dが求まる. このdは結晶に固有のものであり, たとえば ICDD カードを利用す
ることにより, 得られた電子線回折図形から, その物質が何であるのかを同定すること
ができる.

　最後に, TEM の基本的なテクニックの明視野像と暗視野像を簡単に紹介する(図
3.44). (a)の**明視野観察**(bright-field imaging)では, 入射電子線から発生した透過波と
回折波のうち, 透過波のみに対物絞りをセットして, 回折波をカットしている. また,
(b)の**暗視野観察**(dark-field imaging)では, 逆に回折波に対物絞りをセットして, 透過
波をカットして観察する方法である. これにより, 特定の結晶面だけを明るく写すよう
なことが可能になる.

　図3.45 は, 繊維状 HAp を1000℃で1時間加熱した試料の明視野像(a, b)と暗視野像
(c)である. 強拡大した(b)の像では, ループ転位や粒界が観察されている.

3.3.5 表面解析

固体に電子線が照射されると，そのエネルギーの大部分は熱に変換されるが，それ以外は図 3.46 に示すようにさまざまな現象を引き起こす．固体中に入射した電子は，原子との衝突や相互作用により，X 線や電子が発生する．走査型電子顕微鏡(SEM)は発生した二次電子を用いてイメージを得るが，ここではそれ以外の表面に関する解析について概説する．

まず，電子線を用いた表面解析として，**電子線プローブマイクロアナリシス**(Electron Probe Micro Analysis；EPMA)について述べる．細く絞った電子線を固体表面に照射することで連続 X 線と特性 X 線が発生する．図 3.47 にその発生メカニズムの図を示す．入射電子が原子核により減速される際に放出される X 線は連続 X 線とよばれる．一方，特性 X 線は，次のメカニズムにより発生する．まず，入射電子が内殻の電子と衝突し，内殻電子を励起させ放出させる．放出された電子の後に生じた空孔を，外殻の電子が埋める．このとき，外殻の電子が内殻に移動する際に放出する余分なエネルギーが特性 X 線として放出される．特性 X 線のエネルギーと原子番号にはモーズリーの法則という次の関係が成立する．

$$\sqrt{\nu} = K(Z-s) \tag{3.20}$$

ここで ν は特性 X 線の波長，Z は原子番号，K および s はスペクトル線の種類に関係する定数である．この式から，原子の種類によって特性 X 線の波長が異なることがわかる．つまり，特性 X 線により，元素分析を行うことができることを示している．また，EPMA は，二次電子や反射電子も同時に発生するので，SEM による観察も同時に行うことができ，表面形状と元素分布を対応させた解析が可能である．

同様に電子線を用いた解析として**オージェ電子分光法**(Auger Electron Spectroscopy；AES)がある．AES でも EPMA と同様に電子線を固体表面に照射する．そのため，特性 X 線の発生メカニズムと同じく，入射電子により内殻準位(K 殻)の電子が放出される．その空孔を埋めるため外殻(L 殻)に存在する電子が移動する．このとき，放出する余分なエネルギーが L 殻の電子に与えられ，オージェ電子として放出される．オージェ電子のエネルギーも元素固有であり，そのエネルギーを測定することで，元素分析を行うことが可能である．

X 線光電子分光法(X-ray Photoelectron Spectroscopy；XPS)は，X 線を固体表面に照

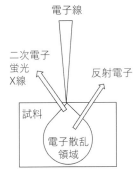

図 3.46 電子線を試料に照射した
ときに得られる情報

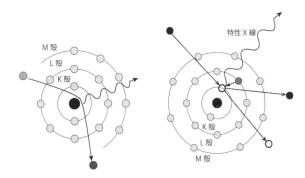

図 3.47 連続 X 線と特性 X 線の発生機構

射し，光電効果により発生する光電子のエネルギーを測定することで元素を分析する方法である．このとき，電子が有する結合エネルギーは元素により固有の値を有するため，元素を同定することができる．また，その元素が置かれている化学的環境によっても結合エネルギーは変化するため，その化学状態についても同定することができる．さらに，光電子スペクトルの強度から，原子の存在量に関する情報を得ることも可能である．

その他，**蛍光 X 線分析**(X-ray Fluorescence Analysis；XRF)も X 線を固体に照射することで元素分析を行う方法である．詳細は 3.3.3 項を参照していただきたい．

3.4　計算機シミュレーション

近年の材料研究分野では，実験により材料を合成および評価し，それらの特性などを実証する従来の研究手法に加えて，特定の計算モデルに基づき材料の合成過程や構造，物性などのデータを予測する計算機シミュレーション(計算科学)を用いた研究アプローチが広く浸透しつつある．計算機シミュレーションの導入には，あらかじめ実験の最適解を導き出すことで実際の作業リソース(実験資材，人員，時間など)を最小限に抑制できることや，実現困難な条件下での実験(たとえば極限環境下にある材料の挙動評価や仮想物質の物性予測など)を可能すること，などといった重大なメリットが期待できる．計算機やネットワークによる処理能力の向上や各種計算モデルの発達など，昨今は計算機シミュレーションを利用した研究環境が充実化しつつあり，その精度や再現性も年々向上しつつある．

本節では，実際の無機材料研究の分野で利用されている計算シミュレーション手法の概要をいくつか紹介する．また，同じく計算機を活用する技術として近年注目されるデータ科学，すなわち実験データなどから科学的な現象を検証する研究手法についてもあわせて説明する．なお，具体的な環境環境の準備(計算機，ソフトウェア，各種条件・環境など)については本書での詳細な言及は避け，計算対象の種別や規模に応じて最適化されたものを各自で検討することを期待する．

分子動力学シミュレーション(Molecular Dynamic Simulation，MD シミュレーションともいう)は本分野で比較的に古典的な位置付けで利用されるシミュレーション手法の一つである．この手法では，物質を構成する粒子(原子，分子，イオンなど)の間の相互作用に関連するポテンシャルのモデルを仮定し，あらかじめ設定された物質系において経時変化のかたちで粒子間のポテンシャルモデル式を解くことになる．粒子の相互作用に関連する力やエネルギーは主として原子間ポテンシャルにより定められ，観察対象の特色に応じてそれらに補正やモデルの追加が行われることもある．この手法は，粒子間に生じる力や粒子の安定ポジションなどを求めることを目的として使われるケースが多く，固体(結晶)や液体(融液)中での粒子の拡散や振動の挙動や，集合体中での粒子の安定位置などを予測する際に活躍する．そのような特徴を活かし，結晶化や焼結する際に形成される微細構造の検証や，結晶中でのイオン拡散経路の予想など，無機材料を対象とした MD シミュレーション利用の場面もまた数多く想定することができる．

第一原理計算は，近年の物質研究で広く使われるシミュレーション手法であり，物質の構造だけではなく，それらの電子構造や関連する物性までを対象とすることがその大きな特徴であるといえる．その計算過程は，第一原理，すなわち実験結果に由来する物

理定数などを用いずに構成原子の原子番号や結晶対称性などの基本情報のみを計算パラメーターとして採用することを基本方針とする*. 固体を想定した多体電子系での電子密度を密度汎関数理論などの量子力学的な計算モデルで解き，その結果から計算対象とした系のエネルギーや電子分布状態などを求めることになり，さらにはそれらのデータから物質の構造(電子のバンド構造，原子配置や結晶構造，結合エネルギーなど)や特性(電気伝導性，磁性，誘電性，光学特性など)に関する情報を導き出すことができる. 本手法は，無機材料を含む数多くの機能性材料の研究開発分野で広く利用され始めており，新素材の探索を援助するための数多くの有用なデータを提供われわれに提供している.

　さらに最近，計算機を活用した材料研究の技術として，データ科学的アプローチにより材料を解析するマテリアルズ・インフォマティクスの手法が利用され始めている. この手法では，機械学習などの統計数理に基づいた情報処理技術を活用することで，材料の合成法，構造や物性に関する最適解を導き出すことになる. MD シミュレーションや第一原理計算の手法では，何らかの物理化学的な関数モデル(原子間ポテンシャルや電子の密度汎関数など)に基づき多体系での相互作用を計算しているが，この手法は過去に蓄積された実験データの集合体をデータベースとして統計的な計算処理を行っている*. この手法は，既往データの統計処理に基づいて最適条件を解明するようなケースにおいて大変有効であり，無機材料を対象とした研究では，多成分系固溶体や複合カチオン/アニオン化合物の材料探索，イオンドープによる特性制御など，多数の元素や材料の組み合わせを系統的に検証する場面でその活躍が期待できる. このような手法で統計的な有意をもった正しい結果を得るためには莫大な量のデータを参照した統計処理が必要であり，それらの情報をインターネット上で共有するクラウドや機械学習を行うための人工知能など，各種の情報通信・処理技術や環境との親和性を高めることが本手法を発展させるための鍵となる.

　最後に，今回紹介した手法の位置付けをその方法論とともに図 3.49 でまとめる. MD シミュレーションや第一原理計算の手法は，あらかじめ構築した理論を用いて物質を解くことで実際の構造や特性の予測する演繹的(えんえきてき)な手法である. 無機材料で取り扱われる結晶を研究対象とする場合には，多体系での莫大な量の計算処理が必要であり，これらの手法では計算機の導入によってそれらがはじめて実践可能な形となる. 一方のマテリアルズ・インフォマティクスの手法は，多数のデータに基づき研究対象と

* ただし現状では，計算内容の検証に実験結果を参照するなど，実情が即していないケースもある.

* 実験データの対象は，実際に人間の手で実施されたものに限られず，計算科学的な手法で得られたデータもあわせて含まれる可能性も考えることになる.

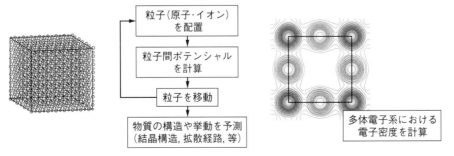

(a) 分子動力学シミュレーション　　　　(b) 第一原理計算

図 3.48　計算機シミュレーションによる無機材料の解析(イメージ)

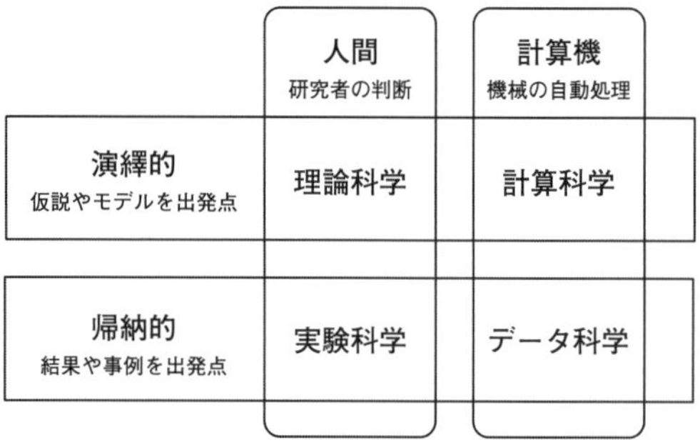

図 3.49　材料研究の方法論(実験科学, 理論科学, 計算科学, データ科学)

なる物質の構造や特性を帰納的に予測する手法であり，こちらは莫大な量のデータを統計処理するために計算機の利用が必須であることはすでに説明した通りである．両者には材料研究のプロセスに大きな違いがあるが，ともに材料開発のデジタルトランスフォーメーション(DX)を推し進めるための重要な手段として注目すべき技術である．

3章　演習問題

3.1　水酸化カルシウムと炭酸カルシウムの混合物がある．これを熱分析(TG-DTA)測定した結果，水酸化カルシウムの脱水量は 10% であった．炭酸カルシウムの脱炭酸量はどの程度になるか．

3.2　二水セッコウと半水セッコウの混合物がある．これを熱分析(TG-DTA)測定した結果，16% の減量が観察された．二水セッコウと半水セッコウの割合を求めよ．ない，二水セッコウの理論脱水量は 20.9%，半水セッコウの理論脱水量は 6.2% である．

3.3　3.1.1〜3.1.3 項で，それぞれ固相法・液相法・気相法による粉体合成を学んだ．たとえば，$Ca_{10}(PO_4)_6(OH)_2$ という化学式をもつ物質を上記の 3 つの方法で合成する場合，どのような実験方法でこれを合成するか？固相法・液相法・気相法，それぞれの場合について説明せよ．

3.4　薄膜材料の気相堆積における「物理的な手法」と「化学的な手法」の違いについて説明せよ．また，それぞれの手法で金属酸化物薄膜を作製する場合，どのような過程を経て薄膜材料が堆積するか説明せよ．

3.5　酸化マグネシウム MgO(立方晶系，格子定数 $a=0.4210\,\mathrm{nm}$)の粉体に対して CuK_α の線源を用いた X 線回折の分析を行ったとする．MgO(1 1 1)，(2 0 0)，(2 2 0)面に由来する回折 X 線の回折角 2θ の大きさをそれぞれ予想せよ．

4. 固体物性論—機能と応用—

　耐火物や陶磁器を起源として発展してきた無機材料は，外力や熱などに対して優れた耐性をもつ強固な構造材料として長い歴史と実績をもつことがよく知られている．それに加えて，無機材料はさまざまな特性(電気的，磁気的，光学的，化学的，生化学的，など)が関連した多様な機能性を発現しうる将来有望な材料であることも，近年の活発な研究開発の成果に基づき明らかにされつつある．

　本章では，それらの無機材料を特徴づけるさまざまな固体物性を取り上げ，その基本から発展に至るまでの多様な観点に基づいた解説を行う．これらの解説を通じて，それぞれの物性の起源や位置付けについてさらに深い理解が進むとともに，それらの応用に関する知識やアイデアなどを得ることができれば幸いである．

4.1　電磁気材料

4.1.1　絶縁性と導電性

　耐火材や陶磁器などを起源として進化した無機材料は，応力や熱，電場や磁場などの外部刺激に対して相互作用を示さない不活性な物質として認識されがちである．しかしながら近代の材料開発と分析技術の著しい進展に伴い，多くの無機材料が外部刺激に対してそれぞれ特徴的な応答を示すことが明らかにされ始め，それらを機能性材料として活用した莫大な発明品が現在に至るまで我々の生活に浸透し続けている．エレクトロニクス産業を支える各種材料の発展はその顕著な例であり，さらに近年では，再生可能エネルギーの利用を目指した各種エネルギーの取得，変換，貯蔵などを実現するための重要な材料として再注目され始めている．

　本項では固体物質の電気的および磁気的性質について簡単に説明する．あわせて，無機材料とそれぞれの物性の関係やエレクトロニクスやエネルギー分野での各種材料の役割などについても紹介したい．

　固体が電気を通す性質について，高校レベルの"基礎化学"や"化学"の教科書では，「イオン結晶は電気を通さない」や「共有結合結晶は電気を通しにくい(または電気を通さないものが多い)」など，やや漠然とした説明のみに留められており，大学レベル以上の課程で無機材料の電気伝導性を詳しく理解するには不十分な内容と言わざるを得ない．一般的には，物質が電気を通す性質を**導電性**，逆に電気を通さない性質を**絶縁性**というが，実際には世の中に存在する物質をこれら二つの分類によって完全に区別することは非常に難しい．無機材料をはじめとする固体物質の電気的性質を正確に理解するため，そこからさらに踏み込んだ電気伝導の原理や定義をしっかりと把握する必要がある．

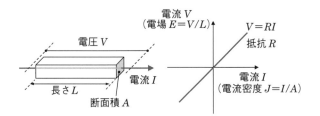

図 4.1　電流と電圧の関係

4.1.1.1　電気伝導率と抵抗率

　物質が電気を通す性質について，中学理科や高校物理の教科書では電圧 V［単位：A（アンペア）］と電流 I［単位：V（ボルト）］の関係を使って図 4.1 のように直流で電気を通じる例を用いて解説するケースがよく見かけられる．

$$V = RI \tag{4.1}$$

ここで V と I は互いに正比例の関係にあり，その比例定数である R［単位：Ω（オーム）］が物質の"抵抗"に相当する．この関係はまた，固体に V の電圧をかけた時に通じる電流の大きさは抵抗の大きさ R と反比例することを示しており，R の大きな物質ほど電気を通じにくいことが分かる．さらに，抵抗の逆数（$1/R$）は電気の通しやすさを表す指標であり，これはコンダクタンス［単位：Ω^{-1}，または S（ジーメンス）］ともよばれる．

　電気の流れやすさは物質のサイズにも依存するため，それらを用いて電流や電圧の関係を規格化すると次のように変換できる．

$$J = \frac{I}{A} \tag{4.2}$$

$$E = \frac{V}{L} \tag{4.3}$$

$$J = \sigma E = \left(\frac{1}{\rho}\right) E \tag{4.4}$$

この式では，電流密度 J（単位：A/m^2）と電場 E（単位：V/m）はそれぞれ前式の I と V を物質のサイズ（長さ L と断面積 A）により規格化したものであり，その比例定数である**電気伝導率 σ（電気伝導度**ともいう．単位：S/m）は電気の流しやすさを表す物質固有の指標値であることが分かる．同様に，σ の逆数である**抵抗率** ρ（単位：$\Omega\cdot$m）はその物質固有の電気の流しにくさを示す指標値に相当する．

　固体物質の電気伝導度は，その固体中で電場に応答することのできる移動可能な荷電粒子，すなわち**キャリア**の存在により大小が決定される．キャリアとして機能する荷電粒子には，負の電荷をもった電子，正の電荷をもった**正孔**（固体中で 1 つの電子が抜けた箇所を荷電粒子に見立てたもの．**ホール**ともいう），または正負いずれかの電荷をもった各種のイオンなどがある．そして固体の電気伝導度は，それぞれのキャリアが保持する電荷の大きさと移動速度，さらにそれらのキャリアの総数によって大小を定めることができる．一辺が 1 cm の立方体の固体に 1 V の電圧をかけて電流を通じることを想定

した場合，このときの電気伝導度は次のように表すことができる．

$$\sigma = \sum zen\mu \tag{4.5}$$

ここでは z をキャリアの価数(絶対値)，e を電荷素量，n を**キャリア密度(キャリア濃度**ともいう．単位：$1/cm^3$)，μ をキャリアの移動度(単位：cm^2/Vs)とし，固体中の各キャリアに対してこれらの積を足し合わせる．固体中に電子，ホール，一種類のイオン(価数 z)が存在する場合には次式(4.6)のように表現できる．

$$\sigma = en_e\mu_e + en_h\mu_h + zen_i\mu_i \tag{4.6}$$

ここでは n_e と μ_e を電子，n_h と μ_h を正孔，n_i と μ_i をイオンのキャリア密度と移動度として定義する．複数のイオンがキャリアとしてはたらく場合には，式(4.6)の第3項のあとに追加の項目を設ければよい．

4.1.1.2　金属と半導体

　一般的な固体物質の電気伝導度を大まかに図4.2でまとめる．電気伝導度が高い導電性の物質を**導体**あるいは**良導体**といい，逆に電気伝導性が低い絶縁性の物質を**絶縁体**という．全般的な傾向として，金属材料は導体に分類され，セラミックスやガラスなどの無機材料は絶縁体に分類されるものが多い．しかしながら，金属や無機材料のカテゴリー内においても電気伝導度の大小が存在しており，それらの材料を単純に導体や絶縁体などと一つにまとめて説明することは難しい．また，導体と絶縁体の間には，それらの中間的な電気伝導性をもつ**半導体**が存在し，シリコン Si やゲルマニウム Ge などの固体物質がこれに該当することになる．

　半導体における電気伝導のメカニズムは，導体(金属)のものとは大きく異なることが判明している．金属における電気伝導性では，金属原子の価電子が自由電子となり，これが主要なキャリアとしてはたらくことで室温においても高い電気伝導性を示すことになる．一方の半導体の電気伝導性について，代表的な半導体材料である Si を例にあげて説明すると，その価電子は共有結合の結合電子対として束縛されており普段はキャリアとして機能することが難しく，外部から強いエネルギー(電場，熱，光など)を与える

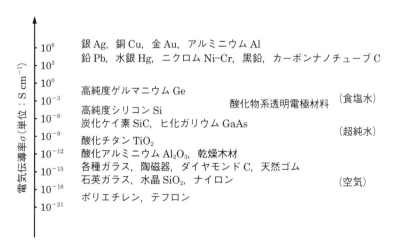

図4.2　一般的な固体物質の電気伝導性

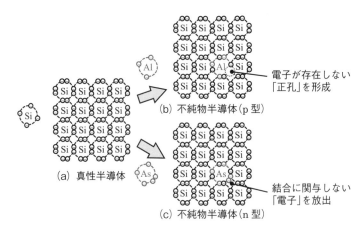

図 4.3　半導体の種類

ことではじめて束縛から逃れてキャリアとしてはたらくことができる．その際，電子が
抜けた箇所には正孔が残り，元の電子とともにこれも電気伝導のキャリアとして機能す
ることになる．しかしながら，これらのキャリアは金属のそれと比較して密度および移
動度のいずれも低く，その電気伝導度は著しく劣るものとなることは図 4.2 の内容から
も明白である．

　導体（金属）と異なる半導体の大きな特徴として，不純物を加えることでキャリアの密
度や移動度をコントロールし，その電気伝導性を大幅に変動させることができることが
あげられる．前述の Si の場合，4 価の価数をもつ Si とは異なるアルミニウム Al（3 価）
やヒ素 As（5 価）の元素を不純物として微量すると，図 4.3 に示すようにそれらの元素が
Si と置換され，共有結合の一部が欠乏した正孔のキャリアに相当する構造が形成された
り，キャリアとしてはたらくことのできる余剰な価電子が発生したりする．その結果，
いずれのケースにおいても Si 結晶に含まれるキャリアの量が大幅に増大し，それらの
電気伝導性は不純物を添加する前よりも著しく向上することになる．不純物の添加によ
り電気伝導性を向上させた半導体を**不純物半導体**（または**外因性半導体**）とよび，不純物
を含まない**真性半導体**（ここでは純粋な Si）とは明確に区別される．また，これらの不純
物半導体において，正孔を主なキャリアとする半導体を **p 型半導体**，電子が主要なキャ
リアとなる半導体を **n 型半導体**とよばれる．

　導体や半導体，加えて絶縁体の電気伝導性をさらに詳しく理解するためには，図 4.4
に示すような物質の**バンド構造**に基づいた解釈が頻繁に利用される．複数の原子が互い
の価電子を相互作用させて結合を形成する際，それぞれの電子を内包する原子軌道どう
しが作用することで分子軌道が形成される．それらの軌道には低エネルギー順位の結合
性軌道と高エネルギー順位の反結合性があり，元の電子はエネルギー準位の低い軌道を
2 個 1 対の形で順番に占有する．2 個の原子が作用して 2 原子分子を形成する際には結
合性と反結合性の分子軌道を 1 個ずつ，4 原子分子を形成する際は 2 個ずつ，という形
で原子数が増すにつれて軌道の数も増大し，n 個の原子が作用することで $n/2$ 個の分子
軌道がそれぞれ形成される，といった関係が継続して保たれる．前述の Si をはじめと
する多くの結晶は $1\,\mathrm{cm}^3$ あたりおおよそ 10^{23} 個の莫大な n の値からなる巨大分子とし
て解釈することができ，それらの分子軌道には同じく莫大な数の軌道（それぞれ $n/2$ 個

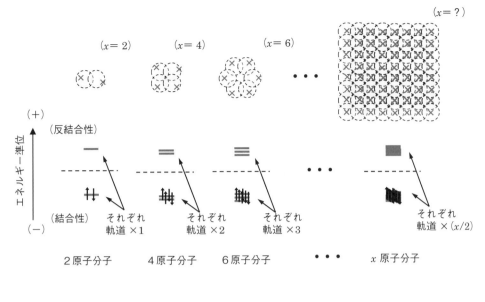

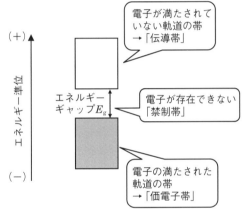

図 4.4　固体物質のバンド構造

ずつ)が含まれることが理解できる．そして，それらの軌道はすべてが同一のエネルギー準位に存在せず，互いが更なる相互作用を繰り返すことで特定のエネルギー準位の領域にほぼ連続的ともいえる形で分布した帯（**バンド**）を形成すると考えられる．ここで，結合性軌道が形成するバンドを**価電子帯**，反結合性軌道が形成するバンドを**伝導帯**とよぶ．図 4.4 に示すような原子軌道 1 つに対して 1 つの電子が含まれる単純なケースでは，n 個の電子が低エネルギー順位の軌道を占有するため，価電子帯が完全に満たされて，伝導帯には電子が存在しない状態となる．

　原子間の相互作用が著しく結合性と反結合性の軌道の分裂が大きい場合，価電子体と伝導帯の間には，いずれの軌道も無く電子が存在することのできない**禁制帯**とよばれるエネルギー順位の空乏領域が発生する．そして，巨大分子として取り扱われる結晶の電気伝導は，禁制帯を閾値とした価電子帯から伝導帯への電子の励起により説明される．すなわち，禁制帯の幅に相当する価電子体の上端と伝導帯の下端のエネルギーギャップE_g（**バンドギャップ**ともいう）に相当するエネルギーが外部から供給されることにより，価電子体の電子が伝導帯へと励起され，その結果として電気伝導が引き起こされると考

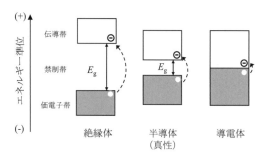

図 4.5　絶縁体，半導体，導電体のバンド構造

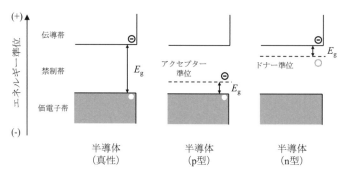

図 4.6　アクセプター準位とドナー準位

えることができる.

　したがって，固体物質の電気伝導性はバンド構造における E_g の値によっても判断することが可能であり，絶縁性の高い物質ほど大きな E_g の値を有すると解釈しても差し支え無い. 逆に，金属などの導電性が高い物質では E_g がほぼゼロであり，価電子帯と伝導帯がほぼ近接したバンド構造が考えられる（図 4.5）. また，この解釈では真性半導体は比較的に小さな E_g をもつ物質であり，不純物半導体（p 型および n 型）では不純物が禁制帯の領域に寄生的な軌道（それぞれ**アクセプター準位**および**ドナー準位**，図 4.6）を生じさせ，それらを介して行われる比較的に低エネルギーでのキャリア励起が元の真性半導体よりも良好な電気伝導性を発現させることになる.

　導体とそれ以外（半導体と絶縁体）の識別は，バンドギャップの有無に加えて，電気伝導度の温度依存性を用いて考えることもできる. 金属などの導体における電気伝導性は温度上昇に伴い減少し（すなわち抵抗が増す），反対に半導体と絶縁体の電気伝導性は増大する，といった根拠が広く採用される. その解釈では，半導体や絶縁体ではキャリアのエネルギー励起による電気伝導性の向上が発生しやすくなることに対して，E_g がほぼゼロである導体での電気伝導には熱によるキャリアの励起はほとんど望むことができず，代わりに格子振動によるキャリアの散乱などが相対的に顕著となるためであると考えられる. その他方で，半導体と絶縁体を区別する手段は明瞭でなく，表 4.1 に示すような E_g の値で区切りをつけることはやや難しい.

　また，材料を実際に利用する場面ではそれらを分け隔てて取り扱う必然性もあまり高くないことから，近年は "絶縁体/半導体" といった定性的な区分ではなく，E_g の値を定量的な指標として材料物性（電気伝導性など）を相対的に位置づける傾向が顕著である. 特に，半導体の集積構造を用いた各種のエレクトロニクス素子（p-n 接合ダイオードやトランジスタなど）やエネルギーデバイス（太陽電池や熱電素子など）を開発する場面で

表 4.1　主要な固体物質のバンドギャップエネルギー（図 3.34 より再掲）

物質（無機材料）	E_g / eV
Ge	0.7
Si	1.1
InP	1.3
GaAs	1.3
GaP	2.2
CdS	2.5
Cu_2O	2.2
In_2O_3-SnO_2 (ITO)	3.0〜3.7
TiO_2	3.1
ZnO	3.2
ZrO_2	5.0
C (Diamond)	5.3
Al_2O_3	8.8
SiO_2	〜9

はバンド構造に基づいた回路や構造体の設計が必須であり，材料開発の立場においても
それらを意識した材料物性の取扱いを心掛けることが望ましいと考えられる．

4.1.2　誘 電 性

　電気伝導性の低い絶縁体に電場を加えた場合，キャリアの移動に基づく電気の伝導は
ほとんど発生せず，その代わりに電場の方向に応じた電荷の偏りが絶縁体の表面に発生
することがある．これは，加えられた電場に応答する形で絶縁体の物質を構成する正や
負の電荷をもった粒子（イオンや電子など）がわずかに移動し，正電荷と負電荷の重心が
ずれた**双極子モーメント**を形成した状態，すなわち**分極**の状態をとるためである．分極
により電場が加えられた物質のなかには電荷の偏りに由来した電場が発生するため，そ
のような性質を**誘電性**といい，このような性質を示す物質を**誘電体**という．電気伝導性
をもつ導体や半導体などにおいても電場に応じた分極は発生しうるが，それは電気伝導
の性質に紛れてしまい外観上はほとんど観察されることがない．そのため，基本的に誘
電性は絶縁体の性質や挙動を特徴づけるものとして取り扱われ，広義には絶縁体 ＝ 誘
電体と認識されている．

　高校レベルの物理学では，分極による電荷の蓄積とその現象を利用して作られたコン
デンサーの性質について学習している．これに加えて，物質の分極には電荷蓄積のほか
にも，圧電や焦電の性質など，さらに特徴的な挙動や現象が伴うことにも是非注目すべ
きであり，分極の定義や原理とあわせてそれらについても本項で説明する．

4.1.2.1　誘電性の起源

　誘電体における分極の挙動は，それらの起源となる荷電粒子の種別に基づいて図 4.8
に表すようないくつかのカテゴリーに分類される．イオンや原子で電子雲（負電荷）の重
心が原子核（正電荷）からずれる**電子分極**，結晶を構成する正負イオンが移動してそれら
の相対的な位置関係や重心が変化する**イオン分極**，双極子をもった分子や多原子イオ
ン，官能基などが電場に沿って整列する**配向分極**に加えて，物質どうしの接合界面に形
成される電気二重層に由来した**界面分極**などがそのカテゴリーに該当する．

　誘電体の性質を表す基本的な指標として**誘電率** ε ［単位：$F\,m^{-1}$（ファラド毎メート
ル）］が頻繁に使われる．図 4.7 に示すような誘電体の平板コンデンサーに電圧をかけ

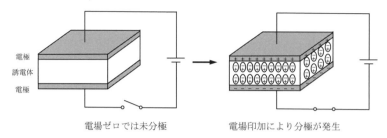

図 4.7　誘電体の分極

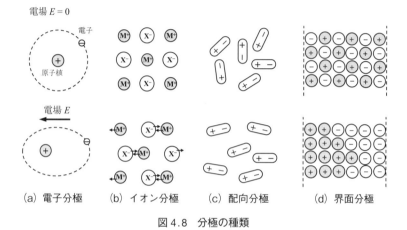

図 4.8　分極の種類

た場合，コンデンサーに蓄積される電荷量 Q［単位：C(クーロン)］は電極間距離 d と反比例し，コンデンサー面積 A と電圧 V，誘電体の誘電率 ε とは正比例の関係をもつ．

$$Q=CV=A\varepsilon\frac{V}{d} \tag{4.7}$$

ここで C はコンデンサーの静電容量(単位：F)，(V/d) はコンデンサーに印加される電場の大きさ E にそれぞれ相当する．この式から，蓄積される電荷の量は印加される電場やコンデンサーの面積が大きくなるにつれて増すことに加え，誘電率の高い物質をコンデンサーの素材として使うことでも蓄積電荷量が増えることが分かる．したがって，誘電率 ε は誘電体が電荷を蓄積する性能の指標として捉えることもでき，その値は真空の誘電率($\varepsilon_0=8.854\times10^{-12}$ F m^{-1})との相対値である比誘電率 ε_{r} ($=\varepsilon/\varepsilon_0$，すなわち「真空誘電率の○○倍」)として一般的に表現される．代表的な固体物質の比誘電率を表4.2にまとめる．

　電場 E を印加した際に誘電体コンデンサーで発生する分極の大きさは，**誘電分極** P(単位：C m^{-2})として次の式(4.8)のように表される．

$$P=\varepsilon E-\varepsilon_0 E=\varepsilon_0(\varepsilon_{\mathrm{r}}-1)E \tag{4.8}$$

ここで，式(4.8)の第1項(εE)は誘電体の電束密度 D(または電気変位)であり，次の式(4.9)のように表すこともできる．

$$D=\varepsilon E=\varepsilon_0 E+P \tag{4.9}$$

表4.2 代表的な固体物質の比誘電率

固体物質	比誘電率 ε_r
真空	1
空気	1.0005
フェノール樹脂	4~6
ポリ塩化ビニール	5~10
溶融石英	4
マイカ（雲母）	6~8
ソーダガラス	6~8
鉛ガラス	7~10
陶磁器	7~10
酸化アルミニウム	10
酸化ジルコニウム	20~47
酸化ハフニウム	16~70
酸化チタン	85
チタン酸ストロンチウム	300
チタン酸バリウム系固溶体	1000~15000

(測定周波数：10^3~10^6 Hz)

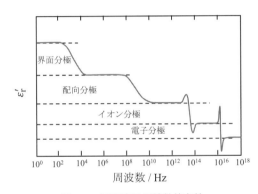

図4.9 誘電率の周波数依存性

　誘電分極が生じる際の電荷の移動は速度過程であり，高周波数の交流電場などに誘電体が置かれた場合にはそれらの移動が電場の変化に追随できない可能性がある．その際，その誘電体の比誘電率は低減し，分極のために印加された電場のエネルギーの一部が損失したとみなすことができる．このような現象を**誘電緩和**あるいは**誘電分散**とよぶ．交流電場 $E = E_0 e^{-j\omega t}$ の印加に対して誘電分極が遅延して応答するため，誘電体の電束密度は $D = D_0 e^{-j(\omega t - \delta)}$ と示すことができる．そしてこれらより，交流電場下での誘電率 ε は次のような複素誘電率 ε^* の形で整理される．

$$\varepsilon^* = \frac{D}{E} = \frac{D_0 e^{-j(\omega t - \delta)}}{E_0 e^{-j\omega t}} = \left(\frac{D_0}{E_0}\right) e^{-j\delta} = \left(\frac{D_0}{E_0}\right)(\cos\delta - j\sin\delta)$$
$$= \varepsilon' - j\varepsilon'' \tag{4.10}$$

複素数で示される ε^* のうち，式(4.10)の第1項(実数項)は式(4.7)などで示される誘電率 ε に相当し，第2項(虚数項)は前述するエネルギー(電力)の損失に関係する．比誘電率についても同様の関係が成立し，それぞれの変数を ε_r^*，ε_r' および ε_r'' と置換えることもできる．

　交流電場の周波数に対応した ε_r' や ε_r'' の変化を図4.9のように表すことができる．低周波数の領域では図4.8で示したすべての種類の分極が ε_r' に寄与するが，周波数の増

大に伴い速度的に遅い分極が応答できなくなり ε'_r の値が段階的に低減する. この図から，電子分極が最も周波数の変化に対する応答が早く，これにイオン分極，配向分極，界面分極がそれぞれ順番に続くことが分かる.

金属酸化物をはじめとした無機材料を主題として扱う本書では，おもに「イオン分極」に基づいた誘電性に着目し，その特徴や関連材料について解説を行うことにする.

4.1.2.2 誘電性の種類

イオン分極などの分極を引き起こす物質の誘電性は，それらの電場に対する応答の挙動によって図 4.10 に示すようないくつかの種類に分類することができる.

誘電体は電場の存在下で正と負の電荷の偏りである双極子モーメントの整列(すなわち分極)を引き起こす. その後に電場を取り除いたとき，多くの誘電体では双極子モーメントの整列が消失し，分極がゼロの状態となる. このような性質を**常誘電性**といい，そのような性質を示す物質は**常誘電体**とよばれる. その原因は分極の起源により若干異なるが，イオン分極の場合には電場の印加により移動したそれぞれのイオンが電場の除去により元の位置に戻り，電荷の偏りにより生じていた双極子モーメントが消失するためであると考えられる.

それに対して，誘電性をもつ物質のなかには電場を除去しても分極を維持し続ける**自発分極**の特性をもつものがいくつか存在する. その分極は，反対方向の電場を加えることで打ち消すことができるが，その電場をさらに強めると反対方向の自発分極が発生する. このような性質を**強誘電性**といい，そのような性質を示す物質を**強誘電体**とよぶ.

その他にも，電場が印加されていない状態で同じ大きさの双極子モーメントどうしが対向する形で整列し，結果として見かけの分極がゼロの状態となる**反強誘電性**や，対向する双極子モーメントの大きさが異なる**フェリ誘電性**などの特殊な性質が発現することもある. これらの性質を示す物質はそれぞれ**反強誘電体**や**フェリ誘電体**とよばれる.

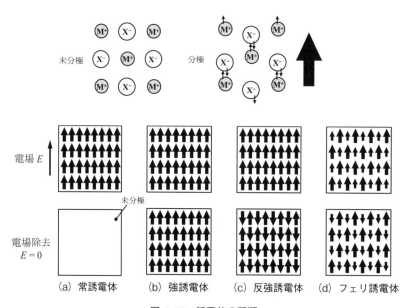

図 4.10　誘電体の種類

4.1.2.3 分極曲線

4.1.2.2で紹介したさまざまな誘電性の挙動は，それぞれの物質に発現する誘電分極 P（あるいは磁束密度 D）と電場 E の大きさと関連付けて1つのグラフにまとめた**分極曲線**（P-E 曲線あるいは D-E 曲線ともいう）を用いることでさらに詳しく検証することができる．さまざまな誘電体の分極曲線を図4.11に示す．

常誘電性を示す物質にさまざまな大きさの電場を印加すると，電場が比較的小さな領域では分極と電場の間には式(4.8)や式(4.9)に基づいた線形な分極曲線が観察される．しかしながら，さらに大きな電場の領域では分極の応答性が低減しはじめ，その分極曲線には非線形な挙動が現われ始める．このような挙動は，移動可能な電荷がすべて移動し尽くし，誘電体のなかで分極が飽和した状態を表している．常誘電体に交流電場を加えると，図に示したような1本の分極曲線に沿った同じ経路で分極の値が変化する．

強誘電性を示す物質の分極曲線は特徴的である．未分極の状態にある強誘電体（合成された直後の材料など）に対して一定方向の電場を徐々に加えると，先述の常誘電体と同様に分極が増大し飽和へと至る．その後，その電場を徐々に弱めると分極はわずかに減少するが多くの自発分極が残留し続け，電場を $E=0$ まで完全除去しても自発分極の存在が観察できる．ここでの分極の大きさ P_r を**残留分極**といい，強誘電体の物性を特徴づける一つの重要な指標として取り扱われる．その後，今度は逆方向に対して電場を加えると自発分極の反転が始まり，ある大きさの電場で分極がはじめてゼロになる．このときの電場 $-E_c$ を**抗電場**といい，その強誘電体における自発分極の反転しやすさを評価する指標となる．その後さらに電場の大きさを増すと先程とは逆方向で分極が飽和し，そこから電場をゼロまで戻すと同じく逆方向の残留分極 $-P_r$ が生じる．以降，交流電場を印加する形で電場方向の逆転を繰り返すと，図に示すような開放したループをもつ分極曲線が描かれ続けることになる．このような開放ループをもつ分極の履歴挙動を**ヒステリシスループ**とよぶことがある．

反強誘電体やフェリ誘電体の分極曲線はさらに複雑なものとなる．いずれの物質にお

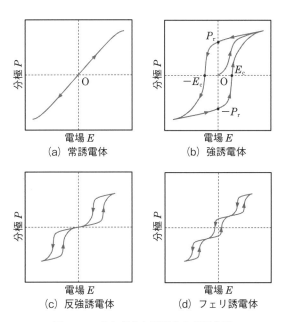

図4.11 さまざまな誘電体の分極曲線

いても対向した状態にある複数の双極子モーメントが存在することを想定せねばならず，それぞれの双極子モーメントが電場の変化に対してヒステリシスループを描き，最終的な分極の大きさはそれらの合計により決められる．その結果，図に示すようなヒステリシスループを二重や三重に重複させた分極曲線（ダブルヒステリシスループやトリプルヒステリシスループなどとよばれることもある）が描かれることがある．

4.1.2.4　ペロブスカイト型化合物

金属酸化物結晶をベースとした無機材料における強誘電性の発現は，結晶格子中でのイオンの移動（変位）の挙動を用いて説明される．その代表的な例として，チタン酸バリウム $BaTiO_3$ やチタン酸鉛 $PbTiO_3$，チタン酸ジルコン酸鉛 $Pb(Zr_{1-x}Ti_x)O_3$ など，ペロブスカイト型結晶構造をもったいくつかの化合物をあげることができる．一般式 ABO_3（A，B：金属イオン，O：酸化物イオン）で示されるこれらの化合物の単位格子は，密充填した 6 個の酸化物イオン O（イオン半径：1.28Å）で作られた八面体構造，それに囲まれた金属イオン B，単位格子の角を占有する金属イオン A の組み合わせで形成される（図 4.12）*．

そして，この結晶構造が異方性をもつ結晶系（正方晶，菱面体晶，直方晶など）をとる場合には，それらの結晶の対称性，イオン変位が可動な方位や距離など，種々の要因に基づいて自発分極が発現する可能性が生じる．例として正方晶 $BaTiO_3$ の単位格子の投影図（図 4.13）をみると Ti^{4+} イオンの周囲では c 軸方向（[0 0 1] 方位）に空隙が存在する．この構造では Ti^{4+} イオンが安定に存在する位置（サイト）は中央ではなく，わずかに上下いずれかにずれた位置に存在すると考えられており，これが自発分極の発生と反転の挙動を生じる起源となる．正方晶以外の結晶系をもつさまざまなペロブスカイト化合物でも，結晶格子の異方性とイオン変位に基づいた強誘電性発現のモデルが同じく説明されている．一方，等方性の結晶系（立方晶）では，いずれの結晶方位に対しても中心イオン B の安定した変位が生じ難く，自発分極が発生することはない*．

＊ ペロブスカイト型結晶構造の詳細は，1.2.9 項の記述を参照．

＊ $BaTiO_3$ の結晶系は温度変化により相転移し，菱面体晶（−70℃ 以下），斜方晶（近年は直方晶と称する：−70〜0℃），正方晶（0〜120℃），立方晶（120℃ 以上）となる．常誘電性の立方晶以外はすべて自発分極をもつ強誘電体であり，強誘電体と常誘電体の相転移温度を**キュリー温度**という．

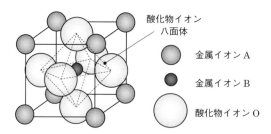

図 4.12　ペロブスカイト型化合物の結晶構造

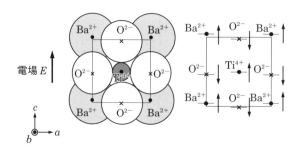

図 4.13　チタン酸バリウム $BaTiO_3$ 単位格子のイオン配置（投影図）

自発分極の発現はペロブスカイト型化合物に限らず，正負電荷の重心がずれた位置に構成イオンが配置された結晶であればその発現が期待できる．最近はペロブスカイト型化合物以外の化合物でも強誘電性の発現が報告され始めており，金属—O八面体を単位格子に組み込んだ各種の複合酸化物［イルメナイト型，タングステンブロンズ型，ビスマス層状構造（Aurivillius型）］や，蛍石型やウルツ鉱型の化合物なども新たな研究対象として注目されている．

4.1.2.5 圧 電 性

誘電体で分極が発生する際には，イオン変位や双極子モーメントの整列にともなったさまざまな現象が発現する可能性がある．すでに説明した強誘電性，すなわち自発分極の発生と電場に依存した分極反転の挙動もその一つである．その他にもいくつかの重要な現象が発現することを我々はこれまでに確認している．

圧電性は，物質の力学的な"歪み（ひずみ）"と誘電的な"分極"の相互作用に関連する性質であり，対称中心をもたないイオン結晶でその性質が発現する可能性がある．対称中心をもたない結晶に応力を加えて歪みを導入し，結晶中の陽イオンと陰イオンのポジションを力学的に変位させると，正電荷と負電荷の重心が互いにずれて双極子モーメントが発生して，その結晶には誘電的な分極が引き起こされる．このような現象を**圧電効果**という．逆に，このような結晶に電場を印加するとイオン変位によって結晶が力学的な歪みを生じさせることができる．これを**逆圧電効果**という．それぞれの効果がどのようなものであるかを図4.14で簡単にまとめる．なお，対称中心をもつ結晶では応力を印加しても電荷の重心がずれることは無いため圧電性は発生せず，通常の誘電体としてはたらくことになる．

圧電性が発現するメカニズムの一例を酸化ベリリウムBeOの結晶構造（ウルツ鉱型）の模式図を用いて図4.15に説明する．外部からの応力印加のない状態の結晶では陽イオンBe^{2+}と陰イオンO^{2-}の重心は同一の位置（六角形の中央）に存在するため，イオンの電荷に由来する双極子モーメントは存在しない．図に示すような一方向に圧縮や引張の応力を加えるとそれぞれの電荷の重心が別々の位置に偏り，その結果，分極が新たに発生することになる．その他にも，自発分極をもつ変位型強誘電体などの結晶に対して応力を加えた場合にも圧電の現象は発生し，たとえば図4.13に示した$BaTiO_3$の結晶に対してc軸方向の圧縮や引張の応力を加えると自発分極の増減（すなわち圧電効果）が生じる．

力学的（機械的）なエネルギーと誘電的（電気的）なエネルギーの相互変換が，圧電性の最も重要な特徴である．機械的な応力Tと歪みS，電気的な電場Eと電束密度Dを用いてこれらの関係を整理すると次のような圧電基本方程式（d形式）になる*．

*圧電基本方程式には，その他にもe方式，h方式，g方式などがあり，応力や電場の印加方向により使い分けられる．

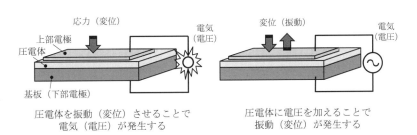

圧電体を振動（変位）させることで
電気（電圧）が発生する

圧電体に電圧を加えることで
振動（変位）が発生する

図4.14　圧電効果と逆圧電効果

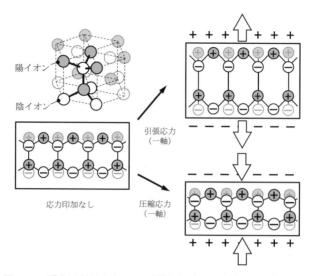

図 4.15　酸化ベリリウム BeO 結晶における圧電性の発現（模式図）

$$S = s^E T + dE \tag{4.11}$$

$$D = dT + \varepsilon^T E \tag{4.12}$$

* 圧電定数 d の単位はそれぞれの式ごとに使い分け，式(4.11)では m V^{-1}，式(4.12)では C N^{-1} となる．

ここでは，s^E を弾性コンプライアンス（一定の電場条件下），ε^T を誘電率（一定の応力条件下）とする．加えて d を**圧電定数**（単位：m V^{-1} または C N^{-1}）と定義し，この値が両者の間でのエネルギー変換の挙動を指標する目安となる*．仮に圧電性がない物質を想定すると，$d = 0$ となり，前者は剛体の弾性変形（$S = s^E T$），後者は誘電体の誘電分極（$D = \varepsilon^T E$）といった個別の材料特性を表す独立した式となる．

4.1.2.6　焦　電　性

　焦電性は，自発分極の温度依存性を起源とした性質のひとつであり，“熱”と“電気”の相互作用に関連する性質であるとみなすことができる．焦電性をもった物質の加熱や冷却によって物質の表面に電荷が発生し，それを取り出すことで電流や電圧を発生させることができる．このような現象を**焦電効果**といい，その物質を**焦電体**とよぶ．

　焦電効果は自発分極をもつ物質で観察することができる．図 4.16 に示すような自発分極が整列した物質では，その表面に分極を打ち消す形で浮遊電荷（大気中の極性分子やイオンなど）が付着しており，見かけ上の表面電荷はゼロとなる．この状態から加熱により温度を上げると物質の自発分極が低減するが，その際に余剰な電荷が一時的に物質表面で残ることになる．この電荷は表面電荷として外部から検出することができ，その電荷に基づいた電流や電圧が瞬間的に生じる．その後に一定の温度で安定すると，再び自発分極と浮遊電荷の吸着が平衡な状態となり，はじめの状態と同様に見かけの表面電荷がゼロの状態へと至る．逆に焦電体が冷却された場合には温度の低下により自発分極が増大し，加熱時とは逆の電荷が発生する．

　圧電効果の大小は焦電係数 λ（単位：C m^{-2}K^{-1}）を指標として評価され，これは自発分極の温度変化に関連する．

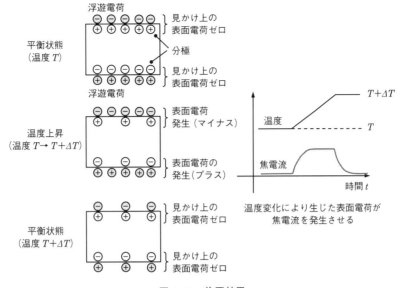

図 4.16 焦電効果

強誘電体 ⊂ 焦電体 ⊂ 圧電体 ⊂ 誘電体

図 4.17 誘電体の区分(部分集合による表記)

$$\lambda = \frac{dP_s}{dT} \tag{4.13}$$

ここでは,dP_s と dT はそれぞれ自発分極と温度の変化である.電流の大きさは単位時間あたりの電荷量の変化に相当するため,焦電効果によって発生する電流(焦電流)の大きさ i_P は次のように定められる.

$$i_P = A\frac{dP_s}{dt} = A\left(\frac{dP_s}{dT}\right)\left(\frac{dT}{dt}\right) = A\lambda\frac{dT}{dt} \tag{4.14}$$

dt は時間の変化,A は表面積(または電極面積など)であり,焦電係数は一定の昇温速度で計測した焦電流の大きさにより求めることができる.

4.1.2.7 誘電体の応用

　誘電分極にともない発生する各種の性質について,これまでに説明した内容を改めて整理する(図 4.17).無機材料では,ほとんどの絶縁体を誘電体として取り扱うことができる.それらのうち対称中心をもたない結晶からなる材料が圧電体となるが,そのなか

には自発分極を有するものと有さないものがある．そして，自発分極を有する材料が焦電体としてはたらき，自発分極の反転可能であるものが強誘電体と位置づけられる．この関係を部分集合の形で表すと次のようになる．

$$\text{「強誘電体」} \subset \text{「焦電体」} \subset \text{「圧電体」} \subset \text{「誘電体」} \tag{4.15}$$

＊ 特 に「強 誘 電体」と「焦 電 体」の境界は現在でも非 常 に 曖 昧 で あ る．これまで焦電体とみなされていた物質が大きな抗電場 E_c をもつ強誘電体であると判明したケースもあり，両者の識別には注意を要する．

　ここでは，誘電体の基本的な特徴である "分極" の特徴は他のすべてのカテゴリーの材料で確認されることや，最後に位置する強誘電体は "圧電(逆圧電)効果" や "焦電効果" を含めた一通りの特徴を有することなど，それぞれの材料と特徴を画一的に区分できないことをあらかじめ把握する必要がある＊．

　自発分極の反転を利用した強誘電体の材料物性は，その分極反転の挙動を活用することで電子情報を記録するための情報記憶素子として産業応用されている．薄膜化した強誘電体材料は微小な電場で分極の反転と保持ができるため，高速かつ低電力で交信が可能な**不揮発性メモリー**(FeRAM : Ferroelectric Random Access Memory)素子として非接触式スマートカードや無線式 IC タグ，各種のモバイルデバイスなどに搭載されている．このような用途に利用される強誘電体には高い残留分極と低電力での分極反転の特性が要求され，$Pb(Zr, Ti)O_3$ などのペロブスカイト型化合物が主に利用されている．

　温度変化により電流が発生する "焦電効果" をもつ焦電体の物性は，赤外線などの微弱な熱源を感知するためのセンサー素子として応用することができる．焦電型のセンサー素子は，その構造が比較的に単純であり小型かつ低電力動作が可能であるため，人体検知用の受動型赤外線センサーとして自動ドアや照明，水道蛇口の ON/OFF スイッチなどに搭載されている．また一般的に，それらの焦電素子を製造する場合には，焦電性を兼ね備えた強誘電体の材料を用いることが多く，$LiTaO_3$ や $(Sr, Ba)Nb_2O_6$ の単結晶，$PbTiO_3$ のエピタキシャル薄膜，$Pb(Zr, Ti)O_3$ 系セラミックスなどがその用途に使われている．

　機械的なエネルギーと電気的エネルギーの相互作用に関わる圧電体の物性には，大別して二種類の用途を考えることができる．一つは "圧電効果" を利用することで機械的な作用や刺激を検出するセンサーなどとしての用途であり，音波(超音波を含む)やガス

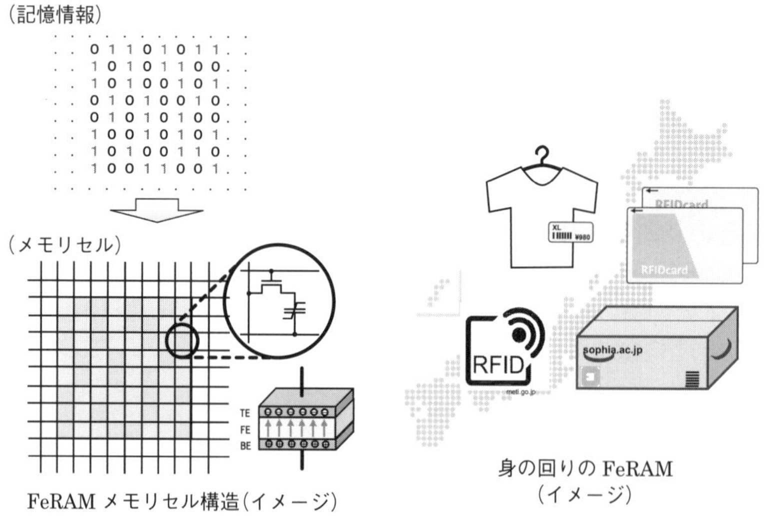

図 4.18　強誘電体メモリー(FeRAM)

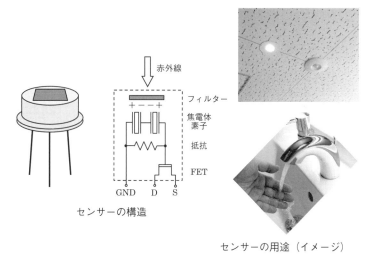

図 4.19　焦電型赤外線センサー

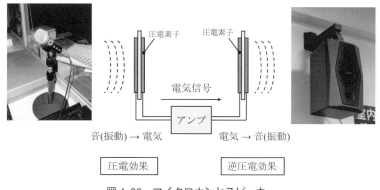

図 4.20　マイクロホンとスピーカー

圧，物体の接触（タッチ）などを感知して電気信号へと変換する各種のピエゾセンサーが
それに該当する．また，圧電式の着火素子（スパークプラグ）や振動発電素子（エナジー
ハーベスター）など，外力による衝撃や振動を電気的なエネルギー源に変換する応用も
展開している．

　もう一つは“逆圧電効果”を利用するもので，電気的な作用により機械的な動作を発
生させるアクチュエーターなどとしての用途である．各種の音波発振器（スピーカー，
医療用エコー，ソナー）や駆動系部品（超音波モーター，ピエゾスキャナー）などがその例
に含まれる．また，これら2つの用途は，電話機のマイクとスピーカー，エコーの超音
波プローブ（発振器と受信器の組み合わせ）のように，両者の特性を組み合わせることで
機械的な信号と電気的な信号の相互変換を行うこともできる．古典的な圧電体材料とし
ては水晶（α-SiO$_2$単結晶）がよく知られているが，焦電素子と同様，高性能な各種圧電デ
バイスを製造するためにはPZTのような強誘電体材料なども積極的に利用されている．

　「誘電体」の基本的な物性である“分極（イオン分極）”は，電荷を蓄積するコンデン
サー（キャパシター）の機能を発現させるために必須である．特に各種のセラミックコン
デンサーは，電子回路で信号を制御するためのさまざまな役割（カップリング，デカップ
リング，平滑化，フィルタリングなど）を担うものであり，我々の身の回りにある電子機

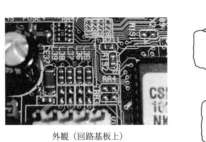
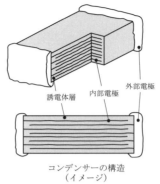

外観（回路基板上）

誘電体層　　内部電極　　外部電極

コンデンサーの構造
（イメージ）

図4.21　セラミックコンデンサー

器の製造には莫大な量のコンデンサー部品が実装されている．電子回路に利用されるセラミックコンデンサーには主として $BaTiO_3$ 系の無機材料が使われいる．$BaTiO_3$ は強誘電体にも関わらず $\varepsilon_r = 1000$ 以上の極めて高い誘電率を有しており，これを素材とした各種のセラミックコンデンサーが実用化されている．

　古来より材料応用の分野では「誘電体 = 絶縁体」といった古典的な解釈が先行しており，漏電や感電を防ぐための碍子(がいし)としての役割をもつ印象が現在でも非常に強く残っている．しかしながら，誘電性の本質は物質内に存在する双極子を利用した電荷の制御であり，それらを用いた電荷の蓄積や各種エネルギーとの相互変換など，非常に興味深い現象がこれまでに数多く見出されている．これらの特性はとりわけ情報通信やエネルギー管理と強く親和するものであるため，将来，それらに関連する社会問題を解決する手段として誘電体利用の技術が役立つことに期待したい．

4.1.3　電子伝導性とイオン伝導性

　4.1.1.1 で説明した通り，固体電気伝導にはさまざまなキャリアの影響がある．特に各種のイオンをキャリアとした電気伝導の性質である**イオン伝導性**は，電子や正孔をキャリアとした伝導の性質である**電子伝導性**とは著しく異なった特性を有することがこれまでに判明している．

　イオン伝導の身近な事例として塩化ナトリウム NaCl を溶かした水(いわゆる塩水)における電気伝導があり，この場合には溶媒(水)に溶解することで電離した電解質(ここではナトリウムイオン Na^+ と塩化物イオン Cl^-)がキャリアとしてはたらく．無機材料におけるイオン伝導性を議論する場合には，無機結晶やガラスマトリックスなどの固体を媒体としたキャリア(イオン)の伝導が主な議論の対象となり，そのような性質を示す材料を**固体電解質**という．世の中に存在するほぼすべての無機材料は，程度の大小はあれど，昇温にともなった固相拡散を生じるため，いずれも本質的には固体電解質としての性質を含んでいる．しかしほとんどの場合，イオンの固相拡散が極めて微弱でありそれらに基づく電気伝導の挙動を観察することが困難であるため，イオン伝導体として認められる材料は未だ限定されたものに留まっている．

　固体電解質の代表的な例を表4.3にまとめる．水素イオン H^+，リチウムイオン Li^+，ナトリウムイオン Na^+，酸化物イオン O^{2-} やフッ化物イオン F^- などの比較的軽量なイオンから，銅イオン Cu^{2+} や銀イオン Ag^+ などの重い金属イオンまで，さまざま

表 4.3 代表的な固体電解質

イオン伝導体	キャリア	イオン伝導の起源
Li_3N	Li^+	層状構造
$LiI–Al_2O_3$ (Li-β–Al_2O_3)	Li^+	層状構造
$Na_2O–11Al_2O_3$ (Na-β–Al_2O_3)	Na^+	層状構造
$Na_{1+x}Zr_2P_{3-x}Si_xO_{12}$	Na^+	トンネル状構造
$\alpha–AgI$	Ag^+	平均構造
$RbAg4I_3$	Ag^+	平均構造
$\alpha–CuI$	Cu^+	平均構造
$LaCoO_{3-x}$	O^{2-}	格子欠陥
$(Zr_{1-x}Ca_x)O_{2-x}$, $(Zr_{1-x}Y_x)O_{2-(x/2)}$	O^{2-}	格子欠陥
CaF_2	F^-	欠陥構造
$(Ba_xLa_{1-x})F_{2+x}$	F^-	欠陥構造

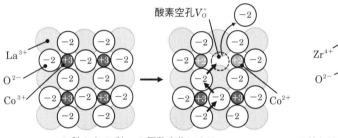

Co^{3+} から Co^{2+} への価数変化により
酸素空孔 (V_O'') が発生
→ 欠陥を経由した酸素イオン伝導が生じる

(a) 遷移金属イオンの価数変化

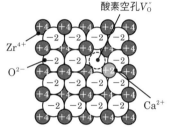

Zr^{4+} とは価数の異なる Ca^{2+} の置換により
酸素空孔 (V_O) が発生
→ 欠陥を経由した酸素イオン伝導が生じる

(b) 異価数イオンの置換

図 4.22 イオン伝導が起きやすい結晶構造

なイオン種がキャリアとして機能しうる．そして，これらの材料の大きな特徴として，いずれも材料中でのイオンの伝導が起きやすい構造を有しているということがあげられる．特に図 4.22 に示すような結晶に導入された欠陥構造(イオン空孔)を通じたイオン伝導はその最たるものであり，遷移金属イオンの価数変化や異種イオンの置換固溶を利用した欠陥形成などが有名な事例である．前者の例としては $LaCoO_{3-x}$ など，後者には $(Zr_{1-x}Y_x)O_{2-(x/2)}$ や $(Zr_{1-x}Ca_x)O_{2-x}$ などがあり，いずれも酸素イオン欠陥を介したイオン伝導が発生する．また，イオン欠陥を含まない材料であってもイオンの拡散が生じやすい構造，たとえば，層間構造をもつ物質でのイオンの挿入(インターカレーション)や，多数の格子間サイトを有する平均構造でのサイト間拡散などが，イオンの拡散に基づく電気伝導を発生させることがある．

現時点で発見や開発されているイオン伝導性材料の室温における電気伝導性は，電子伝導性の材料と比較して著しく小さい．これは，イオン伝導のキャリア(各種イオン)は電子伝導キャリア(電子や正孔)に比べて質量や体積が大きく結晶中での移動(拡散)が困難であり，その結果としてそれらの移動度が大きく低下するものと定性的には理解できる．固体中でのイオンの移動(拡散)は熱励起による活性化が可能であるため，これらの材料では温度上昇による電気伝導性の向上させることができる．したがって，現在実用化されているイオン伝導性材料の多くは昇温条件下での使用を前提とした各種デバイスへの組み込みが検討されている．

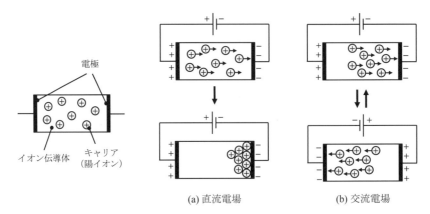

(a) 直流電場   (b) 交流電場

図 4.23　電場の印加によるイオン伝導の挙動

　また，イオン伝導性材料の別の特徴として，直流と交流の電場下での抵抗(または電気伝導性)の相違をあげることができる．図 4.23 に示すように直流電場下でキャリアが一方向にのみ移動すると，片方の電極/伝導体界面にキャリアが蓄積してしまい，電気化学的反応によりそれらを取り除かない限り更なる電気伝導は生じず，結果として見かけ上の抵抗が大幅に増大することになる．このような現象は電子伝導性の材料とは大きく異なる特性の一つであり，両者を識別するための判断基準の一つとして利用することができる．

　産業分野におけるイオン伝導性材料利用の事例としては，キャリアとなるイオン種の濃淡を電気伝導度の変化により評価するセンサー(酸素濃度計や各種のガスセンサーなど)や，それらを活物質や電解質として利用した各種の化学電池(固体酸化物燃料電池やリチウムイオン電池など)などをあげることができる．イオン伝導性材料の特性を活用したセンサーや蓄電デバイスなどの機器は今後の社会インフラ構築においても非常に重要な役割を果たすことから，それらの材料ならびにデバイスの開発は今後も大きく注目され続けると予想される．

4.1.3.1　電気伝導性の評価
　伝導率(または，その逆数である抵抗率)測定には，直流を用いる場合と交流を用いる場合があり，荷電担体や評価目的により異なる．試料の荷電担体を決めるための最も簡単な方法は，試料の電極にテスター端子を接触させ，そのときの抵抗値を観察することである．その値がほとんど変化しない場合は電子または正孔が，抵抗値が徐々に大きくなる場合はイオンのみ，またはイオンと電子の両方が担体と考えられる．

(1)　直流伝導率測定(DC electrical conductivity measurement)
　図 4.24(a)に示すような一様な断面積 $S\,\mathrm{cm^2}$ で長さ $l\,\mathrm{cm}$ の試料がある．この試料の抵抗 R はデジタルマルチメータなどで簡単に測定できる．実測された抵抗 R は用いた試料の形状と抵抗率(ρ)または導電率(σ)から次のように表される．

$$R=\rho \times \frac{1}{S}=\frac{1}{\sigma} \times \frac{1}{S} \tag{4.16}$$

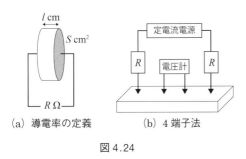

(a) 導電率の定義　　　　　　　　(b) 4端子法

図 4.24

図 4.25　多結晶固体電解質を用いた場合の
　　　　　電気伝導率成分

①, ④：界面電気伝導率, ②：バルク電気伝導率,
③：粒界電気伝導率

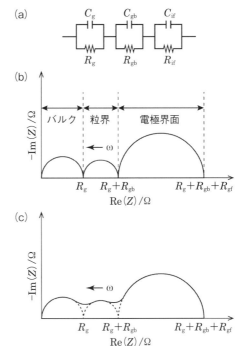

図 4.26　交流 2 端子法による固体電解質の
　　　　　電気伝導率測定の典型例

(a)等価回路　(b)理想的なインピーダンススペクトル
(c)複数の緩和過程が重複する場合のインピーダンススペクトル

R の単位は Ω なので, 抵抗率 ρ の単位は $\Omega\,\mathrm{cm}$ となる. 導電率は抵抗率の逆数なので
その単位は $\Omega^{-1}\,\mathrm{cm}^{-1}$(SI 単位では $\Omega^{-1}\,\mathrm{m}^{-1}$)となる. このような正確な形状と接触不
良のない電極をもつ試料ではその導電率を評価するのは簡単である. しかしながら, 粉
末試料では電気的な面において均一な試料を作製するのは困難で, さらに試料と電極の
界面抵抗も無視できなくなる. セラミックスのように硬い試料が得られる場合は, 図
4.24(b)に示すような 4 本の針状の電極を板状試料にあて, 4 端子(探針)法で測定する.
外側の端子は一定電流を供給する端子で定電流電源に接続され, 内側の 2 端子は電圧計
に接続される. このように 4 端子にすると内側の 2 端子には電流が流れないため, 端子
と試料間の接触抵抗による電圧が発生しない. すなわち内側の 2 端子間の電圧と試料を
流れる電流から, オームの法則を用いて試料のバルク抵抗が決定できる. 電子伝導性を
もつ半導体や超伝導体の測定には通常この様な方法が採用されている. 単結晶や焼結し
た試料では 4 本の端子をオーミックに接触させることはそれほど困難を伴わないが, 粉
末試料では問題も多く信頼できるデータを得るにかなりの工夫が必要である.

(2) 交流伝導率測定(AC electrical conductivity measurement)

　図 4.25 に示すような複数過程の電気伝導率を分離して評価するには, 交流を用いた
インピーダンス測定が有効かつ簡便ある. 交流インピーダンス測定では, 印可する交流
の周波数を掃引し, 各周波数でのインピーダンスを測定する. 図 4.25 に示すような
ケースを考えると, 固体電解質両端の電極間におけるイオン伝導は, 粒内におけるイオ

ン伝導，粒界におけるイオン伝導，電極反応の3つの過程からなる．これらの過程は直列に接続していると見なせるため，図4.26(a)の等価回路で表せる．図4.26(b)に，図4.26(a)の回路の典型的なインピーダンススペクトル(ナイキストプロットとよばれる)を示す．一般に，図4.26(a)の等価回路を構成する各過程の緩和時間は，バルクにおけるイオン伝導，粒界におけるイオン伝導，電極反応の順で長くなる．そのため，図4.26(b)に見られる3つの半円は，高周波数側(図の左側)からそれぞれ，バルクにおけるイオン伝導，粒界におけるイオン伝導，電極反応による応答に対応する．各半円の直径はそれぞれの過程の抵抗Rとなるので，各半円の直径からバルク抵抗R_g，粒界抵抗R_{gb}，電極界面抵抗R_{if}が得られる．電気伝導率は抵抗率の逆数であるから，原理的には，交流インピーダンス測定により，それぞれの過程の電気伝導率を分離して評価できる．

4.1.4 超伝導性

これまでにさまざまな電気伝導性の材料を紹介したが，それらはいずれもキャリアの移動を阻害する"抵抗"を伴った電気伝導の挙動を示すものばかりであった．しかしながら，世の中には特定の条件下でゼロの抵抗を示す**超伝導**の状態を発現する物質がいくつか存在する．超伝導の性質を示す物質の多くは，いずれも室温においては大小さまざまな抵抗をもつ電気伝導体(導体または半導体)としてはたらくが，それらを極低温まで冷却すると図4.27に示すようにその抵抗が低減し続け，**臨界温度**という特定の温度点でその抵抗がゼロとなる*．

このような抵抗ゼロの状態が発現する理由は，伝導電子を2個一対として取り扱うことで説明される．すなわち，互いが逆スピン状態で作用しあう電子の対の存在(クーパー対)が格子振動を経由した電子のエネルギー損失を抑制し，ゼロ抵抗が実現されるものとされている．

このような超伝導の状態は主として格子振動が抑制される極低温下で発現するが，電子の挙動に強く作用する外部磁場や電流量などの大きさもまた密接に関連する．その結果，図4.28に示すように，それぞれが臨界温度，**臨界磁場**，**臨界電流**よりも低い条件下で超伝導状態は発現する．

*臨界温度での挙動に応じて超伝導体は2種類に分類される．臨界温度で通常の電気伝導体の状態が超伝導状態へと完全にスイッチする第一種超伝導体と，両者の状態が混在する第二種超伝導体である．

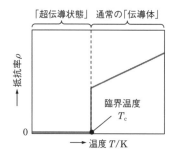

図4.27 臨界温度における電気伝導性の変化(超伝導状態)

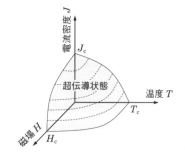

図4.28 臨界温度，臨界電場および臨界電流の関係

4.1.4.1 超伝導体の歴史

超伝導材料の研究背景には，その超伝導状態が発現するための臨界温度T_cを向上さ

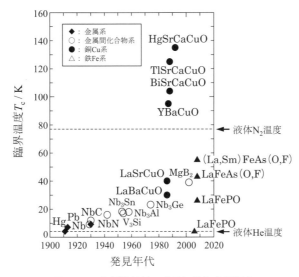

図4.29 超伝導材料の発見年代と臨界温度

せる取り組みと成果が強く関与している．各種の超伝導材料が発見された年代と T_c の関係を図4.29に示す．歴史上ではじめての超伝導現象は1911年にオンネス(Onnes, H. K.)によって報告されており，液体ヘリウムを用いて冷却された水銀Hgにおいて4.2 K (ケルビン)の温度で電気抵抗がほぼゼロになることが発見した．その後も数多くの材料で超伝導状態の発現が確認され続け，Hgよりも高い T_c をもつ物質も徐々に見出され始めてきた．

画期的な転機は1980年代に訪れ，これまでは主に金属や合金を主体とした超伝導材料が主体であったが，ここで新たに金属酸化物を素材とした無機系超伝導材料の研究が進み始めた．これら無機系材料では金属系とは異なった超伝導の挙動が観察され，特にCu系酸化物である $(La，Sr)_2CuO_4$ 系 (T_c ＝約30 K)や $YBa_2Cu_3O_7$ 系 (T_c ＝約90 K)，$Bi_2Sr_2Ca_2Cu_3O_{10}$ 系材料 (T_c ＝約110 K)など，金属系よりも著しく高い T_c をもつ材料が数多く発見・開発されている．特に，液体窒素の沸点(77 K＝−196℃，液体窒素温度)よりも高い T_c をもつ，いわゆる**高温超伝導**の性質を示す材料は重要性が非常に高く，比較的に安価な液体窒素を冷媒として使うことでゼロ抵抗の材料を利用できるという産業上の非常に強力なメリットを享受することができる＊．

その後も T_c の向上を目指した材料探索は進み，現在では約140 Kからさらにそれを超える材料が発見されている．また，Cu系酸化物以外にも磁性をもつFeをベースとした酸化物系の材料や，ホウ化物や炭化物，加えて炭素単体(ダイヤモンドや C_{60} など)での超伝導状態の発現なども新たに確認されており，超伝導現象の発現に関連する基礎研究も多様な展開を示しはじめている．

＊ かつては約25 K以上の T_c を高温超伝導の基準としていたが，材料開発が進むとともに25 K以上の T_c をもつ超伝導材料が数多く発見されるようになったため，現在は液体窒素温度を基準とした区別が一般的に使われている．

4.1.4.2 マイスナー効果

超伝導材料を特徴づける材料の特性として，前述したゼロ抵抗の現象に加えて，その物質のなかから磁場を排除する**マイスナー効果**の現象をあげることができる．極低温で超伝導状態となった材料を弱い磁場のなかに置いた場合，その磁場は物質内へと侵入せずに図4.30に示すような形で外部へと排除され，その結果として物質内は磁化ゼロの

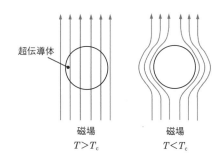

図 4.30　マイスナー効果と完全反磁性

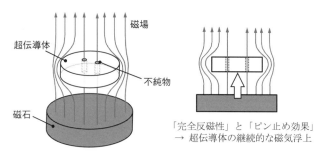

図 4.31　超伝導物質のピン止め効果

"完全反磁性"の状態が実現される．これは，超伝導状態となった物質を磁場中に置いた際に誘導電流が発生し，この電流が作る磁場が外部からの磁場の侵入を阻害するものと解釈される．

　超伝導物質のバルク材料（焼結体など）を極低温で冷却し，T_c 付近で材料内から磁場が排除される過程で，材料内の一部に不純物が含まれることでその箇所が超伝導状態とならないよう場合，図 4.31 のように磁場に由来する磁束がその箇所を貫通した状態で残留してしまうことがある．これを**ピン止め効果**とよぶ．T_c 下の超伝導材料と磁石を作用させると通常の磁石どうしのように互いが単純に反発するが，超伝導材料のなかにピン止め効果をもつ箇所が存在するとそれらを基点として超伝導材料が固定され，磁石の上で安定な状態で浮遊することができる．このような超伝導材料を用いた磁気浮上の現象はマイスナー効果のみでは発現せず，ピン止め効果とあわせることではじめて成立する．

4.1.4.3　高温超伝導体の構造と応用

　液体窒素温度よりも高い T_c をもつ超伝導材料として，4.1.4.1 では $YBa_2Cu_3O_7$ 系（$T_c =$ 約 90 K），$Bi_2Sr_2Ca_2Cu_3O_{10}$ 系材料（$T_c =$ 約 110 K）などの化合物をあげたが，これらはいずれも特徴的な結晶構造を有しており，その構造が超伝導状態の発現のしやすさと関与している可能性があるとも考えられている．両者の結晶構造を図 4.32 に示す．$YBa_2Cu_3O_7$ の結晶構造においては，Y を挟み込むような形で Cu-O と Ba-O の層が存在する．一方，$Bi_2Sr_2Ca_2Cu_3O_{10}$ の結晶構造では Ca を挟むような形で Cu-O，Sr-O，Bi-O の層が積み重なっている．いずれも 2 次元的に拡張した層状構造が特徴的であり，超伝導状態ではこれらの構造に含まれる Cu-O 層に沿って電流が流れると考えられて

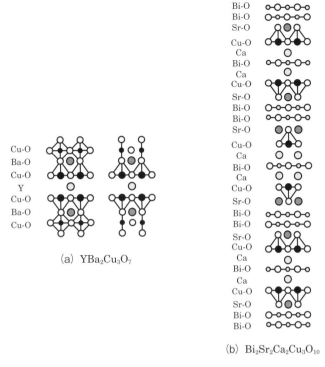

(a) $YBa_2Cu_3O_7$

(b) $Bi_2Sr_2Ca_2Cu_3O_{10}$

図 4.32 超伝導体の結晶構造

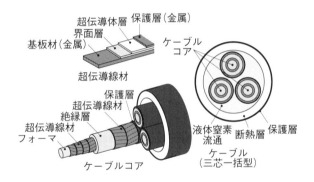

図 4.33 超電導材料を用いた電力搬送用線材(超伝導線材)

いる.そのため,これらの超伝導材料の電気伝導性は結晶方位に対して強い異方性を示し,また,臨界磁場や臨界電流の結晶方位に対する依存性なども認められている.

　超伝導材料の産業利用が最も望まれる場面として,送電を行う際の線材(超電導線材,図 4.33)への応用がある.液体窒素で冷却した線材を用いた電力の送配は,抵抗によるジュール損失が少ない送電方法であり,産業用電力の供給など分野でも省エネルギー対策された送電の手段として需要が高い.高効率な送電を行うためには材料や電線の加工に重要な鍵が含まれており,ピン止め効果の起点となりうる不純物や異相の制御や線材上での結晶配向性のコントロールなど,さまざまな技術的な工夫が必要となる.

4.1.5　磁　　性

4.1.5.1　磁性の起源

　電子の存在に起因して発現する重要な固体物性の一つとして，磁石が互いに引き付け合ったり反発し合ったりする性質に関連する**磁性**をあげることができる．磁性とは物質を構成する原子や電子と磁場の相互作用により生じる現象の全般を指し示すものであり，4.1.3 項で説明した分極とは異なる原理で物質間の引力や反発力（斥力）を生じさせる．磁性の根源は原子核を取り巻く電子殻に存在する電子であるため，本質的には磁性の発現は単独の原子であっても起こりうるが，そのような原子の集合体で形成された金属や無機材料の固体ではさらに強固かつ特徴的な磁性が発現する可能性があることを我々は理解せねばならない．

　磁性の起源は電子の回転運動により生じる磁気モーメント M である．コイルや環状の金属導線に電気を通じるとコイルや環の面と垂直をなす方向に磁場が発生することが知られているが，原子においても同様の挙動が生じると考えられている．原子核の周囲に存在する電子はそれぞれが特定の軌道（電子軌道）のなかで運動しており，さらにその電子は**スピン**とよばれる自転運動している．これらの挙動は図 4.34 に示すような古典的な円運動のイメージで表現され，それは時折，惑星の公転や自転の運動に類似すると例えられる．そして，これらの運動により生じる磁気モーメントをそれぞれ軌道磁気モーメント M_l およびスピン磁気モーメント M_s といい，これらが単独の原子で磁性が発生する原因となる．

　原子またはイオンの周囲にある電子をフントの法則に従って軌道に配置する．その際，それらの電子が閉殻状態（s^2，p^6，d^{10}，f^{14} など）をとる場合や，1つの軌道に反平行なスピン状態の電子が2つ収納される場合には，電子どうしがその磁気モーメントを互いに打ち消し合うため，それらに由来する磁気が原子の外へと生じることはない．しかし逆に，1つの軌道に単独の電子が不対電子として存在する場合にはその磁気モーメントは消えずに有効であり，1つの電子が最小単位であるボーア磁子（$\mu_B = 9.274 \times 10^{-24}$ JT^{-1}）に相当する磁気モーメントをそれぞれ生じる．最終的にはそれらの総和に相当する磁気が発生する．特に，遷移金属（d ブロック元素）やランタノイド，アクチノイドなど（f ブロック元素）では図 4.35 に示すように不対電子を含んだ最外軌道（d 軌道や f 軌道）に存在するため，単独の原子やイオンでも磁気モーメントの残留に基づく磁気の発生が期待できる．

　原子やイオンが結合して各種の結晶を形成する場合には，これらの化学結合を介した原子やイオンの間の相互作用を考えることで，結晶の磁性が最終的に定められる．**超交換相互作用**などがその有名な例であり，たとえば2種類の遷移金属イオン M_A と M_B が酸化物イオンを隔てて M_A-O-M_B の化学結合を形成している場合，酸化物イオンの p

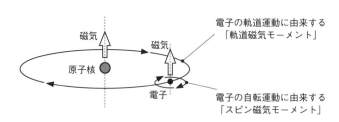

図 4.34　原子の電子軌道とスピン

イオン種	電子軌道 d	電子軌道 f	スピン方位	スピン磁気モーメント μ_B
Sc^{3+}, Ti^{4+}, V^{5+}	0			0
Ti^{3+}, V^{4+}	1		↑	1
Ti^{2+}, V^{3+}	2		↑↑	2
V^{2+}, Cr^{3+}, Mn^{4+}	3		↑↑↑	3
Cr^{2+}, Mn^{3+}	4		↑↑↑↑	4
Mn^{2+}, Fe^{3+}	5		↑↑↑↑↑	5
Fe^{2+}, Co^{3+}	6		↑↓↑↑↑↑	4
Co^{2+}, Ni^{3+}	7		↑↓↑↓↑↑↑	3
Ni^{2+}	8		↑↓↑↓↑↓↑↑	2
Cu^{2+}	9		↑↓↑↓↑↓↑↓↑	1
Cu^{3+}, Zn^{2+}	10		↑↓↑↓↑↓↑↓↑↓	0
La^{3+}, Ce^{4+}		0		0
Gd		7	↑↑↑↑↑↑↑	7

図 4.35　最外軌道の電子配置（遷移金属およびランタノイド）

軌道を介して M_A と M_B の d 軌道どうしが相互作用する．その際，M_A-O-M_B の結合角の大きさや金属イオン種の組み合わせに応じて，互いの軌道に含まれる電子のスピンが同一方向に整列したり反平行の関係を示したりする．

　多くのスピンを含んだ遷移金属や希土類は優れた磁性材料を作るための基本的な構成元素であり，それらをベースとした材料の発見や開発がこれまでに進められている．我々の身近で使われるフェライト系磁石は MFe_2O_4（M：種々の金属イオン）の化学組成をもつ金属酸化物で形成され，1.2.8 項で説明されるようなスピネル型の結晶構造を示す．金属イオン M や鉄イオン Fe^{3+}（d^5）は M の種類に応じてそれぞれいずれかの格子サイト（A または B）を占有し，互いが酸化物イオンを介した超交換相互作用を起こすことで結晶の最終的な磁性の大きさが決まる．その際，M イオンはその種類や配合比に応じて A および B いずれのサイトを占有することも可能であり，それぞれを正スピネル構造および逆スピネル構造とよび，互いが区別される．実際のフェライト系磁石ではさまざまな元素を M として配合した固溶体が利用されており，選択可能な元素種を用いて可能な限り優れた特性が得られるようにその種類と配合比が調整されている．

　その他にも，フェライト系磁石より優れた特性をもつ磁石としてネオジム磁石（Nd−Fe−B 系）やサマリウムコバルト磁石（Sm−Co 系）などが開発されており，産業用ロボットや電気自動車の駆動モーター，各種の発電（風力，水力，火力，他）に用いられる発電機など，さまざまな場面で役立つ永久磁石の素材として利用されている．

4.1.5.2　磁性の種類

　磁性材料の特徴は，外部から加えられる磁場に対する応答の挙動によっていくつかのグループに区別される．

　図 4.36 に示すように，磁気モーメントをもった物質を磁場の中に置いた場合，磁気モーメントが磁場の方向に沿って整列するという**磁化**の現象が生じる．磁場の中で磁化を引き起こす性質を**常磁性**という．一方，磁気モーメントをもたない物質を磁場の中に置いた場合には，磁場の向きとは逆方向に極めて微小な磁化が発生する．これはレンツの法則に基づく現象であり，磁場の印加により発生した物質内の磁束の変化を妨げるために物質中に誘導電流が流れたことに起因すると考えられる．この性質を**反磁性**という．

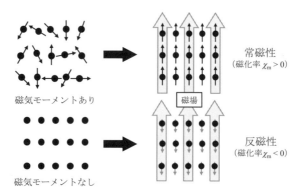

図 4.36　磁場に対する磁性体の応答

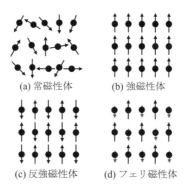

図 4.37　磁性体の分類

　図 4.36 に示した常磁性の状態から磁場を取り除くと，磁気モーメントをもつ多くの物質では整列した磁気モーメントは熱運動により再び散乱してしまう．このような性質をそのような性質をもつ物質を**常磁性体**という．しかしその一方，磁場を取り除いた後も磁気モーメントが整列し，磁場がゼロの状態でも**自発磁化**とよばれる磁化が残り続けるような物質も存在する．このような性質を**強磁性**といい，そのような性質をもつ物質を**強磁性体**という．また，磁場ゼロの条件下で個々の磁気モーメントどうしが相互作用して交互に逆向きの整列を示す**反強磁性**や**フェリ磁性**の性質を示す物質もある．前者では逆向きに整列したそれぞれの磁気モーメントの成分の大きさが同じであり，見かけ上の磁化の大きさはゼロとなる．このような性質をもつ物質を**反強磁性体**という．一方，後者はそれぞれの磁気モーメントの大きさが異なるため，ゼロ磁場の状態でも見かけ上の磁化が残り続ける．このような物質を**フェリ磁性体**という．これらの分類を図 4.37 にまとめる．

　磁性材料の磁場に対する応答の特性は，前述した 4.1.2 項に示された誘電性材料の電場応答と類似するようにも見える．しかし実際には，磁場（電場）の増減に対する磁化（分極）の動的な挙動など，異なる現象がいくつか観察されるため，後述の 4.1.5.4 でそれらをさらに詳しく説明する．

4.1.5.3　磁区と磁壁
　強磁性体の磁性は図 4.37 に示すような数多くの原子が生じる自発磁化により特徴づ

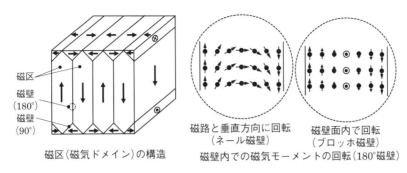

磁区
磁壁
(180°)
磁壁
(90°)

磁区(磁気ドメイン)の構造

磁路と垂直方向に回転
(ネール磁壁)

磁壁面内で回転
(ブロッホ磁壁)

磁壁内での磁気モーメントの回転(180°磁壁)

図 4.38　強磁性体における磁区の発生

けられる。しかしながら，磁気モーメントの整列した自発磁化の領域が拡大するにつれて，それらの整列の鉛直方向に対して発生する磁気的な反発力の度合いが増していく。ここでの反発力のイメージは，同じ方向にN極とS極を向けた棒磁石を側面から近づける状況を考えると理解しやすいかもしれない。そのため，ある一定以上のサイズをもつ強磁性体の材料では，図4.38で示すように自発磁化が整列した領域がいくつかのさらに小さな領域へと区分され，それらが互いの反発力を抑えるような形へと再構築されることがある。このような小さな領域をそれぞれ**磁区**といい，それらの発現が材料内での自発磁化の整列した構造を安定化させている。

　磁区の大きさは，材料の素材の種類や加工方法，その微細構造や磁場印加の履歴など，さまざまな要因によって多様に変化しうるが，ミクロメートルからミリメートル規模のサイズをもつ磁区の存在が頻繁に報告される。特に，材料に対して磁場の印加や除去を繰り返した場合には，その磁場の大きさや方向に応じて各々の磁区の形状がダイナミックに変化し，それらに含まれる自発磁化の大きさや方位を総合することにより材料全体の磁化の大きさが決まることになる。磁区の配列のしかたによっては，それぞれの磁区が互いの自発磁化を完全に打ち消し合い，材料全体の磁化がゼロとなることもある。磁場を印加していない着磁前の磁石などがそのような状態に相当する。

　磁区と磁区が隣接する界面には**磁壁**とよばれる境界領域がある。磁壁には二種類が存在し，その磁壁が区切る2つの磁区の自発磁化の方位関係から，それぞれが90°磁壁および180°磁壁とよばれる。磁壁の領域では，異なる方位を向いた自発磁化どうしの境界を埋めるために磁気モーメントの配向方位が連続的に変化する形で存在している。磁壁は磁場印加によりダイナミックに動いて磁区のサイズを変化させるが，近年の実証実験により電流によっても移動できることが確認されている。

4.1.5.4　磁化曲線

　各種の磁性材料の性質については，4.1.5.2でそれらの概要を説明した。それらの特性をさらに詳しく理解するためには，磁化と磁場の関係を1つのグラフにまとめた**磁化曲線**を用いた検証が非常に役に立つ。

　常磁性や反磁性の性質をもつ物質に大小さまざまな磁場をかけた場合，その磁場の大きさH(単位：$\mathrm{A\,m^{-1}}$)と物質に発生する磁化の大きさM(単位：$\mathrm{A\,m^{-1}}$)の関係は式(4.17)のように表される。

$$M = \chi_{\mathrm{m}} H \tag{4.17}$$

これらの関係を磁化曲線（または M-H 曲線）として図 4.39 にまとめる．M と H は比例の関係にあり，その比例定数 χ_m は磁化率（または帯磁率）という．常磁性体では χ_m が正の値（$\chi_m>0$）を示し，反磁性体では負の値（$\chi_m<0$）を示す．そして，両者の絶対値を比較すると，反磁性体は常磁性体よりも著しく低い値を示すことになる．

　一方で，強磁性体の磁化曲線は 4.1.2.3 で説明された強誘電体と同様な履歴挙動（ヒステリシスループ）を発現する（図 4.40）．これは強磁性体の磁化が強誘電体における分極の反転と類似した挙動を示すことを表している．一度磁場を印加したのちに発生した磁化は磁場を取り除いた後にも残留し続ける．その際の磁化の大きさ M_r を**残留磁化**という．そして，その後に反対方向の磁場を加えると，ある大きさの磁場を加えた時点で磁化が反転する．その際の磁場の大きさ $-H_c$ を**保磁力**といい，強磁性体での磁化の反転の起こりやすさを表す指標として取り扱われる．続けてさらに強い磁場を印加し，その後に磁場を再びゼロとすると，先程とは反対方向の残留磁化 $-M_r$ が発生する．そのあとに最初と同じ方向に磁場を印加すると再び M_r を残留磁化が発生し，以降は磁場の増減に対してループが開いた曲線の挙動が繰り返される．これらの挙動には前述した磁区の変化が伴っており，$-H_c$ の磁場を印加した状態の磁化ゼロの状態では着磁前の磁石と同じような磁区の配向構造が現われていると考えられる[*]．

* 強誘電体のヒステリシスループと比較した場合，残留磁化 M_r は残留分極 P_r，保磁力 H_c は抗電場 E_c にそれぞれ相当するものと考えると，両者の関係が理解しやすい．

残留磁化をもたない常磁性体では磁場の増減に対してループが閉じた直線的な挙動が観察されるため，磁化曲線を用いて強磁性体との相違を容易に識別することができる．その一方，反磁性体やフェリ磁性体の磁化曲線を明確に定義することは非常に難しい．一見，これらの物質では反強誘電体やフェリ誘電体と類似した挙動の発現が期待されるが，多くの場合，前者では常磁性体，後者では強磁性体とそれぞれ類似した磁化曲線が観察されている．互いに逆向きで整列した磁気モーメントどうしの相互作用が相対的に

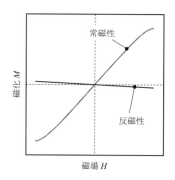

図 4.39　常磁性と反磁性（磁化曲線）

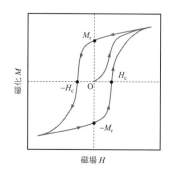

図 4.40　強磁性体の磁化曲線（ヒステリシスループ）

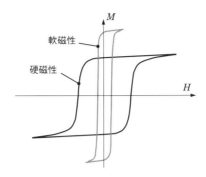

図 4.41　保磁力の違いによる比較（磁化曲線，軟磁性と硬磁性）

(a) ハードディスクドライブ［磁気ディスク
（プラッタ）のコーティング被膜］

(b) 小型モーター
（ローター周囲の永久磁石）

図 4.42　磁性体の応用

ハードディスクドライブではプラッタの軟磁性体に加えて，磁気ディスクの書き込み/読み出しを行う"磁気ヘッド"部位に硬磁性体が使用されている．

微弱であるなどの原因が想定されるが，磁化曲線を用いて磁性の種類を識別する際には誘電性の識別よりもさらに十分な注意が必要である．

　磁化曲線により磁性材料の性能を比較検証する実際の事例として，保磁力の大小に基づいて材料の磁化反転のしやすさを評価するケースがある．図 4.41 に示すような保磁力の異なる 2 種類の材料を比較した場合，H_c が小さい材料は外部からの磁場印加によって磁化の反転が容易に起こり，反対に H_c の大きな材料は外部磁場の印加に関わらずその磁化を維持し続けることができる．このような磁化の残りやすさを物体の硬さや軟らかさになぞらえ，前者のような性質を**軟磁性**，後者を**硬磁性**とよぶことがある．磁性材料の産業応用を考える場合，前者は繰り返しの磁化反転を前提とした磁気記録の情報記憶素子としての用途（ハードディスクドライブ，磁気カード，磁気メモリーなど），後者は永続的に残留し続ける磁化を利用する用途（変圧器のコア，モーターや発電機の永久磁石，など），といった形でそれぞれを区別して材料を選択している（図 4.42）*．

　磁性材料はエレクトロニクスやロボティクスの分野で幅広く使われ続けてきた材料であるが，近年注力される環境やエネルギー保全の分野で注目される機会は残念ながら各種の電気伝導性材料（電池やエネルギーデバイスに使われる半導体やイオン伝導体など）と比較してやや低下気味である．しかしながら，電気エネルギーの取扱い（発電，送電，変電など）に磁性材料の利用は必須であり，それらを大規模かつ高効率に実現するためにはあらゆる面で洗練された材料の開発と利用が強く望まれる．エネルギー産業を支える上で磁性材料の研究開発には重要な意義があることを是非意識していただきたい．

* フェライト系磁石では，置換固溶する元素の種類と置換サイトを制御することで軟磁性と硬磁性の磁石を作り分けることができ，前者をソフトフェライト，後者をハードフェライトという．

4.2 光学材料

　21世紀は光の時代とも言われるが，近年の光学技術の目覚ましい発展は，蛍光体やレーザーに代表される新しい光源，光ファイバーなどの光信号の伝達材料，光信号の振幅・波長・偏光などを制御する光変調素子や光半導体などの光学材料の画期的な進歩によりもたらされた．大容量超高速情報処理，画像処理，通信，計測などのあらゆる分野において，応用光学は近い将来さらに大きな進展が期待されているため，その要求を満たすための材料作製とその機能評価はきわめて重要である．

　光学材料としては，無色透明で均質・等方的であり，化学的耐久性や加工性に優れることに加え，さまざまな屈折率や分散性（光の波長による屈折率の差）などの光学定数が要求される．セラミックスはこれらの多様な要求を満たす光学材料として重要な位置を占めてきた．最も広く用いられているのは，レンズ，プリズム，反射鏡，窓材などの光学ガラスである．そのほかに，透光性セラミックス，光記録媒体，太陽電池，光触媒，無機顔料などがある．

　光通信ネットワークが拡大し，クラウドコンピューティングとともにデータセンターなどでの光伝送システムも発展していくと，半導体レーザ，フォトダイオード，光ファイバーという基本要素のほかに，接続部や分岐部，増幅部などに使用される光部品・デバイスの性能や品質，信頼性がきわめて重要になる．これらの部品には多くのセラミックス材料が使用されている（表4.4）．

　近年，光ファイバーに匹敵する産業規模となった半導体レーザーモジュールには，気密封止性に優れるセラミックパッケージが使用されているほか，半導体レーザーを搭載するヒートシンクとして AlN が，また冷却用デバイスとしてモジュール内に組み込まれているペルチェクーラーにも Al_2O_3 や AlN がキーデバイスとして使用されている．

　構成部品にルチル単結晶やガーネット厚膜，希土類磁石を収納する光アイソレーター（光を一方向にのみ通し，反対方向には通さない素子）は，多重反射の防止などの機能をもち，半導体レーザーモジュールやファイバーアンプに組み込まれている．1本の光ファイバーの中に，さまざまな波長の信号を多重（合波）して伝送する WDM（Wavelength Division Multiplexing：波長分割多重）システム需要の立ち上がりにともない，部分安定化ジルコニア（PSZ）をフェルールとして使用する光コネクターにとともに，市場は拡大している．

　そのほかに，光通信部品としては $LiNbO_3$ などの強誘電体を使用した光変調器や，石英基板上に光導波路を形成した光分岐結合器や光合分波器，酸化物フェライトを使用した光スイッチ，アッテネーターなどがあり，いずれも，今後とも急増する世界の光通信市場において，必要不可欠なキーデバイスとしてますます重要な役割を果たしていくことが予想される．近年では，フォトニック結晶のように，ナノメートルのレベルで制御が可能な光ナノデバイスの研究も進められている．

4.2.1　光と原子の相互作用

　光は空間の電場と磁場の変化によって形成される波（波動）であり，波長，振幅，伝播方向，偏光，位相などで特徴づけられる．光は真空中を光速で直進するが，物質中を通過する際には，光損失（吸収と散乱）が生じるために，透過光は強度が低下する．吸収は固有吸収，外因性吸収に，散乱はラマン散乱のような固有散乱と気泡などの外因性散乱

表 4.4 光通信部品とセラミックス

光通信部品	セラミックス部品 (材料)	使用箇所	機 能
光ファイバー	石英	コア	光透過
半導体レーザー モジュール	Al_2O_3	パッケージウォール部	絶縁
	Al_2O_3, AlN	ペルチェクーラー	絶縁, 放熱
	低融点ガラス	リード引き出し口	気密封止
光アイソレーター	赤外線偏光 ガラス(ルチル)	検光子, 偏光子	
	ガーネット厚膜	ファラデー回転子	
	希土類磁石		ファラデー素子へ の磁界の印加
	低融点ガラス		気密封止
光コネクター	PSZ, 結晶化ガラス	フェルール	光ファイバーの 保持・固定
光変調器	$LiNbO_3$ 素子	変調素子	誘電体(電気信号 と光信号の変換)
導波路型 光分岐結合器	石英	導波路チップ	光信号の分岐結合
アレイ導波路型 合分波器	石英	ファイバーアレイ	ファイバーと導波 路チップの接続
	石英	導波路チップ	光信号の合分波
	石英	ファイバーアレイ	ファイバーと導波 路チップの接続
	Al_2O_3, AlN	ペルチェクーラー	絶縁, 放熱
光スイッチ (機械式)	酸化物フェライト	パッケージ, 基板	低熱膨張
可変型 アッテネーター	石英, LN, シリコン	導波路基板	光パワーの制御

に分類される.

4.2.1.1 透光と吸収

　光に対する物質の応答として，吸収，反射および透過について説明する．たとえば，光が窓ガラスを透過することを考える．一部の光はガラスに反射され，また一部はガラスに吸収される．反射光，吸収光そして透過光をあわせると入射光(100%)となる．そして，残りはガラスを透過する．板ガラスの厚さにより透過率は変化する．5 mm の板ガラスの場合，透過率は89.5%，反射率は8.0%，吸収率は2.5%である．厚みが増すと透過率は低下する．

a. 透過率

　試料片に光線を照射した際に，入射光と平行に通過した光，拡散した光のすべてを含めた透過率を**全光線透過率**という．光を多く透過させるほど数値が大きくなり，透明度が高いという．物質により吸収される割合は光が通過する物質の厚さと濃度に比例する**ランベルト-ベール**(Lambert-Beer)**の法則**が知られており，式(4.18)で示される．

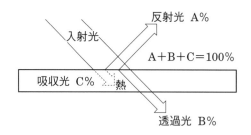

図 4.43　光の反射，吸収，透過

$$I = I_0(1-R)^2 \exp(-\varepsilon cx) \tag{4.18}$$

このとき，I は透過光の強度，I_0 は入射光の強度，ε はモル吸光係数，c は物質の濃度，x は物質の厚さである．透過率は $100 \times \dfrac{I}{I_0}$，吸光度は $\ln\left(\dfrac{100}{T}\right)$ として表される．

　セラミックスの焼結体では，金属や高分子において問題とならない気孔などが光透過度に影響してくる．透光性セラミックスを作製する場合にはこの気孔率を低下させる工夫が必要となる．石英ガラスとソーダ石灰ガラスの透過率を比較すると，石英ガラスでは波長 200 nm までの可視光と紫外線に対して透明であるが，ソーダ石灰ガラスでは350 nm までしか透過しなくなる．また，CVD で合成されたダイヤモンドの透過率は紫外線，可視光および赤外線のずれにおいても高い値を示すが，2.5〜7 μm の領域においてフォノンバンドの吸収がわずかにみられる．

b. 吸光率

　吸収係数または吸光係数とは光がある媒質に入射したとき，その媒質がどのくらいの光を吸収するかを示す定数である．長さの逆数の次元をもつ．イオン結合性セラミックスは最外殻が満たされており，電子の移動に使えるエネルギー準位をもっていないためイオン結合性セラミックス単結晶の大部分が電磁波に対して透明となる．これに対して，絶縁体で大きなバンドギャップをもつ共有結合性セラミックスは透明であるが，半導体で小さなバンドギャップをもつ共有結合性セラミックスでは電子を伝導帯に入れるため不透明となる．

　光の吸収は外的な因子も大きくかかわる．すなわち，構造内の不純物，気孔，粒界による散乱によっても生じる．アルミナの透明材料を製造するためには，焼結時に Mg^{2+} イオンを 0.5％程度添加すると，粒界にスピネル($MgAl_2O_4$)が生じ，これにより透明となる．

　以下では，波長の異なる光における固有吸収と散乱について述べる．

　<可視—紫外光の吸収>　物質に可視—紫外光を照射すると，電子遷移に由来する分子内遷移，バンド間遷移，d-d 遷移および電荷移動遷移などが起こる．バンドギャップ以上のエネルギーをもつ場合に吸収による光損失が生じる．つまり，価電子帯の電子が，入射光により伝導帯に励起される電子遷移により吸収されることであり，基礎吸収と定義される．吸収される光の最長波長(最小エネルギーをもつ光の波長で，バンドギャップに相当する光)は基礎吸収端とよばれる．

　<赤外光の吸収>　固有吸収は電子遷移のほかにも，化学結合に由来する分子振動および格子振動による吸収も存在する．これは振動により生じる分極波と赤外光の共鳴に

よる吸収であり，平衡位置に存在する振動が基底状態から励起状態に遷移されることに起因する．2原子間の結合をばねによる振動 ν を調和振動子モデルで考えると，

$$\nu = \frac{1}{2\pi}\sqrt{\frac{k}{\mu}} \tag{4.19}$$

で表される．ここで k は結合のばね定数(力の定数)，μ は振動子の換算質量である．換算質量は2原子の質量を m_1，m_2 とすると，

$$\mu = \frac{1}{m_1} + \frac{1}{m_2} \tag{4.20}$$

で定義される．つまり，吸収される赤外光の振動数 ν は，構成原子間の結合力と構成原子の質量に依存することがわかる．

＜散　乱＞　固体に入り込んだ光は固体内のさまざまな不均一構造によって進行方向を変えられる．このような現象を**散乱**(scattering)という．光損失に含まれる散乱のうち，固有散乱について述べる．入射光が物質内の原子振動や分子の回転の影響を受けることによって，物質から出射する光の波長すなわちエネルギーが入射光と比べて変化するような現象をラマン効果といい，ラマン効果に基づく光の散乱を**ラマン散乱**(Raman scattering)とよぶ．波長より小さい粒子による散乱は**レイリー散乱**(Rayleigh scattering)とよばれる．固体中でレイリー散乱を起こす原因となるものは，原子や分子，密度や屈折率のゆらぎ，ガラスや有機高分子のような均質な固体中に分散した微粒子などである．レイリー散乱では，散乱の前後で光の波長は変化しない．つまり，振動数 ν_i の光に対して，同一の振動数 ν_i を与える光散乱はレイリー散乱，振動数 $\nu_i \pm \nu_n$ ($\nu_n > 0$)を与える不連続の光散乱はラマン散乱と定義される．入射光と散乱光の振動差 $\pm \nu_n$ はラマンシフトといい，$\nu_i - \nu_n$ をストークス散乱，$\nu_i + \nu_n$ を反ストークス散乱と区別され，ボルツマン分布則からストークス散乱強度の方が反ストークス散乱よりも大きい．また，ラマン散乱光はレイリー散乱よりも 10^{-6} 倍ほど微弱な光であり，その微弱な光を分光し，得られたラマンスペクトルより，分子レベルの構造を解析する手法がラマン分光法である．

4.2.1.2　屈折と反射

＜光の屈折＞　媒質1中を速度 v_1 で直進する光が，媒質2中に入射角 α で入射すると，境界面で進行方向が変化する(図4.44)．これを**屈折**(refraction)といい，媒質に

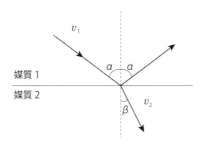

図 4.44　光の屈折と反射

よって光の伝播速度が異なることで生じる現象である．屈折角 β で媒質 2 中を速度 v_2 で光が進行する場合，以下の**スネル(Snel)の法則**が成り立つ．

$$n=\frac{\sin\alpha}{\sin\beta}=\frac{v_1}{v_2} \tag{4.21}$$

このとき，n は媒質 2 の媒質 1 に対する相対屈折率である．媒質 1 が真空の場合には，光速を c とすると $n_2=c/v_2$ となり，物質中を光が通過するときに，真空中の光速に対して，どれだけ速度が減少するかを表す値であり，絶対屈折率とよばれる．

　物質に入射された光は電磁波であるため，物質を分極し電場や磁場と相互作用することによって光の速度は遅くなる．マックスウェル(Maxwell)の電磁波の波動方程式から，真空中の光の速度 c および媒質 1 中の光の速度 v_1 は次のように表される．

$$v_1=\frac{1}{\sqrt{\mu\varepsilon}} \tag{4.22}$$

の速度で物質中を移動することが示される．このとき，μ, ε はそれぞれ物質の透磁率と誘電率である．屈折率が物質ごとに異なるのは，通過する光の速度が変化することに依存するためである．たとえば，物質の透磁率が大きい，もしくは，誘電率が大きいほど物質中での光の速度は遅くなり，屈折率は大きくなる．

　<光の反射>　物質表面に直角に光が照射された場合の光の反射率は次式(4.23)で与えられ，屈折率が寄与するため反射は光の波長に依存する．

$$R=\frac{n^2+k^2+1-2n}{n^2+k^2+1+2n} \tag{4.23}$$

　このとき，n は相対屈折率，k は消光係数であり，電気伝導率に比例する．絶縁体においては $k\approx 0$ となるので，$R=\left(\frac{n-1}{n+1}\right)^2$ となる．

4.2.2　透光性セラミックス

　物質が透明であるとは，光がその物質を通過することであり，ガラスが透明であるのは非晶質・均質で気孔がないからであり，また単結晶も結晶体ではあるが無気孔・均質であるため，入射光が吸収・散乱せずにその物体を通過するからである．しかし，一般の多結晶体は非均質で多くの気孔・異相や結晶粒界が存在するため，光の散乱をなくして透明度の優れたセラミックスをつくるためには，不純物をできるかぎり少なくして，光学的異方性の小さいナノ構造をつくることが必要である．そのためには，構造は立方晶に近く複屈折が小さいこと，均一な超微結晶粒子からなり，異相や気孔が存在せず，単純に粒界だけから構成されることが望ましい．気孔を完全に除去することは困難であるが，その大きさが 3～10 nm 程度であれば，ほとんど影響はない．したがって，圧縮加圧焼成などで気孔を強制的に追い出して，その物質の融点の 60～80% の比較的低温で加熱して，粒成長を抑制しながら高密度化すると透光性セラミックスがつくられる．

　透光性セラミックスは，粒径，気孔率，気孔径，複屈折率，粒界偏析層などの光学散乱因子を制御して得られる透光性多結晶体で，雰囲気焼結法，ホットプレス法，HIP 法などにより作製される．代表的な透光性セラミックスの合成条件を表4.5に，光透過率

表4.5 透光性セラミックスの合成条件

	BeO	MgO	Al$_2$O$_3$	PZT	CaF$_2$	GaAs
結晶系	六方	立方	菱面体	正方	立方	立方
融点(℃)	2570	2800	2050	1450	1360	1240
合成(℃)	1200	1400	1500	1000～1300	900	900～1000
条件(MPa)	200	30	40	20～70	260	60～300

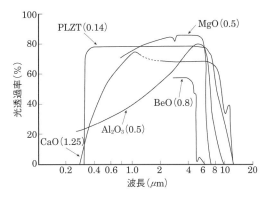

図4.45 透光性セラミックスの光透過率

カッコ内の数値は試料の厚さ(mm)

曲線を図4.45に示す．立方晶のMgO, Y$_2$O$_3$, MgAl$_2$O$_4$, Y$_2$O$_3$-10 mass% ThO$_2$, 立方晶相と擬立方晶相をもつPLZT((Pb, La)(Zr, Ti)O$_3$)などは直線透過率が高く透明であるが，Al$_2$O$_3$, BeO などは半透明である．

セラミックス固有の耐熱性，耐食性，高強度，電磁気的性質と，透光性との組み合わせにより種々の応用がある．焼結 Al$_2$O$_3$ は，高温でナトリウム蒸気に侵され難いという特性と，光透過率が94%に達し，融点が2045℃と高いという特性を利用して，高圧ナトリウムランプの発光管材料などとして使われている．石英，CaF$_2$, LiF などは紫外線用，焼結 ZnS, KBr などは赤外線用の光学窓材である．そのほか，光シャッターや光メモリー用の電気光学効果をもつ PLZT などがある．屈折率は電界の大きさや結晶の方位によって変化する．つまり，PLZT に入射した光は電界によってさまざまに屈折し，透過光線に位相差が生じる．位相差が $\pi/2$ であれば，光は打ち消し合って透過せず，位相差が π であればそのまま光は透過することになる．

光の波長に比べて粒径が小さい微粒子がガラスマトリックス中に分散しているような場合には，数十%の結晶が存在し，界面での屈折率が異なっても光の散乱が起こりにくいので透明となる．たとえば，適当な結晶核を加えて結晶化させると透明結晶化ガラスが得られるが，析出結晶として低熱膨張率のものを選ぶと全体として熱膨張率が低くなり，600～700℃程度の高温から急冷しても熱衝撃で割れることが少ないものをつくることができる．

4.2.3 蛍光体

蛍光体とは外部刺激(熱，光，電子線などの照射)により発光する材料の総称である．基本的には母体の構造内に賦活されたイオン(賦活剤)が外部エネルギーにより励起し，再び基底状態に戻る際のエネルギー差を光として放出して発光となる．また，このような現象は**ルミネッセンス**(luminescence)という．外部エネルギー停止後においても光り続ける蛍光体を残光蛍光体あるいは蓄光残光体とよぶ．これは時計の文字盤あるいは災害時の誘導標識などに使用されている．賦活剤としては希土類イオンが主に用いられている．なお，賦活剤を添加しないでも発光する物質もあり，自己賦活形蛍光体とよばれ，タングステン酸カルシウムなどがそうである．

また，励起する方法によりルミネッセンスをいくつかに分類することができる．光の照射により励起するものをフォトルミネッセンス，高い運動をもつ電子を衝突することにより励起するものをカソードルミネッセンス，電界あるいは電流によって励起するものをエレクトロルミネッセンスとよぶ．

＜賦活形蛍光体＞ 賦活剤としては希土類イオンなどが主に用いられている．Eu^{3+}あるいはTb^{3+}などは母体の種類にかかわらず紫外線照射により緑色あるいは赤色に発光する．たとえば，炭酸カルシウムにTb^{3+}を添加した蛍光体($CaCO_3 : Tb^{3+}$)の発光強度は低い．しかし，Ce^{3+}を添加することにより発光強度を7倍とすることができる(図4.46)．このとき，Ce^{3+}はTb^{3+}の増感剤としてはたらき，電子をTb^{3+}に受け渡すことによりTb^{3+}の発光強度が増大する．また，f-f遷移するため発光ピークは鋭い．

＜残光蛍光体＞ 残光蛍光体では励起された電子が格子ひずみ，格子欠陥に捕獲され，エネルギー停止後，捕獲された電子は再び励起状態に戻り，そこから基底状態に戻る際に残光を示す．緑色の残光を示す蛍光体としてはユウロピウム(II)，ジスプロシウム(III)賦活アルミン酸ストロンチウム($SrAl_2O_4 : Eu^{2+}$，Dy^{3+})が知られている．これは近紫外線の照射により，520 nmに発光ピーク波長を示し，2000分間以上の残光を示す．この発光はEu^{2+}の4f-5d許容遷移によるものである．これに対して，赤色の残光蛍光体としてはCaSを母体結晶としたものが知られており，これにEu^{2+}，Pr^{3+}，Li^+を添加すると，Eu^{2+}の$4f^7-4f^65d^1$間遷移による647 nmに発光ピーク波長が観察され，残光時間は160分間であった．さらに，Ca^{2+}をSr^{2+}に置き換えた$SrS : Eu^{2+}$，Ce^{3+}では発光ピーク波長は611 nmと短くなりオレンジ色の残光となるが，残光時間は1300分間以上となる．650 nmは赤色であるが，611 nmはオレンジ色であった．また，SrS

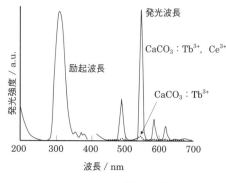

図4.46 $CaCO_3 : Tb^{3+}$，Ce^{3+}蛍光体の励起・発光スペクトル

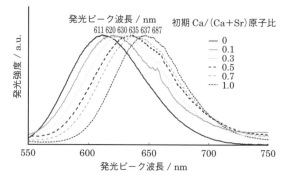

図4.47 $Ca_{1-x}Sr_xS : Eu^{2+}$，Pr^{3+}，Li^+蛍光体の発光スペクトルの変化

と CaS は完全固溶体を形成し，合成する際の Sr と Ca の割合を変化させることにより
残光の波長を 611〜647 nm で連続的に移動することができる（図 4.47）.

4.2.4　レーザー

　レーザー（laser）とは，Light Amplification by Stimulated Emission of Radiation（誘導
放出による光増幅放射）の頭字語である．原子が特定の波長をもった光子を吸収すると，
吸収した光子のエネルギーに相当する分だけ，その原子のエネルギーはより高い準位へ
遷移する（励起状態）．多くの場合の第一近似としては，原子中の 1 つの電子が光子を吸
収し，それが励起されていると考えてもよい．より高いエネルギー準位に励起された電
子は，いずれ基底状態へ戻るが，この戻り方にはいくつかの種類がある（図 4.49）.　励起
されてからしばらくして，電子は不定期に特定の波長の光子を 1 つ放出することがあ
る．これは**自然放出**（spontaneous emission）とよばれ，自然放出光は光の位相やエネル
ギーが不揃いである．これとは別に，励起後の電子に第二の光子が近づくと，その光子
自身は吸収されずに電子の放射を誘発することがある．これは**誘導放出**（sinduced,
stimulated emission）とよばれ，レーザー発信において重要な役割を果たしている．こ
の場合に放出される光子は，誘導光との位相が合い（可干渉性），発光誘導光子と同じ方

コラム 4

YAG

　アルミン酸イットリウム（$Y_3Al_5O_{12}$）は YAG（Yttrium Aluminum Garnet）と略され，ガーネット型構造の化合
物である．Y_2O_3 と Al_2O_3 を約 1500℃ で固相反応させることにより得られる．蛍光体やレーザー材料として使う
場合には賦活剤も添加する．光デバイスのアイソレーターなどに用いる場合の単結晶は，融液からの回転引き上
げ法によって作製される．

　Nd^{3+} イオンを微量に固溶させた YAG は固体レーザー発振素子として利用される．レーザー発振は，一度励
起された電子が振動緩和過程によって励起準位より低い準安定状態に移り，この準位に蓄積される現象を利用す
る（図 4.48）.　準安定状態から基底状態に電子が移ることをレーザー遷移といい，この際に $h\nu$ のエネルギーをも
つ光が放出される．このように光を増幅し，さらに鏡を利用してレーザー結晶中を繰り返し通すことにより，位
相のそろったレーザー光が得られる．Nd^{3+}:YAG 固体レーザーの発振波長は 1064 nm の赤外線である．

　YAG を蛍光体の母結晶とし，希土類元素を賦活した蛍光体もある．蛍光体とは刺激エネルギー（電気，紫外
線，電子線など）を光に変換するもので，蛍光灯やカラーテレビなどに使われている．YAG に Ce^{3+} イオンを賦
活すると，436 nm の可視水銀ランプで励起されて約 540 nm の発光ピークを示す．また，YAG に Tb^{3+} イオン
を賦活したものはブラウン管用蛍光体に使われている.

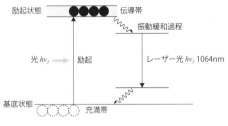

図 4.48　レーザー発振

図 4.49　自然放出(a)と誘導放出(b)

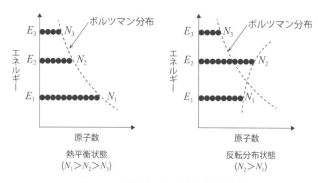

図 4.50　ボルツマン分布と反転分布

向へ進んでいく．その結果生じる光のビームは，指向性と収束性に優れたほぼ単一波長の電磁波で，**コヒーレント光**(coherent light)とよばれる．また，原子が別の原子と衝突し，その過程で振動エネルギーという形でエネルギーを失ったり，周囲にエネルギーを与えたりする場合がある．このような発光を伴わない脱励起を**無放射遷移**(non-radiative transition)あるいは**無輻射遷移**とよぶ．

　熱平衡状態においては，低エネルギー状態の方が高エネルギーの状態よりも占有率が大きく，これはボルツマン分布式によって表される．誘導放射が起こるためには，高いエネルギー状態にある原子数が，より低いエネルギー状態にある原子数より占有数が多い，ボルツマン分布に従わないいわゆる反転分布状態をつくり出すことが必要となる．この反転分布状態をつくり出すための適当な準位の設計とポンピングといわれる強力な励起源を使用した励起法が必要となる(図 4.50)．

4.2.5　光ファイバー

　光ファイバー(optical fiber)は光を情報伝達に使うもので，光をできるだけ遠くまで損失(減衰)させることなく到達させるためには，光を透過する透明材料が必要である．無機物の非晶質固体であるガラスには，結晶質固体では得られない特性がいくつかある．非常に高純度のシリカ(SiO_2)を主成分とするガラスを作製して，長距離のファイバーに線引きすることができる．その組織は均質で，粒界などもないので散乱がなく，光の損失が少ないので遠方にまで伝送することが可能である．また，化学組成を微妙に制御し，屈折率を変化させることもできる．

　<光ファイバーの構造>　光ファイバーは，屈折率の高いガラスからなるコア(core)部とそれより屈折率の低いガラスからなるクラッド(clad)部からできている(図 4.51)．ステップ型ではコア部の屈折率は一様で，光は界面での全反射を繰り返して伝わる．グレーデッド型(屈折率分布型)では，コア部で中心が高く中心から離れるにしたがって放物線的に屈折率が低くなっており，光は正弦波のような形でコア中を蛇行しながら伝わ

る．コア径が小さく，コアとクラッドの屈折率差が小さい単一モード型では，クラッド中を直線的に光が伝わる．一本の光ファイバーの直径は $125\,\mu$m，コアの径はわずか $25\,\mu$m である（人間の髪の毛の太さが平均 $80\,\mu$m）．機械的強度を確保するために何層かのプラスチックで被覆される．

＜光ファイバーの損失＞ 光ファイバーのおもなエネルギー損失要因には以下のものがある（図 4.52）．光ファイバーのように光路長が著しく長いときは，通常の光学的用途では問題にならない損失，レイリー散乱が固有散乱の原因となる．

（1）レイリー散乱
- ガラスに固有の散乱，微小領域における密度や組成のゆらぎに起因する．
- レイリー散乱強度は，$1/$（波長）^{4} に比例する．

（2）紫外吸収
- 電子遷移に起因する吸収やガラスの酸素欠乏欠陥，酸素過剰欠陥による吸収

（3）赤外吸収
- 分子振動に起因する吸収（5μm 以上で SiO_4 四面体の分子振動による強い吸収帯）

（4）OH 基吸収
- Si−O−H の振動：1 ppm の OH で $2.72\,\mu$m における光損失は 10000 dB/km
- 塩素ガスや塩化チオニル（$SOCl_2$）ガスによる OH の除去

（5）遷移金属吸収
- 出発原料の高純度化（ppb 以下の不純物濃度）

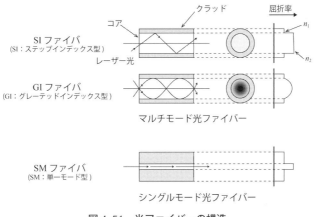

図 4.51 光ファイバーの構造

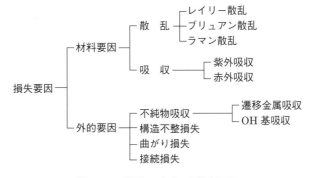

図 4.52 光ファイバーの損失要因

＜光ファイバーの製造＞　シリカ系光ファイバーは，**化学的気相蒸着法**(Chemical Vapor Deposition；CVD)により製造される．ガス状の $SiCl_4$(沸点 57.3℃)を約 1300℃で

$$SiCl_4 + O_2 \longrightarrow SiO_2 + 2Cl_2 \tag{4.24}$$

の反応で熱分解させることにより，高純度シリカ多孔体を作製する．これを約 1500℃に加熱して焼結体(プリフォーム)としたのち，約 2000℃で溶融させてファイバーとする．屈折率の調節には，SiO_2 に GeO_2 や P_2O_5(屈折率を上げる)あるいは B_2O_3(屈折率を下げる)を添加する．コアガラスを SiO_2 としてクラッドガラスを $SiO_2 + B_2O_3$ とするか，コアを $SiO_2 + GeO_2$ または P_2O_5 としてクラッドを SiO_2 ガラスとする方法が考えられる．コアに屈折率分布をつけるためには，中心部から周辺部に進むにつれて GeO_2 含有

コラム 5

レアアースとレアメタル

　レアアースとは 3 族元素のうち放射性元素のアクチノイドを除いた元素，すなわちスカンジウム Sc，イットリウム Y，ランタノイド(La〜Lu)の 17 種の希土類元素のことである．強力な永久磁石に欠かせないネオジムやジスプロシウム，固体レーザーや蛍光体に使用されるイットリウム，HDD ガラス基板などの研磨剤や自動車用排ガス触媒に使用されるセリウム，ランタンなど，現代の産業を支える重要な元素で，日本は世界需要の約半分を占めると言われている．しかし，その大部分は世界産出量の 90%以上を占める中国からの輸入に頼らざるを得ないことから，この偏在が経済上の大きなリスクとなっている．

　一方，**レアメタル**とは半導体，発光ダイオード，磁石，強硬度鋼などの最先端の科学技術を支える 47 種の元素で，地殻中の存在量が比較的少なく，技術的・経済的な理由で抽出困難な金属のうち，安定供給の確保が政策的に重要で，産業に利用されるケースが多い希少な非鉄金属を指す．産出国や産出量が限定されている希少金属元素のことである．たとえば，チタン，マンガン，ジルコニウムなどは汎用金属の銅，鉛，水銀などよりもたくさん地殻中には存在しているが，偏在が著しく産出国が限られている．とくに白金の 90%が南アフリカ，タンタルの 93%がオーストラリア，ニオブの 98%がブラジルにあり，産出しない国にとってはこれらのレアメタルの入手が困難な状況である．また，これらの金属は分離技術も発展していないことも理由にあげられる．

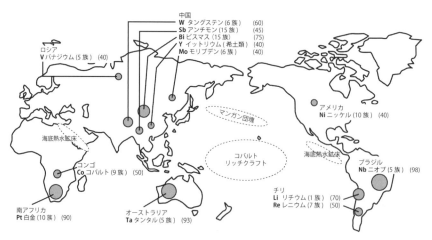

図 4.53　世界におけるレアメタルの産出状況

(　)内数値は産出割合［%］

量が小さくなるようにすればよい. CVD の原料は液体で, $SiCl_4$ のほか $GeCl_4$, $POCl_3$, BBr_3 などが使用される. 原料液体を噴霧して火炎中で生成した酸化物微粒子をキャリアガスによって石英管の外側あるいは内側に凝着させるか, ロッドの軸方向に凝着させて多孔体を生成する. この方法はわが国で発明された方法で, **気相軸付け法**(Vaporphase Axial Deposition; **VAD**)とよばれる(コラム 7).

4.2.6 発光ダイオード(LED)

発光ダイオード(Light Emission Diode, LED)は, p 型半導体と n 型半導体を接合させ, 電圧を加えて発光させる半導体発光素子で, 半導体材料の違いで紫外, 可視, 赤外域のさまざまな波長の光を発光させることができる. なかでも, 白色光 LED は白熱電球や蛍光灯に比べて長寿命, 低消費電力のため, 照明への利用が進んでいる. その他, 携帯電話など電子機器のバックライト, 信号機, 道路表示器, 屋外用ディスプレイ, 懐中電灯など照明, ディスプレイ分野を中心に多くの用途で使われている.

正孔がキャリアの p 型半導体と電子がキャリアの n 型半導体が接合(p-n 接合)すると, 伝導帯では n 型半導体から p 型半導体へ電子の拡散, 価電子帯では p 型半導体から n 型半導体へ正孔の拡散が起こり, それぞれ多数キャリアと再結合して消滅する(ただし, ほとんどの伝導電子と正孔はそのまま半導体に留まっている). その結果, 接合面付近には電気的中性が保たれていない過渡的な空間電荷層, あるいは空乏層(p 型半導体側に残された負のアクセプターイオンと n 型半導体側に残された正のドナーイオンによる電気二重層領域)とよばれるキャリアが存在しない領域が形成され, 熱平衡状態になる. 同時に界面には電位障壁(図 4.54 の V_0)が形成され, 伝導電子, あるいは正孔の流入を妨げる(図 4.54(a)).

熱平衡状態になっている p-n 接合ダイオードに順方向電圧を加えると, n 型領域から p 型領域へ接合を横切って電子が流入し, p 型領域から n 型領域へは正孔が流入する(図 4.54(b)). 注入された電子および正孔は, 流入先では少数キャリアで, しかも熱平衡で存在を許される濃度以上に存在する少数キャリアであり, 反対符号をもつ多数キャリアと再結合して消滅しようとする. ある種の半導体では, 再結合の際に遷移前後のエネルギー差に相当するエネルギーを光として放出する(放射性再結合). 放射性再結合の過程は, 電子や正孔の発生源や注入方法には依存せず, 材料の物理的性質に依存する.

図 4.57 に代表的な発光ダイオードのスペクトル特性を示す. 発光波長は発光ダイオードのバンドギャップエネルギー(E_g)で決まる. たとえば SiC のバンドギャップエ

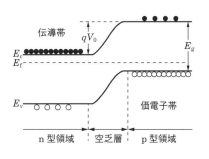
(a) 外部電圧ゼロの場合

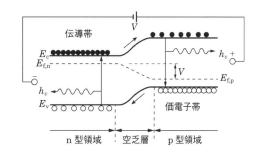
(b) 順方向電圧 V が印加された場合

図 4.54 p-n 接合における少数キャリア注入と放射性結合

コラム 6

MCVD 法

　MCVD 法は，あらかじめ用意したシリカガラス管内に $SiCl_4$ を気化させ酸素とともに送り込む．シリカガラス管を外部から水平に移動する酸水素バーナーで加熱し，原料($SiCl_4$)を酸化してシリカ微粒子を堆積させる(図4.55 の左図)．さらに移動する酸水素バーナーは堆積したシリカ微粒子を透明なガラス層に変化させる．バーナーがシリカガラス管の端から端まで数百回繰り返すことで十分な厚さのガラス層を管内部に形成する．このとき適宜，$GeCl_4$ などの蒸気を送り込むことで屈折率の調整を行う．最後にバーナーの火力を強めて中空部をつぶして光ファイバー用の母材を得る．光ファイバーはこの母材を加熱，軟化させてファイバーを引く(線引き)ことで得られる．

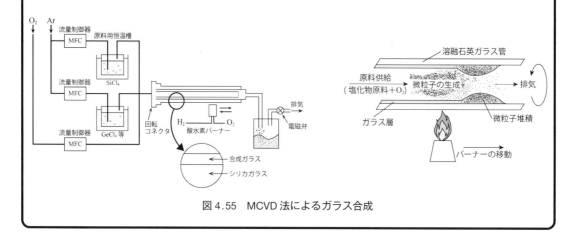

図 4.55　MCVD 法によるガラス合成

コラム 7

VAD 法

　VAD 法は MCVD 法に対抗するために日本で開発された方法である．気化された $SiCl_4$ をバーナーの一部を通じて酸水素炎中に供給し，火炎加水分解によってサブミクロンサイズのシリカ微粒子を生成させる．生成した微粒子はあらかじめセットした回転しているシリカガラス棒の先端に堆積させ，堆積の進行にしたがい棒を上に引き上げる．このようにしてできた母材は多孔質である．

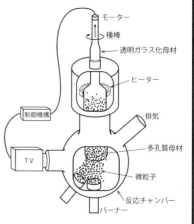

図 4.56　VAD 法によるガラス合成

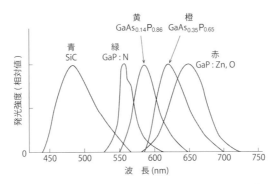

図 4.57　代表的な発光ダイオードのスペクトル特性

ネルギーは，GaP：Zn，O のバンドギャップエネルギーよりも大きいことになる．

4.2.7　無機顔料

　顔料は，水や油に溶けず，粉末の状態で着色させることができる物質の総称であり，**有機顔料**と**無機顔料**に大別される．いずれの顔料においても，可視光に相当する波長の光が吸収され，吸収されなかった光が色として認識されることとなる．吸収された光のエネルギーは，顔料の原子や分子を基底状態から励起状態に変化させる電子遷移に使用されることとなる．有機顔料では，$\pi-\pi^*$ 遷移などが主要な遷移となる．一方，無機顔料を構成する元素の多くは d ブロック遷移元素とよばれ，ランタノイドとアクチノイドを除く 3 族〜12 族の元素である．そのため，吸収された光のエネルギーが寄与する主要な遷移は $d-d$ 遷移である．d 軌道は，図 4.58 に示すように，電子密度分布が x 軸と y 軸上に伸びた $d_{x^2-y^2}$，z 軸上に伸びた d_{z^2}，xy，xz および yz 面内に伸びた d_{xy}，d_{xz} および d_{yz} の 5 つの軌道から構成されている．このとき，金属イオンの周辺に酸化物イオンや配位子などが存在しない場合は，5 つの軌道のエネルギー状態は同じとなる（縮退）．この状態では $d-d$ 遷移は起こらない．しかし，金属イオン周辺に他のイオンや配位子が存在することで，d 軌道の分裂が起こり，$d-d$ 遷移が起こることとなる．この d 軌道の分

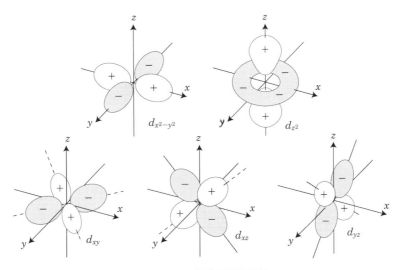

図 4.58　d 軌道の電子密度

裂は結晶場理論により説明される．ある金属イオンを中心とし，xyz軸上に配位子が6つ配位した正八面体構造を考える（図4.58）のxyz軸にそれぞれ2個の配位子を設置した八面体を考える）．このとき，$d_{x^2-y^2}$およびd_{z^2}は，それぞれxy軸上およびz軸上に電子密度分布が高いため，その他の3つの分布に比べ，配位子のクーロン力を強く受けることとなり，高いエネルギーを有する軌道となる．一方，これらの軌道に比べ，3つのd_{xy}，d_{xz}およびd_{yz}は低いエネルギーを有する軌道となる．そのため，エネルギー状態の異なるd軌道が形成し，エネルギーの低い軌道から高い軌道に励起するd-d遷移が可能となる．特に，第IV周期に属する元素は，d-d遷移の吸収が可視光領域にあるため，無機顔料として着色しやすい特徴がある．近年では，環境への配慮から，重金属を含まない顔料の開発などの検討も行われている．

真珠は，炭酸カルシウムの層とタンパク質の層が交互に何層にも堆積した層状構造を有する．真珠の光沢は，この層状構造に光が当たると，内部で多層膜干渉が起こることにより発現する．この光の干渉により光沢を示す顔料をパール顔料という．現在，人工的に調製されるパール顔料に，粘土鉱物の一種であるマイカを高屈折率の二酸化チタンで被覆したものが使用されている．マイカなどの基材表面の平滑さ，被覆する無機粒子との屈折率の差などがパール顔料の発色に影響を与える．また，被覆した無機粒子の厚さを変化させることで，金や赤などのさまざまな色調のパール顔料を調製することが可能である．

4.3　構造・熱関連材料

セラミックスはその強度や高い熱的安定性から，構造材や耐熱性材料として，さまざまな用途で利用されている．ここでは，セラミックスの機械的強度や熱的特性を理解するための基本的な内容について概説する．

4.3.1　破壊と靭性

セラミックスは，金属と同じく高い硬度を有する材料である．さらに金属材料に比べ，軽い，高い熱的安定性および高い耐食性などの特徴を有する．しかし，金属材料よりも"脆い"ため，ある程度の力が加わることで瞬時に破壊してしまう．この性質を脆性といい，脆性はセラミックスの重要な物性の一つである．ここで，応力が加わることで破壊するメカニズムについて考える．金属の破壊が亀裂が生じることで起こるのに対し，セラミックスの破壊は気孔や欠陥から亀裂が進展することで起こる．そのため，セラミックスの種類だけでなく，同じセラミックスでも気孔や欠陥の数や大きさによっても異なることとなる．多くの場合，塑性変形（応力がなくなっても元に戻らない変形）することなく破壊してしまう．この破壊に対して，抵抗する力や粘り強さは靭性という．セラミックスの出発原料の粒径を小さくすることで緻密体を形成するなどの方法により高い靭性値を有するセラミックスを得ることができる．また，その他には相転移，微小亀裂の存在，亀裂の偏向，圧縮残留応力により，靭性が改善されると言われている．相転移では，亀裂の先端の応力集中箇所に構成相の相転移が生じることで破壊エネルギーが吸収されることによる．圧縮残留応力は，亀裂先端にかかることで亀裂伝播が抑制されることによる．つまり，亀裂の進展を抑制することが靭性の改善には必要であることがわかる．

4.3.2 強　　度

材料の破壊と靭性は力が加わることにより起こる．材料がさまざまな外力を受けた場合に示す力学的な性質は機械的性質とよばれ，外力に対する強さを示す．

外力がはたらいているとき，物体内部の仮想断面にはたらく力を内力といい，単位断面積当たりの内力を**応力**とよぶ．一方，外力が加わった時に物体は変形するが，その変化量を元の長さで割った量を**ひずみ**とよぶ．弾性変形(応力がなくなると元に戻る変形)を示す領域において，応力とひずみは**フックの法則**にしたがうので，以下の式(4.25)が成立する．

$$\sigma = E\varepsilon \tag{4.25}$$

ここで，σは応力，εはひずみである．Eは比例定数であり，**ヤング率**とよばれ，材料に固有の定数である．ヤング率の単位は，応力や気圧と同じく $N/m^2(=Pa)$ である．材料の種類や合成方法などにもよるが，一般的に高分子材料は5 GPa 未満のヤング率であるのに対し，セラミックスは 100〜400 GPa 程度であり，非常に高い値を有する．ヤング率が応力をひずみで割ることで求めることを考えれば，セラミックスを変形させるのには大きな応力が必要となることを示している．

図4.59 に，引張試験における応力 − ひずみ曲線を示す．応力がかかり始めると弾性変形を示し，弾性を示す応力の限界を弾性強度とよぶ．弾性強度を超える応力がかかると，塑性変形を示し，元の形状に戻らなくなる．その後，応力の増大に従って伸びが塑性変形により増加し，最大値をむかえる．このときの応力の最大値を引張強さとよんでいる．最大値をむかえた後，破断する．脆いセラミックスにおいては，塑性変形をすることなく破断したり，応力の最大値において破断することが多い．セラミックスは，多くの場合，欠陥が存在することから，その欠陥部分に応力が集中することにより，そこが起点となり原子間や分子間結合の破断が進行するためとされている．

4.3.3 熱的性質

物体のもつエネルギーは，運動エネルギーと内部エネルギーに大別される．分子の運動性が高い気体や液体では，並進や回転といった運動エネルギーを考える必要があるが，固体の場合は，運動性が低く内部エネルギー(原子間結合の振動および格子振動)の

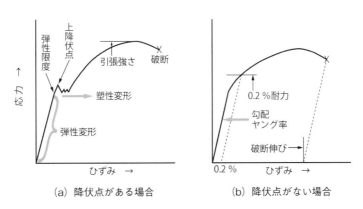

図4.59　引張試験における応力—ひずみ曲線

(橋本ら，「E-コンシャス　セラミックス材料」，三共出版(2010)図2-3より引用)

みを考えればよい場合が多い．ここでは，セラミックスに熱を加えたときの特性について概説する．

　材料に対して，熱は吸収・放出されたり，輸送されたりする．これらの現象が熱的特性として観測されることとなる．それぞれの熱的特性は以下の通りである．

　<比　熱>　物質に熱を加えたときに，単位質量あたりの物質を 1 K だけ上昇させるのに必要な熱量を比熱（J/g・K）という．一般に，高分子材料の比熱に比べ，セラミックス材料および金属材料の比熱は小さい．さらにセラミックス材料と金属材料の比熱は同程度であるが，体感的には金属の方が，温度が上昇するのが早く感じる．これは熱の伝わり方が異なるためである．

　<熱伝導性>　物質の中における熱の伝わりやすさをあらわす指標として，熱伝導率がある．熱伝導率は，1 m の厚さを有する材料に 1 K の温度差を与えたときに，1 m^2 を 1 秒間に流れる熱量と定義され，単位は W/m・K である．一般に，金属材料に比べ，セラミックス材料の熱伝導率は低い．たとえば，アルミニウム（Al）は金属の場合には約 240 W/m・K であるが，アルミナ（Al$_2$O$_3$）は約 85 W/m・K となる．ただし，酸化カルシウム（CaO）や酸化マグネシウム（MgO）などのように 3 桁の熱伝導率を有するセラミックスも存在する．金属材料の熱伝導には自由電子が関与しているが，セラミックスのそれには格子振動が関係する．高温側から低温側に格子振動により熱が伝わることとなる．

　<熱膨張>　熱膨張は，原子の振動が非調和振動であることに起因する．物質に熱が加わると，原子の平均位置がずれる．このとき，原子間距離が大きくなる方向にずれる場合は膨張し，小さくなる方向にずれる場合は収縮する．それぞれ，熱膨張および熱収縮という．一般に，体積膨張率で表されるが，気体や液体と異なり，固体は一辺で表現することが可能であることから，線膨張率で表されることもある．一辺の長さ l の当方的な性質を有する立方体を考える．この立方体に熱を加え ΔT だけ温度が上昇したときに，一辺の長さは $l(1+\alpha\Delta T)$ になる．α は熱膨張係数という．このとき，線膨張率は以下の式（4.26）で求めることができる．

$$\frac{\Delta l}{l}=\frac{l(1+\alpha\Delta T)-l}{l}=\alpha\Delta T \tag{4.26}$$

　<耐熱性>　セラミックスが高い耐熱性を有することはよく知られている．耐熱性を示す指標として融点に着目すると，金属の Al やマグネシウム（Mg）がそれぞれ約 1000 K であるのに対し，Al$_2$O$_3$ は約 2300 K，MgO は約 3100 K である．

　<熱起電力>　固体の両端において温度差が存在するとき，その温度差によって熱起電力が発生することがある．このときの熱起電力は，$\Delta V=-S\Delta T$ であらわされ，S はゼーベック係数であり，単位温度差あたりの熱起電力をあらわす．

4.4　環境・エネルギー材料

　無機材料は，不均一系触媒として活用されるだけでなく，環境汚染物質の吸着除去，太陽電池の電極材料など，SDGs 達成に向けて重要な役割を担っている．ここでは，古くから使用されているゼオライトを始め，近年，注目を集めている無機材料について，その原理も含め概説する．

4.4.1 吸着・触媒特性

　触媒として利用される無機材料は，その表面で反応が起こる不均一系触媒である．不均一系触媒では，固体表面に反応基質が吸着することにより，化学反応が進行する．また，無機材料表面における化合物の吸着は，吸着体の組成や，吸着質との相互作用により決まる．吸着材として応用されている無機材料の代表例には，ゼオライトや界面活性剤などの両親媒性分子が形成する分子集合体を鋳型とて調製されるメソポーラス材料など多孔質なものが多い．これらの材料の特徴は，細孔径を制御することができること，多孔質なため高い表面積を有すること，その表面をデザインすることで吸着質の選別が可能など多岐にわたる．ここでは，古くからさまざまな分野で応用されているゼオライトについて，基本構造から環境に配慮した応用まで概説することとしたい．

4.4.1.1　ゼオライトの組成と構造

　ゼオライトは，結晶性の多孔質アルミノケイ酸塩の総称であり，縮合ケイ酸塩として取り扱うことで組成と構造を理解することができる．その構造の基本は，Siを中心として形成される4つのOが頂点に配置したメタン型のSiO_4四面体構造と，このSiがAlに置換されたAlO_4四面体構造であり，両方をあわせた$(Al, Si)O_4$四面体はTO_4四面体とも示される．TO_4四面体が4つの頂点酸素をそれぞれ隣のTO_4四面体と共有し，連結することで結晶を形成する．このとき，Si^{4+}がAl^{3+}で置換されているため，AlO_4四面体とSiO_4四面体が連結することで形成する網目構造全体は縮合陰イオンとなる．そのため，電気的に中和を保つために，アルカリまたはアルカリ土類金属を含む．たとえばソーダライトは$Na_8Cl_2(Al_6Si_6O_{24})$であり，6個のNa^+により電気的な中和が保たれている．また，ゼオライトのSi/Alモル比は一般に1以上である．これは，SiO_4四面体どうし（Si−O−Si結合）またはSiO_4四面体とAlO_4四面体（Si−O−Al結合）の縮合による連結は可能であるが，AlO_4四面体どうし（Al−O−Al結合）の連結は起こらないことを示している．

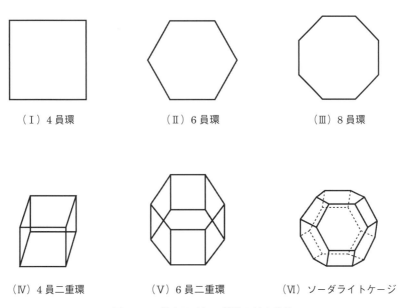

（Ⅰ）4員環　　　　（Ⅱ）6員環　　　　（Ⅲ）8員環

（Ⅳ）4員二重環　　（Ⅴ）6員二重環　　（Ⅵ）ソーダライトケージ

図4.60　ゼオライトの構造の基本単位

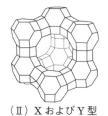

（Ⅰ）A 型　　　　　　　　　　　（Ⅱ）X および Y 型

図4.61　ゼオライトの構造

TO$_4$ 四面体が 4，6，8 または 12 個連結することで形成される 4 員環，6 員環，8 員環および 12 員環と，これらの環が 2 つ重なって構成される 2 重環が，連結することで形成する基本単位となる（図4.60（Ⅰ）～（Ⅴ））．これらの図形の辺は，隣接する四面体の Si と Al 原子を直線で結んだものであり，共有されている O 原子は辺の中点近傍に存在することとなる．例として，図4.60（Ⅵ）に，これらの基本単位により構成される十四面体（ソーダライトケージ）の構造を示す．4 員環および 6 員環により構成されていることがわかる．このとき，構造内にかご状の空洞が形成し，この空洞内に，Na$^+$ や Cl$^-$ が入る．このように，4 員環，6 員環，8 員環，12 員環の組み合わせによりさまざまな多面体が形成される．

　これまで述べたような基本単位が連結することによりゼオライトの構造は形成される．代表的なゼオライトの構造を図4.61 に示す．A 型は立方晶系の合成ゼオライトであり，4 員環どうしでソーダライトケージを連結した構造である．Si/Al モル比は 1 であり，言い換えれば，アルミニウム濃度の最も高いゼオライトの一つである．また，ゼオライトでは Al-O-Al 結合は存在しないので，Si/Al モル比が 1 であるということから，SiO$_4$ 四面体と AlO$_4$ 四面体が順番に結合し，規則的に組み立てられた構造であることがわかる．8 個のソーダライトケージにより囲まれた部分が主空洞となる．主空洞の他に，ソーダライトケージ内にもかご状の空洞が存在し，この 2 つの空洞を有することがゼオライトの構造的特徴である．交換カチオンの種類により異なるが，細孔口径は 0.4 nm 程度である．X 型および Y 型は立方晶の合成ゼオライトであり，Na 形の場合，Na$_n$Al$_n$Si$_{192-n}$O$_{384}$・xH$_2$O であらわされる．n が 77～96 が X 型，48～76 が Y 型とよばれる．A 型と同様にソーダライトケージで構成されるが，6 員環どうしで連結した構造である．そのため，スーパーケージとよばれる直径 1.3 nm 程度の広い空洞を有する．その入り口は直径約 0.7 nm の 12 員環であり，4 つの入り口で隣のスーパーケージと連結し，3 次元細孔を形成する．ここでは代表的な 2 つのゼオライトについて紹介したが，天然鉱物が 40 種類以上，合成化合物が 150 種類以上あり，イオン交換能や吸着能などの性質がそれぞれ異なる．これらの性質については後述する．

4.4.1.2　ゼオライトの合成と構造評価

　ゼオライトの合成は古くから試みられ，通常，相図に示された安定領域における水熱合成で行われる．多くの合成ゼオライトは非平衡状態で晶出するので熱力学的には準安定相と考えられる．また，水熱合成は，一般的に，密閉容器内に水と出発原料を封入し，100℃以上の高温・高圧下で反応を進行させて，目的の生成物を得る方法である．水に対する溶解度の低い物質でも出発原料に用いることが可能，反応条件である温度と圧力の

制御が可能，および，反応速度の促進などのさまざまな利点を有する．ゼオライトを合成する出発原料には，シリカ源(ケイ酸ナトリウム，アルコキシド，ヒュームドシリカなど)，アルミ源(水酸化アルミニウム，アルコキシド，アルミン酸ナトリウムなど)が用いられる．また，鉱化剤としてアルカリ金属の水酸化物などが使用される．鉱化剤は Si および Al のゼオライト骨格を構成する成分を水中に溶解させる役割を担い，硬化剤のカチオンは最終的に骨格の負電荷を相殺する役割を担う．これらの原料を混合し，反応性の高い非晶質のヒドロゲルを調製した後，密閉容器に封入し，所定温度に加熱することでゼオライトは合成される．高シリカゼオライト(Si/Al モル比の大きいゼオライト)を合成する場合には，構造規定剤(Structure Directing Agent)として有機化合物が加えられる．構造規定剤として，四級アンモニウムイオンのような比較的かさ高い有機化合物が用いられる．近年では，廃ガラスをシリカ源に用いた合成など，出発原料から環境に配慮した合成プロセスについても検討が行われている．

　ヒドロゲルからのゼオライトの生成過程は，(i)ゲルの溶解および組織の均一化，(ii)核発生，(iii)結晶成長を経て進行すると考えられる．この核発生および結晶成長についても，液相から前駆体が供給されるメカニズムとゲルが直接固体に転移するメカニズムなども報告されている．そのため，ゼオライトの生成過程は，出発原料の種類や反応条件により変化すると考えられている．

　得られたゼオライトはさまざまな機器分析により構造が評価される．ここでは，代表的な機器とそれにより得られる情報について紹介する．

・透過型電子顕微鏡(TEM)

　TEM では，粒子の形状や細孔構造，結晶構造を反映した格子縞を観察することができる．また，電子線回折像では，結晶構造や積層欠陥に関する情報を得ることもできる．

・走査型電子顕微鏡(SEM)

　SEM では，粒子の形状に関する像を得ることができる．また，元素分析により，ゼオライトの構成元素などに関する結果を得ることも可能である．

・X 線回折(XRD)測定

　XRD 測定では，回折ピークからゼオライトの骨格構造について知ることができる．また，結晶性についても検討することが可能である．

・窒素吸脱着測定

　窒素吸脱着等温線では，BET 法により表面積を求めることができる．ただし，窒素分子が入ることができない領域が存在することを考える必要がある．

・固体核磁気共鳴(NMR)測定

　^{29}Si NMR スペクトルでは，化学シフトは酸素を介して結合している Al の数に依存する．そのため，ゼオライト骨格の Si/Al モル比を求めることができる．

4.4.1.3 ゼオライトの用途，ゼオライトの吸着材料への応用

　ゼオライトは多孔質材料であり，大きな比表面積を有することから吸着材料として広く応用されているが，その特徴は次の通りである．ゼオライトは，4 員環および 6 員環などの環状構造を有する．その環の径により，通り抜けられる分子の大きさが決まる．この機能は，分子ふるい作用とよばれる．分子ふるい作用は，環の員数とそのゆがみの度合いにより変化する．また，脱水によっても径は変化する．

　ゼオライトのカチオンは分子ふるい作用に関与する場所には存在していない．しか

し，分子ふるい作用に影響するサイトに存在し，細孔を変化させることもある．たとえば，あるゼオライトの Na 型の細孔径は約 4Å であり n-ブタンは吸着しないが，同じゼオライト中の約 1/3 の Na を Ca に置換することで細孔径は約 4Å となり，多くの直線状パラフィンを吸着することができるようになる．

　ゼオライトの分子ふるい作用は，温度の影響も受ける．拡散係数の式から，温度が下がることにより，分子ふるい作用が敏感になることがわかる．また，ゼオライト格子の酸素およびカチオンの熱振動への温度効果により，常温に比べ低温での吸着基質の種類による吸着性が大きく異なることとなる．

　これらの吸着特性を活かした吸着材などに応用されている．特に，グリコール乾燥プロセスの代わりに天然ガスの乾燥に使用されて以降，乾燥剤，吸着材として利用され，現在では石油化学，石油精製をはじめとする化学産業の分野で必要不可欠な材料となっている．さまざまな径を有するゼオライトの合成が可能であることから，分子サイズに基づいた吸着質の選別，分離を行うことが可能である．吸着した後の分解，重合反応などの表面での反応が起こらないことから，化学的に活性な化合物の乾燥も可能である．また，ゼオライトの骨格中にカチオンを有することから，吸着質の吸着はカチオンと吸着質間の静電相互作用によるため，極性分子が吸着質の場合，強い親和性を示し，極性の大きい水分子を強く吸着する．さらに，シリカゲルや活性アルミナに比べ，100℃ 以上でも水に対して高い吸着能を有している．上述した特徴以外にゼオライトは，吸着後の形態変化が起こらない，繰り返しでの使用が可能，環境汚染をすることなく無害で容易に取り扱える，などの特徴も有する．そのため，環境負荷の小さい吸着材として工業的に広い範囲で応用されるだけでなく，水に対する高い吸着能および化学物質に対して不活性である特徴を活かし，研究室などでも有機溶媒やガスの除湿剤としても応用されている．

4.4.1.4　ゼオライトの触媒・環境浄化材料への応用

　1960 年代に X および Y 型ゼオライトが石油精製における触媒として用いられて以来，イオン交換剤および吸着剤だけでなく，炭化水素の変換触媒として工業的に広く用いられるようになった．このとき炭化水素が関係する反応の多くは，カルベニウムイオンを中間体として進行する．それらの反応において触媒として機能する部分はブレンステッド酸点である．ゼオライトの酸性発現機構は次の通りである．Si イオンは +4 価であり四面体状に酸素と結合し電気的につり合っているが，3 価の Al イオンは酸素と結合して四面体構造を形成した際に −1 の残余電荷を有する．この残余電荷は，Na イオンなどのアルカリ陽イオンにより中和されている．この Na イオンを 2 価の陽イオンでイオン交換したゼオライトでは，以下に示すように OH 基を生成し，酸性を示す．

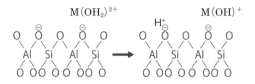

　ブレンステッド酸点とルイス酸点を有し，加熱脱水することでブレンステッド酸点はルイス酸点に，水和させることでルイス酸点はブレンステッド酸点に戻る．

酸点の検討には，ピリジンをプローブ分子として用いる方法が広く知られている．この方法では，ピリジンをゼオライト表面の酸点と吸着させ，赤外分光法により測定する．ブレンステッド酸点に吸着した場合には，H^+ を受け取りピリジニウムイオンに変化し，$1540\,cm^{-1}$ 近傍にピークが観測される．一方，ルイス酸点の場合には，配位結合により吸着し，配位ピリジンとなり $1450\,cm^{-1}$ 近傍にピークが現れる．

上述した通り，ブレンステッド酸としての機能により触媒として応用されているが，その他に，酸強度の多様性，分子ふるい作用，吸着による反応物の濃縮効果などの特徴を有する．

また，近年では SDGs の観点から電気自動車や水素自動車の普及が進んでいるが，まだ，ガソリン自動車と併用されている状況である．そのため，ガソリン自動車の排ガスの処理は重要な課題となっている．特に，空気が過剰な状態，つまり，酸素濃度が高い状況において NO_x の還元反応を進行させる触媒の開発が重要となる．そのような背景のなかで，Cu 交換ゼオライトが，炭化水素(HC)を還元剤として用いることで，酸素共存下においても高い活性を示すことが報告され注目された．つまり，酸素共存下における NO_x の還元反応を進行させているため，HC と NO_x の反応が酸素とよりも優先され，選択的な還元反応が実現されたことが示されたこととなる．その他に，白金，鉄，コバルト，パラジウムなどの他の金属イオンで交換されたゼオライトについても検討が行われている．

4.4.2 耐火物

耐火物は高温に耐えられる材料であって，熱を外に逃がさないために使用されている．すなわち，エネルギー効率を高めることにより，エネルギー源を削減することが可能となる．耐火物は，鉄鋼業で使用されているコークス炉，高炉，転炉など，ガラスの製造で使われるガラス窯，セメント製造でのロータリーキルン，さらにはごみ焼却炉，灰溶融炉などに使用されている．なお，耐用年数は状況により異なるが早いものでは半年，長くても 10 年程度での置き換えが必要である．耐火物の種類としては大きく 2 つに分けられ，**定形耐火物**と**不定形耐火物**がある．生産量は不定形れんがが 70% を占めている．定形耐火物としては耐熱れんが，耐火断熱れんががある．耐熱れんがは炉の形状にあわせてあらかじめ作られたもので，積み重ね，組み込みとして使われる．耐火物の原料としては，シリカ，ジルコニア，アルミナさらには酸化マグネシウムが使用されており，複合酸化物としてはスピネルやムライトなど，さらに非酸化物としては炭化ケイ素，窒化ケイ素などが使用されている(表 4.6)．いずれの物質の融点は 1500℃ 以上である．不定形耐火れんがは，キャスタブル剤，プラスチック材，耐火モルタルなどがある．2014 年度における定形耐火物の材質別生産比率は転炉に用いられているマグネシア・カーボン質(マグ・C)が最も多く，ついでシャモット(粘土)質，高アルミナ質となる．6 価クロムが環境問題となっているが，生産比率では，マグクロ質およびアルミナ・カーボン(アルミナ・C)が続いている．製鋼炉用にドロマイト$(CaMg(CO_3)_2)$が使われてき

表 4.6　耐火物の原料とその物性

単一酸化物	化学式	融点/℃	性質	主組成とする耐火物原料
シリカ	SiO_2	1713	酸性	ケイ石，粘土質シャモット，耐火粘土
ジルコニア	ZrO_2	2420	酸性	溶融ジルコニア
アルミナ	Al_2O_3	2050	中性	ボーキサイト，焼成アルミナ
クロミア	Cr_2O_3	2265	中性	酸化クロム
マグネシア	MgO	2800	塩基性	マグネサイトクリンカー
複合酸化物				
ジルコン	$ZrO_2 \cdot SiO_2$	1540	酸性	ジルコンサンド
シリマナイト	$Al_2O_3 \cdot SiO_2$	1530〜1625	酸性	シリマナイト
ムライト	$3Al_2O_3 \cdot SiO_2$	1810	酸〜中性	ムライト質シャモット，溶融ムライト
スピネル	$MgO \cdot Al_2O_3$	2135	中性	焼結・電解スピネル
フォルステライト	$2MgO \cdot SiO_2$	1890	塩基性	フォルステライト
非酸化物				
炭素	C	3370	中性	鱗状黒鉛，人造黒鉛
炭化ケイ素	SiC	2200	酸性	人工合成
炭化ホウ素	B_4C	2450	—	人工合成
窒化ケイ素	Si_3N_4	1800	—	人工合成
窒化アルミニウム	AlN	2000	—	人工合成

たが最近ではマグ・C に置き換わっている．また，不定形耐火物の品種別生産比率は耐火物を粉砕した骨材に結合剤としてアルミナセメントを配合したキャスタブルが40%を占め，その他，吹き付け材，耐火モルタルと続く．

　不定形耐火物の材質生産実績ではキャスタブル材が80%を占め，その中で高アルミナ，シャモット，塩基性(MgO)が多くなっている．プラスチック材ではシャモット，高アルミナ，ケイ石が多い．モルタルではシャモット，高アルミナが多いことがわかる．ここで，耐火物の主要原料としてはケイ石，蠟石，耐火粘土(シャモット耐火粘土を1300〜1400℃で焼成し，2〜3 mm 以下にしたもの)，ボーキサイト，シリマナイト族鉱物，マグネシアクリンカー，クロム鉄鉱，ジルコン・ジルコニア，黒鉛，炭化ケイ素などがあげられる．マグネシアクリンカーは 2015 年の消費量は輸入で 13 万 t，国産のもので 7 万 t である．日本にはマグネシウム化合物としてドロマイトは 10 億 t 程度埋蔵があるが，Mg 分だけを取り出すのは困難である．そこで，海水に注目している．海水に $Ca(OH)_2$ を添加すると，海水中に 1270 ppm 溶けている Mg^{2+} イオンが $Mg(OH)_2$ として沈殿する．これを焼成することにより MgO が得られる．この技術は日本特有のものである．また，耐火物にこの MgO が使用されるのは，軽く融点が 2800℃と高いためである．なお，アルミナの融点は 2050℃であり，ジルコニアの融点は 2715℃である．

　不定形耐火物は，吹き付け，流し込みなどにより施工されている．キャスタブル耐火物は粉流体を混合した状態で出荷されているため，施工現場においてキャスタブル耐火物に所定量の水を添加して混練する必要がある．プラスチック耐火物は，湿潤練り土の状態で出荷され，開封後はそのままの状態で施工することができる．これは養生体組織

がキャスタブル耐火物より多孔質となる．耐火物の生産量の75%は鉄鋼用である．

4.4.3 イオン交換体

イオン交換体とは，電解質溶液中のイオンを取り込み，自らが保持するイオンを放出し，イオン種の入れ替えを行う材料である．無機材料のイオン交換体として，ゼオライトや**層状複水酸化物**(Layered Double Hydroxide；LDH)などがある．ゼオライトは構造中にNaなどの陽イオンを含む(4.4.1.1参照)．これらの陽イオンは，他の金属イオンと同様に交換することができ，交換される陽イオンの種類により細孔が変化するなど種々の特性が付与されることから，イオン交換体としてだけでなく，吸着剤や触媒材料としても利用されている．また，ゼオライトが有する分子ふるい作用と同様に，イオンに対してもふるい作用を有し，イオン交換に選択性が生じる．特に，アルキルアンモニウムイオンなどのイオン半径の大きい有機イオンで顕著に生じる．ゼオライトの応用例としてビルダーが知られている．ビルダーとは，それ自体は洗浄効果はもたないが，添加することで界面活性剤のはたらきを助ける補助剤のことである．昔はリン酸化合物が使用されていたが，赤潮などを引き起こす原因となっていた．リン酸化合物の代替物質として，高いイオン交換能を有するゼオライトが使用されている．ゼオライトは洗濯液中のCaやMgなどの陽イオンを補足し，硬水を軟化させ，界面活性剤のはたらきを助けている．

LDH は，$[M^{2+}_{1-x}M^{3+}_x(OH)_2][A^{n-}_{x/n} \cdot yH_2O]$ で表される化合物の総称であり，$[M^{2+}_{1-x}M^{3+}_x(OH)_2]$ の基本層(ホスト層)と $[A^{n-}_{x/n} \cdot yH_2O]$ の中間層(ゲスト層)により構成される．基本層中の金属イオン(Mg^{2+}，Zn^{2+}，Al^{3+}，Fe^{3+} など)は，酸素が6配位で結合している八面体構造をとる．中間層中の $A^{n-}_{x/n}$ には，OH^-，CO_3^{2-} などの陰イオンが位置する．この基本層と中間層が相互に積層する層状構造をとる(図4.62)．金属イオンと陰イオンの種類によるが，陽イオン交換能および陰イオン交換能の両方を併せもつ独特な特徴を有する．

無定形アルミノケイ酸塩は，化学組成が4A型ゼオライトに類似した非晶質微粒子の集合体であり，構造中に Na^+ イオンと水分子を有し，Ca^{2+} や Mg^{2+} イオンと効率よくイオン交換する．また，液状界面活性剤の担持量も4A型ゼオライトの約5倍と非常に大きいという特徴も有する．

上述したようにイオン交換体は，さまざまな陽イオンに対してイオン交換能を有す

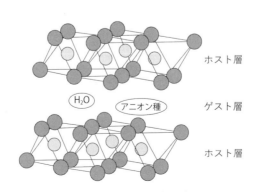

図4.62　層状復水酸化物(LDH)の構造

る．そのため，Cd^{2+} や Cu^{2+} などのような重金属イオンの吸着除去が可能である．これらの重金属イオンが吸着したゼオライトは焼成することにより，ゼオライト中に固着させて廃棄することで環境への流出を防ぐことができる．また，ゼオライトを用いて放射性廃棄物の処理を行い，^{137}Cs に対して良好なイオン交換能を発現することが報告されている．交換容量が小さい，粒子の崩壊が起こるなどの課題はあるが，放射性同位元素を含む水の処理への応用が期待される．

4.4.4 光触媒

光触媒とは，暗所下では熱力学的に不可能な反応が，光照射下において進行させることが可能とする触媒である．その歴史は古く，分野によって定義や解釈が異なるが，本書では光を吸収した際に触媒として機能する固体の半導体について概説する．

半導体や絶縁体は，電子を収容している価電子帯と，価電子帯よりもエネルギーが高い伝導帯からなる．価電子帯と伝導帯の間には，電子が存在できない領域（バンドギャップ）が存在する．伝導帯には電子がなく，価電子帯に電子が存在しているため，電子は移動することができず電気伝導性はほとんど示さない．種々の半導体のエネルギー帯の構造を図 4.63 に示す．バンドギャップよりも大きいエネルギーをもつ光が照射されると，価電子帯の電子が伝導帯に移動する（光励起）．このとき，価電子帯には電子の励起に伴い正孔が生じる．この励起された電子と正孔は結晶中を移動することができるので，電気伝導性を示すようになる．

ここで，二酸化チタンを例に光触媒反応について説明する．図 4.64 に光触媒の反応プロセスを示す．二酸化チタンにはルチル型，アナターゼ型およびブルッカイト型の 3 種類が存在する．ルチル型の二酸化チタンは高い屈折率を有することから，顔料，製紙，化粧品などに利用されている．一方，アナターゼ型の二酸化チタンは，高い光触媒活性能を有することが知られている．ルチル型とアナターゼ型のバンドギャップはそれぞれ 3.0 eV と 3.2 eV であり，約 410 nm および約 390 nm 以下の波長を有する紫外光（UV）が照射されることにより光励起が起こる．光励起により生成した正孔と電子の一部は再結合し消失する．しかし，表面近傍では，正孔は水と反応しヒドロキシラジカルを，電子はスーパーオキシドアニオンを生成する．これらの活性酸素種が光触媒活性の発現に関与する．特にヒドロキシラジカルは強い酸化力を有し，有機化合物を最終的に二酸化炭素と水にまで酸化する．そのため，UV が自然に照射される環境において，有機化合物に起因する汚れなどの除去などに利用されている．また，その強い酸化力により，微

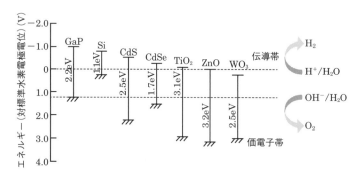

図 4.63　種々の半導体の価電子帯と伝導帯

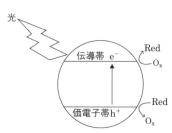

図 4.64　光触媒の反応プロセス

生物や細菌，ウィルスなどを死滅させることもできる．この効果は，UV が二酸化チタンに照射されれば半永久的に持続する．ただし，汚れの堆積する速度や細菌の増殖する速度が，二酸化チタンの光触媒活性能による分解速度よりも速い場合には，二酸化チタンに UV が届かなくなり，その効果を失うこととなるので，分解の対象を考慮する必要がある．近年では，安価な LED の UV ライトの普及が後押しとなり，空気清浄機のフィルターなどにも応用も加速されている．

　一方，屋外で使用する場合は，UV の供給源は太陽光である．太陽光に占める UV の割合は約 5% であるが，大きな効果を発揮することは，さまざまな屋外施設などに応用されていることからもすでに実証されている．しかし，蛍光灯などが用いられている屋内などの UV 強度の低い環境では，十分な効果を期待することはできない．そのため，可視光照射下で光触媒活性能を発現する二酸化チタンの調製についての試みも行われている．可視光照射下において光触媒活性能を発現させるためには，異種元素をドーピングさせることでバンドギャップ内に新たな不純物準位を形成させる必要がある．たとえば，V や Cr などの金属ドープでは，二酸化チタンのバンドギャップ内の伝導帯近傍に新たな準位を形成させることで可視光を吸収することが可能となる．また，二酸化チタンの酸素(O)サイトを窒素(N)やイオウ(S)のアニオンで置換することで，可視光応答性が発現することも報告されている．このとき，アニオンが O の $2p$ 軌道と混成することで，二酸化チタンのバンドギャップの狭小化が起こると考えられる．

　1970 年代に，水電解液中で酸化チタン電極に UV を照射することで，酸化チタン電極では酸素が，対極(白金電極)から水素が発生する水の光分解反応(本多—藤嶋効果)が報告された(図 4.65)．この報告を契機に，光触媒を用いた水の光分解について世界中で検討が行われてきた．二酸化チタンを単独で用いる際には，水素を生成するための助触媒として，Pt，NiO，RuO_2 などが表面に担持される(図 4.66)．この系は，本多・藤嶋効果で報告されたデバイスから外部回路を取り去り，短絡化させたものと見ることができる．また，二酸化チタンだけでなく，可視光に応答する光触媒を用いた水の光分解についても検討されている．しかし，可視光に応答する光触媒のバンドギャップは，二酸化チタンのそれよりも狭く，伝導帯が水素生成準位より低くなり水素は発生しない．この

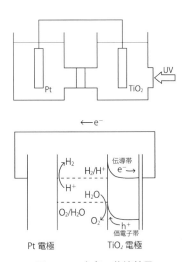

図 4.65　本多—藤嶋効果

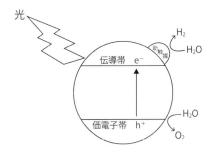

図 4.66　助触媒を用いた水の光分解

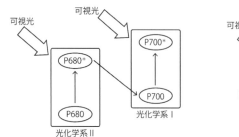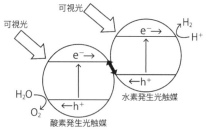

(a) 光合成のメカニズム　　　　　　　(b) 2段階の光励起システム

図 4.67　2段階の光励起システム(Z スキーム)による水の光分解

　問題を解決するための手法として，図 4.67 に示すように，植物の光合成を模倣した，酸素発生と水素発生を行うための異なる可視光応答型光触媒を用いた，2段階の光励起システム(Z スキーム)などがある．

　光触媒は，大気，水などに含まれる環境汚染物質や細菌などの太陽光を用いた浄化など，クリーンな環境を保つうえで重要な技術となる．また，光エネルギーを用いて水素と酸素を発生させるため，クリーンな化学エネルギーを得るうえでも貢献することが大きく期待されている．

4.4.5　太陽電池

　太陽電池とは，光エネルギーを電気エネルギーとして取り出すシステムであり，再生可能エネルギーの中で最大の太陽光のエネルギーを利用することが可能である．太陽の寿命は 50 億年程度あると言われていることから，無限に利用することが可能なエネルギー源と言える．近年では住宅用太陽光発電システムが設置された住居など，我々の生活を支える電気エネルギーの供給源として期待されている．

　一般的な太陽電池は，p 型半導体と n 型半導体を貼り合わせた構造をしている．p 型半導体と n 型半導体が接合している面を pn 接合という．光が照射されると，その光のエネルギーにより，半導体中に電子と正孔が生成する．p 型半導体で生成した電子は n 型半導体に，n 型半導体で生成した正孔は p 型半導体に移動する．このとき，半導体を外部回路でつなぐことで電流が流れるため，電気エネルギーを取り出すことができる．

　また，新しい太陽電池も開発されている．その一つに 1990 年代初頭に報告された色素増感太陽電池がある．色素増感太陽電池の構造を図 4.68 に示す．図 4.69 に示す色素を表面に吸着させた多孔質二酸化チタン膜(透明導電膜上に二酸化チタン微粒子を担持させた微粒子担持薄膜)を電極として用いる．この電極と対極を，酸化還元性の電解質溶液に浸漬させ，光を照射することで発電させる．発電の仕組みは次の通りである．

1. 可視光が照射された色素により電子が励起され，二酸化チタンに流れ込む．
2. 二酸化チタンに流入した電子は透明電極を通り，外部回路を経て対極まで移動する．
3. 対極まで移動した電子は，電解質を還元する．
4. 還元された電解質が，電子を色素に渡す．

　光照射中にこのサイクルが繰り返されることにより，電流が発生することとなる．色素増感太陽電池は，さまざまな色調を有する色素を利用することができることから，そ

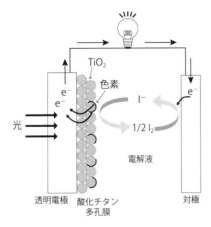

図4.68 色素増感太陽電池の構造

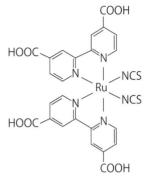

図4.69 ルテニウム錯体色素

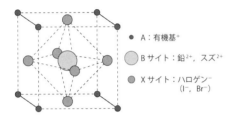

図4.70 ヨウ化メチルアンモニウム鉛の結晶構造

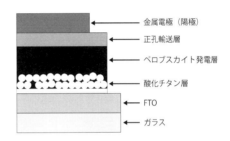

図4.71 ペロブスカイト太陽電池の概略図

の色調に基づいたカラフルな太陽電池として利用することも可能である.

近年, 日本で開発されたペロブスカイト太陽電池が注目を集めている. ペロブスカイトは ABX_3 で表される組成の結晶構造の総称である. 酸化物ペロブスカイト(ABO_3)は強誘電体として知られており, 圧電素子などに利用されている. 太陽電池には, 酸化物ではなく, ハロゲン化物からなる有機金属ハライドペロブスカイトが用いられている. 図4.70に最も一般的なヨウ化メチルアンモニウム鉛の結晶構造を示す. 結晶の単位格子の頂点はメチルアンモニウムイオンに占有されている. その内部に鉛(Ⅱ)イオンを中心とし, 頂点がヨウ素イオンからなる八面体構造が含まれるイオン結晶である. この一般的なペロブスカイトは, 半導体としてバンドギャップを有し, 800 nm までの可視光を吸収することができる. このペロブスカイトを発電層として用いた太陽電池がペロブスカイト太陽電池である. ペロブスカイト太陽電池の概略図を図4.71に示す. 透明導電電極, 二酸化チタン微粒子などで調製される電子輸送層, ペロブスカイトからなる発電層, 正孔輸送層, 対極で構成される. 基本的な電池としての構造は色素増感太陽電池のそれと一緒であるが, 大きな違いは電解液を用いず, すべてが固体により構成されている点である. これにより, 電解液の液漏れなどの問題点が解決されただけでなく, 薄膜化および軽量化も達成された. ペロブスカイトや電子輸送層の種類などを変化させた検討が行われており, 光電変換効率は20%を超えている.

4.4.6 燃料電池

燃料電池とは酸素と水素を化学反応させて直接電気を作る装置である．装置さえあれば，どんな場所でも作動させることができ，化石燃料を使わずに発電することができる．燃料電子の仕組みを図4.72に示す．この装置は，自動車や家庭用のエネルギーとして使用されている．いずれも酸素は空気中の酸素を使用しており，水素は自動車の場合には圧縮水素を用いているが，家庭用では天然ガス（メタン）やメタノールが使われる．

水素が取り込まれると燃料極において電子とプロトンに分離され，電子は酸素極に移動する．プロトンは電解質膜を通過していく．酸素は電子およびH^+（プロトン）を受け取り，水を生成する．このときの化学反応を次に示す．

$$H_2 \longrightarrow 2H^+ + 2e^- \tag{4.27}$$

$$2H^+ + \frac{1}{2}O_2 + 2e^- \longrightarrow H_2O \tag{4.28}$$

すなわち，化石燃料では燃焼によりCO_2が発生するが，燃料電池の場合には水しかできないのが特徴である．この電解質膜は作動温度により使われるものが異なる．低温の80〜100℃では固体高分子，190〜200℃ではリン酸，600〜700℃では溶融炭酸塩そして700〜1000℃では固体酸化物（セラミックス）が使用される．

溶融炭酸塩型燃料電池では負極にニッケル，正極には酸化ニッケルを用い，電解質には炭酸リチウムと炭酸ナトリウムの混合物を使用する．作動温度が高くなると効率も向上し，効率は60％程度となる．また，白金などを使用しなくてもよいという特徴を有する．一方，固体酸化物燃料電池は最大効率が65％と最も高く，電解質を含めすべて固体であるのが特徴であり，やはり白金などを含まない．また，電極間のイオン伝導は酸化物イオンが行う．正極としては$(La, Sr)MnO_3$, $La, Sr(CoFe)O_3$などの伝導性セラミックスが使われ，負極はニッケル，イットリア安定化ジルコニア（YSZ）などの電解質セラミックスが使われる．電解質としては安定化ジルコニアやランタン，ガリウムのペロブスカイト酸化物などの酸素イオン導電性酸化物を使用する．水素源としては水素だけではなく，メタン，一酸化炭素なども用いることができ，部品数が少なく，コンパクト化，低コスト化することができる．今後この作動温度を下げることが検討されており，そのためには低温度で酸素イオン伝導率をもつ電解質材料の開発が必要となる．YSZは優れたイオン伝導性を示し化学安定性もあるため電解質材料として注目されている．

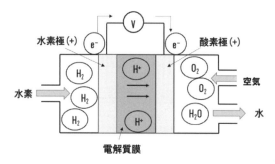

図4.72　燃料電池の仕組み

4.4.7　熱電素子

　異なる半導体の接合部分に温度差を与えると起電力が発生する(**ゼーベック効果**). この起電力の高いものが熱電材料である. 熱電材料に通電すると接点の温度が下がる(**ペルチェ効果**). ゼーベック効果は熱電発電に, ペルチェ効果は熱電冷却に利用される. 熱電材料の性能は, 性能指数 Z を用いて評価される.

$$Z = \alpha^2 \cdot \sigma / \kappa \tag{4.29}$$

ここで, α はゼーベック係数(V/K), σ は導電率(S/m), κ は熱伝導率(W/m·k)である. この値が大きいほど熱電特性が優れていることから, 熱伝導率が小さく, 伝導度の大きな物質の探索が続けられている. 一般には性能指数 Z に絶対温度 T を乗じた ZT を無次元性能指数とよび, この値で熱電材料を評価することが多い.

　図4.73 にカルコゲナイド系, ビスマス—アンチモン系, シリサイド系などの非酸化物熱電材料の無次元性能指数を示す. n型, p型を問わず, ZT が1以上の半導体が得られており, また最適特性を示す温度域も材料によって異なることが明らかになっている. さらに最近は, 熱安定性に優れた酸化物の熱電素子への利用が活発化している. これは, ごみ焼却炉などの廃熱利用や地熱利用という観点から生まれた発想であり, 1000℃以上でも使用できる材料が要求されている. 現在, 検討されている酸化物セラミックスの一例を表4.7に示す. 性能指数は低く, 実用化には至っていないが, これらの酸化物はスモールポーラロン伝導体であり, 種々の方法により性能指数の向上が期待される. また, 材料内に超格子をつくることによって熱伝導性が向上し, 二次元の層状化合物の

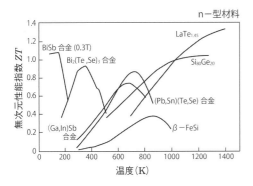
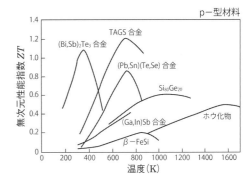

図4.73　既存の熱電材料の無次元性能指数

表4.7　主な酸化物熱電変換材料の諸特性

材料名	最適温度 (K)	導電率 ($\times 10^4\,\mathrm{S \cdot m^{-1}}$)	熱起電力 ($\mathrm{mV \cdot K^{-1}}$)	熱伝導率 ($\mathrm{W \cdot m^{-1} K^{-1}}$)	性能指数 ($\times 10^{-4}\,\mathrm{K^{-1}}$)
$(\mathrm{Zn_{0.98}Al_{0.02}})\mathrm{O}$	1273	3.7	-180	5.0	2.4
$(\mathrm{Ba_{0.4}Sr_{0.6}})\mathrm{PbO_3}$	673	2.8	-120	2.0	2.0
$\mathrm{Ca(Mn_{0.9}In_{0.1})O_3}$	1173	0.56	-250	2.5	1.4
$(\mathrm{ZnO})_5(\mathrm{In_{0.97}Y_{0.03}})_2\mathrm{O_3}$	1060	3.3	-120	3.6	1.3
$\mathrm{NaCo_2O_4}$	576	5.1	150	1.3	8.8
多孔質 $\mathrm{Y_2O_3}$	960	4.8×10^{-5}	-5.6×10^4	1.5	10

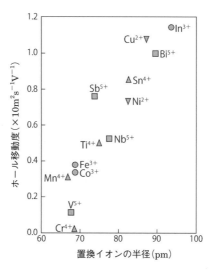

図 4.74　Ca($Mn_{0.9}M_{0.1}$)O_3 の室温におけるホール移動度と
サイト置換イオン M の半径との関係

中には大きな電気伝導性を有するものがあるなど，熱電素子としての特性向上が見込まれる．その例として，ペロブスカイト型酸化物 $CaMnO_3$ の Mn を置換した化合物におけるホール移動度を図 4.74 に示す．移動度が置換イオンの価数によらず，その大きさとともに大きくなっている．とくに Ca($Mn_{0.9}In_{0.1}$)O_3 において，1173 K で性能指数は $1.4×10^{-4}$ が得られており，さらなる向上が図られている．

4.4.8　放射性廃棄物固化体

　原子力発電所から発生する使用済核燃料には，再利用できるウランやプルトニウムが含まれている．これらの元素を発電用原子炉で再利用するための使用済燃料再処理工程で，高レベル放射性廃液が分離される．また，再処理工程からは，低レベルの放射性液体，固体廃棄物も発生する．**高レベル放射性廃棄物**とは，再処理施設で使用済燃料からウランやプルトニウムを分離・回収した後に残る，核分裂生成物を主成分とする廃棄物で放射能濃度が高い廃棄物のことをいう．この高レベル放射性廃棄物は，低レベル放射性廃棄物に比べその発生量自体は少量であるが，放射線の管理に注意が必要なアクチニド元素などの半減期の長い核種も比較的多く含まれているため，長期間にわたり人間環境から隔離する必要がある．このため，高レベル放射性廃棄物は，ガラスと混ぜて溶かし，キャニスターとよばれるステンレス製の容器に注入した後，冷却して固めるという方針が採られており，この状態のものを**ガラス固化体**という．ガラスは他の物質に比べて化学的耐久性に優れ，機械的強度が大きく，放射性成分を多量に溶かしこむことができるので，現在，各国ともガラス固化処理方式を採用している．ガラス固化するには，高レベル放射性廃液を約 600℃で加熱して酸化物粉末とし，ガラス形成剤を混入して高温で熱溶解によってガラス化する．Ru，Cs などの放射性成分の揮発を防ぐため，溶融温度は低い方が望ましい．このガラス固化体は崩壊熱を出すため，30〜50 年間一時貯蔵して冷却することにより，発熱量は約 3 分の 1 から 5 分の 1 に減少し，安全な処分ができるようになる．最終的には地下 300 m メートルより深い安定な地層中に処分される．ガラス固化体が 450℃以下の状態になったら地層処分が可能となる．長期の安全性を予

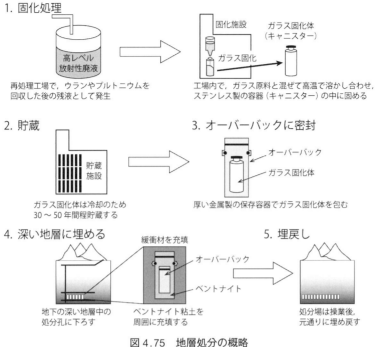

1. 固化処理

再処理工場で，ウランやプルトニウムを
回収した後の残液として発生

工場内で，ガラス原料と混ぜて高温で溶かし合わせ，
ステンレス製の容器（キャニスター）の中に固める

2. 貯蔵

ガラス固化体は冷却のため
30～50年間程貯蔵する

3. オーバーパックに密封

厚い金属製の保存容器でガラス固化体を包む

4. 深い地層に埋める

地下の深い地層中の
処分孔に下ろす

ベントナイト粘土を
周囲に充填する

5. 埋戻し

処分場は操業後，
元通りに埋め戻す

図 4.75　地層処分の概略

測・評価する場合，処分場を包むまわりの地層（天然バリア）と緩衝材（人工バリア）を組み合わせた多重バリアの機能についての検討が必要である（図4.75）．なかでも，地層処分後の地下水との接触による固化ガラスからの放射性物質の浸出が最も重要となり，さらにガラスの安定性および固化ガラス中の放射性物質の崩壊熱による結晶化や分相現象が問題となる．ガラス固化体の製造技術は確立されているが，高レベル廃棄物処理技術の高度化への取り組みは続いており，さらに高廃棄物含有率のガラス固化，高耐久性材料による固化，溶融炉の耐久性向上，二次廃棄物の低減，処理能力の向上を目指した技術開発が進められている．

　高レベル放射性廃棄物の中には多種類の放射性物質が含まれる．したがって特定の放射性物質のみでなく，すべての放射性物質を化学的に安定な物質にする必要がある．ガラス組成として，ホウケイ酸塩系，アルミノケイ酸塩系，リン酸塩系が候補として検討され，固化プロセスの実現性，化学的耐久性（浸出率），廃棄物含有量，耐放射線性，熱的安定性などの比較評価の結果，現在では主としてホウケイ酸系が選択されている．その理由は，化学薬品に対する耐食性に優れていること，ガラス溶融温度を比較的低くできるため，プロセス材（溶融炉材，電極材）に対する負担が軽減できること，廃棄物成分の許容含有量が比較的高く，熱や放射線に対する抵抗も高いことなどがあげられる．ホウケイ酸ガラスの構造は，おもにケイ酸とホウ酸が網目構造を形成するので，結晶性の物質と違い，イオン半径が異なる多種類の放射性物質が網目の中に入り均質で安定な一種類の物質になる．放射性物質はガラス成分の一つとしてガラスそのものになる．ガラスは容積の小さい固化体にすることができ，取り扱いが容易である．廃棄物中の成分は燃料のタイプや再処理法によりわずかに異なり，それに応じてガラスの組成も異なる．たとえば，廃棄物中に Na_2O が多い場合はガラスの溶融温度が低くなり，耐食性，放射線に対する耐久性，水に対する耐浸出性などの低下をもたらすことになる．化学的耐久

キャニスター物性（例）		ガラス組成（例）	
材　　質	ステンレス鋼	SiO_2	43 ～ 47 mass%
寸　　法	直径 43 cm	B_2O_3	14
	高さ 104 cm	Al_2O_3	3.5 ～ 5
ガラス量	約 110 ℓ / 本	Na_2O	10
ガラス重量	約 300 kg/ 本	その他	9 ～ 12.5
総　重　量	約 400 kg/ 本	廃棄物酸化物 （Na_2O を除く）	15

ガラス固化体の基本特性	
密度（室温）	2.7 ～ 2.8 g cm^{-3}
熱伝導率（室温）	約 0.9 W m^{-1}℃$^{-1}$
熱膨張率	約 80 ～ 90×10^{-7}℃$^{-1}$
軟化点	600℃前後
浸出率	2×10^{-5} g cm^{-2} d^{-1}（100 ℃）
（蒸留水，粒径 250 ～ 420 μm）	4×10^{-3} g cm^{-2} d^{-1}（25 ℃）

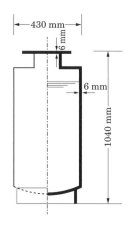

図 4.76　ガラス固化体の例

性，特に水への放射性成分の浸出を考えるときに問題になる成分は，酸化モリブデン MoO_3 である．MoO_3 はガラスへの溶解度が他の成分に比べて低く，Na_2MoO_4，Cs_2MoO_4 などのモリブデン酸アルカリとして溶融物から分離しやすい．分離析出した相は「イエローソリッド」とよばれ，^{90}Sr，^{137}Cs などの非常に危険な核種を固溶し，しかも水に溶けやすいため，この相の分離析出は極力避けなければならない．さらに，MoO_3 はガラスの機械的強度を弱めるので，ガラス中の廃棄物の量は制限されることになる．ガラス固化体中の放射性廃棄物の量としては，質量割合で 10～20％が含まれている．ガラス固化体の例を図 4.76 に示す．これは廃棄物の含有量が酸化物（Na_2O を除く）で 15％である．この場合，ガラス固化体はウラン 1 トンあたり約 110 リットル（約 300 kg）発生する．100 万 kW の原子力発電所 1 基あたり，年間これの 30 倍程度のガラス固化体ができることになる．

4.5　生体関連材料

　　わが国は他の先進諸国に先駆けて超高齢社会に突入している．超高齢社会の定義は，各説あるが，概ね全人口に対する 65 歳人口の割合が 22-23％を超えた社会であると言われている．高齢者の増加に伴い，運動器疾患であるロコモティブシンドロームが大きな問題となっている．生体内で使用されるセラミックスもまた無機材料化学の守備範囲である．本説では，医療・歯科分野で利用されるバイオセラミックスを中心に説明する．

4.5.1　医療・歯科材料

　　本項では，医療分野ならびに歯科分野で利用されている無機材料であるバイオセラミックスについてふれる．**バイオセラミックス**（Bioceramics）は，「Bio」すなわち「生（life）」や「生物」と「セラミックス（Ceramics）」との造語である．狭義では，生体と接して使用されるバイオマテリアルのなかでセラミックスをベースとした材料を指し，言い換えれば，バイオセラミックスはセラミックス系バイオマテリアルともいえる．広義では，バイオセラミックスは，生体関連セラミックス（バイオマテリアル）およびバイオ

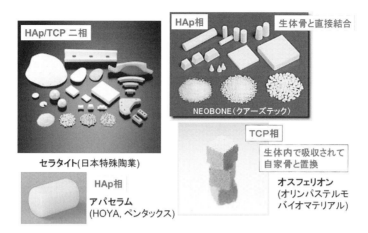

図 4.77　代表的なメーカーから製造・販売されている人工骨（バイオセラミックス）

テクノロジー関連セラミックスとして定義されている.

　生体関連セラミックスは，歯・骨・眼・心臓・関節などの代替に使用される．実際に，歯科領域では歯磨剤，セメント，根充材，義歯，人工歯根など，医科領域（特に，整形外科領域）では人工骨，人工頭骨，人工耳小骨，人工関節などに応用されている．バイオテクノロジー関連セラミックスは，主に生化学的な用途で使用され，生理活性物質の分離などに利用される多孔質セラミックスなどが該当する.

　図 4.77 は日本の代表的なメーカーからの製造・販売されているバイオセラミックスの外観である．次項で詳述するが，バイオセラミックスは生体内反応の異なる 3 種類に大別することができる．この図では，「生体活性セラミックス」である水酸アパタイト（HAp）と「生体吸収性セラミックス」である β-リン酸三カルシウム（β-TCP）に限定して例示している．各社いずれも独自のコンセプトにより開発がなされている.

4.5.2　バイオセラミックス—リン酸カルシウム系材料を中心にして

　本項では，バイオマテリアルとしてのバイオセラミックスを取り上げる．ここでは，まずバイオセラミックスを成分，生体反応，材料形態に分類して概説する．ついで，バイオセラミックスの作り方について述べ，その力学特性および細胞や実験動物を用いた生体適合性の評価方法などについてふれる.

　代表的なバイオセラミックスの成分による分類を表 4.8 に示す．主に，アルミナ（α-Al_2O_3）や正方晶ジルコニア（ZrO_2）に代表される酸化物系セラミックスと水酸アパタイト（$Ca_{10}(PO_4)_6(OH)_2$；HAp）やリン酸三カルシウム（$Ca_3(PO_4)_2$；TCP）に代表されるリン酸カルシウム系セラミックスに区別される．リン酸カルシウムの場合，HAp や TCP のような結晶のほかにもガラス（Bioglass®）や結晶化ガラス（ガラスセラミックス）（A-W 結晶化ガラスなど）のような形態も存在する．後述するが，リン酸カルシウム系セラミックスのなかには，生体骨にインプラントすると，ホストの骨とセラミックスとが直接結合するものが存在する．その性質を**生体活性**（Bioactivity）あるいは**骨伝導性**（Osteoconductivity）とよんでいる．このような生体活性を示す材料は，ポリマーや金属を含めて，あらゆるバイオマテリアルなかでリン酸カルシウムだけである.

　その代表的なリン酸カルシウムを表 4.9 にまとめた．この表では，リン酸カルシウム

表4.8　バイオセラミックスの成分による分類

	成分	性状	応用例
酸化物系 セラミックス	α-Al_2O_3	単結晶	人工歯根
		焼結体	汚水処理用フィルター
		多孔体	固定化酵素担体
	ZrO_2	多孔体	固定化酵素担体
リン酸カルシウム系 セラミックス	$Ca_3(PO_4)_2$	焼結体	人工骨、人工歯根
		多孔体	骨置換材
	$Ca_{10}(PO_4)_6(OH)_2$	焼結体	人工骨、人工歯根
		多孔体	骨補填材
	Na_2O-CaO-P_2O_5-SiO_2	ガラス (Bioglass®)	人工骨
	MgO-CaO-P_2O_5-SiO_2	結晶化ガラス (A-W結晶化ガラス)	人工骨

＊A-W結晶化ガラスのAはapatite、Wはwollastonite ($CaSiO_3$)の頭文字である。

表4.9　代表的なリン酸カルシウム

日本語	英語	略号	化学式	多形	備考
リン酸四カルシウム	Tetracalcium phosphate	TeCP	$Ca_4O(PO_4)_2$	なし	DCPAとともにセメント原料として利用
水酸アパタイト	Hydroxyapatite	HAp	$Ca_{10}(PO_4)_6(OH)_2$	なし	---
リン酸三カルシウム	Tricalcium phosphate	TCP	$Ca_3(PO_4)_2$	β, α, α'	α型はセメントとして利用
リン酸八カルシウム	Octacalcium phosphate	OCP	$Ca_8H_2(PO_4)6 \cdot 5H_2O$	なし	インターカレーション
リン酸水素カルシウム	Dicalcium phosphate anhydrate	DOPA	$CaHPO_4$	なし	TecPとともにセメント原料として利用
二リン酸カルシウム	Calcium diphosphate	C2P	$Ca_2P_2O_7$	γ, β, α	DCPAの熱分解
メタリン酸カルシウム	Calcium metaphosphate	CMP	$Ca(PO_3)_2$	δ, γ, β, α	ガラスになる

をCa/Pモル比が高いものから順に並べている．リン酸カルシウムを理解するポイントは2つあり，①Ca/Pモル比を考えること，および② Ca^{2+} とリン酸イオン種（PO_4^{3-}, HPO_4^{2-}, $H_2PO_4^-$, $P_2O_7^{4-}$, PO_3^-）との結合を考えることである．個々のリン酸カルシウムは似たような化学組成をもっているが，その生体内での特性は大きく異なる．

　次に，バイオセラミックスの生体内反応による分類について述べる．バイオセラミックスはその生体内反応（材料と生体との組織反応）に応じて，以下の3つの種類，すなわち①生体不活性セラミックス（Bioinert ceramics），②生体活性セラミックス（Bioactive ceramics），③生体内崩壊性セラミックス（Biodegradable ceramics）あるいは（生体内吸収性セラミックス；Bioresorbable ceramics）に大別される．表4.10はバイオセラミックスをその生体内反応に分類して示したものであり，セラミックスではないが，「生体許容性材料」も同時に示している．一般的に，前述したアルミナやジルコニアなどの酸化

表 4.10　バイオセラミクスの生体内反応による分類

	特徴	代表的な材料	力学特性	用途
生体活性セラミックス	骨組織との直接的な結合	HAp, Bioglass®, A-W 結晶化ガラス	低強度：高負荷のかかる部位への適用は困難	人工骨, 人工歯根
生体内崩壊性セラミックス	生体内で吸収され自家骨と置換	TCP, CaCO$_3$	低強度：高負荷のかかる部位への適用は困難	骨欠損部の補填
生体不活性セラミックス	生体内での安定性	α-Al$_2$O$_3$, t-ZrO$_2$, カーボン(Ti 合金)	一般的に高強度, 高破壊靭性	人工関節(摺動部), 心臓弁など
生体許容性材料	繊維性のカプセル化	Ti 系を除く金属	一般的に高強度, 高破壊靭性	人工関節(ステム), 固定プレートなど

表 4.11　アルミナセラミックスの工学的特徴と生体材料としての特徴・用途

工学的特徴	生体材料としての特徴・用途
電解質溶液中での物理的・化学的安定性	生体内埋め込み材料としての応用
親水性*	組織親和性：インプラント材としての広範な応用
耐熱性	オートクレーブ可能：消毒・滅菌可能
機械的強度、硬度	主に骨格系の人工臓器(人工関節、人工骨、人工歯根など)骨接合用材料(ボーンスクリュー)としての応用
耐摩耗性・低摩擦	人工関節摺動面への利用

*表面のOH基が生体適合性に良い影響を与えている。

物系セラミックスは生体不活性セラミックスに分類され，強度も高いことから荷重のかかる部位や人工関節の摺動部などに利用されている．その一方，生体活性セラミックスや生体吸収性セラミックスは，いずれもリン酸カルシウム系セラミックスから構成され，低強度であるため適用部位は限定されているものの，その生体内反応は非常に魅力的である．生体許容性材料は，チタン(Ti)を除く金属，たとえば，ステンレス合金などが該当する．以下，各セラミックスについて概説していく．

＜生体不活性セラミックス＞

生体不活性セラミックスは，良好な生体適合性，生体内における高い安定性と機械的強度を有するセラミックスと定義できる．これに該当するセラミックスには，酸化物系では，アルミナ(α-Al$_2$O$_3$)，ジルコニア(ZrO$_2$)，チタニア(TiO$_2$)などが，非酸化物系では，カーボン(C)，窒化物(Si$_3$N$_4$)，炭化物(SiC)などがあげられる．

　生体不活性セラミックスのなかで，最も実績のある材料はアルミナセラミックスである．そこで，アルミナを例として，アルミナの工学的特徴と生体材料としての特徴・用途を表 4.11 にまとめる．アルミナのバイオマテリアルとしての魅力は，その生体内での安定性であろう．生体内は電解質溶液のなかと同様なので，金属などでは腐食が起こるが，アルミナセラミックスではほとんど腐食は起こらず物理的・化学的に安定である．また，アルミナはその末端に OH 基をもっているため，その OH 基が「親水性」を与え，

アルミナを生体適合性のよい材料にしている．実際，アルミナは高い機械的強度，硬度をもち，耐摩耗性にも優れることから，人工股関節のボール部分(摺動部)などに応用されている．

＜生体活性セラミックス＞

　生体活性セラミックスは，骨組織と直接結合するという性質(生体活性)をもつセラミックスと定義できる．生体活性セラミックスの機械的強度は生体不活性セラミックスと比べて一般的に低い．これに該当するセラミックスには HAp などがある．ここでは，無機材料が，①セラミックス(多結晶体，焼結体)，②ガラス(ガラス転移点をもつ非晶質固体)，③結晶化ガラス(ガラスセラミックス)に分類されていることから，その分類にしたがって代表的な材料を紹介していく．

　まず，セラミックスの代表例としては，HAp をあげることができる．HAp は以下の特徴をもつ．

- ・組成が歯や骨の無機成分を結晶学的にほぼ等しい
- ・生体適合性は全材料のなかで最もよい
- ・骨と直接結合する
- ・硬組織置換材料などとして利用されている
- ・衝撃に弱く，寸法やデザインにも制約がある(→アルミナよりも臨床での適用範囲は狭い)

　次に，ガラスでは，1970 年に L. L. Hench によって開発された Bioglass® があげられる．この Bioglass® は $Na_2O-CaO-P_2O_5-SiO_2$ 系のガラスであり，世界で初めて骨と材料とが直接結合すること(生体活性)を示した記念碑的な材料として，最も有名なバイオセラミックスのひとつである．なお，この Bioglass® は単独では強度が低いことから，あまり荷重のかからない部位(耳小骨など)に適用されている．また，最近では，Bioglass® 中に含まれるケイ酸イオン種が遺伝子レベルで骨芽細胞の分化を促進しているという報告もあり，開発から 40 年経過したいまでも色褪せない画期的な材料である．

　なぜ，この Bioglass® が生体骨と直接結合するのかというと，図 4.78 に示したメカニズムが考案されている．すなわち，Bioglass® のような人工材料が骨と直接結合するためには，体内でその表面に生物学的なアパタイト層を形成することが必要となる．これは人工材料が骨と結合するための「必要条件」と言い換えることができる．

　京都大学名誉教授の小久保らは，生体活性を *in vitro* 系で簡便に調査する手法として「生体擬似体液」を開発している．これは人工材料を人の血漿の無機イオン濃度とほぼ等しくした溶液に浸漬したとき，その表面に骨類似のアパタイト層が形成されれば，インプラントした時に生体骨とその材料とが直接結合する可能性が高いというものである．

　さらに，結晶化ガラスでは，マイカ系結晶化ガラス($K_2O-MgO-B_2O_3-Al_2O_3-SiO_2$

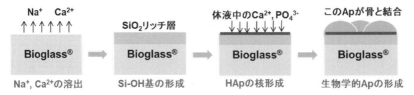

図 4.78　Bioglass® は，なぜ生体骨と直接結合するのか？

−F 系）や A−W 結晶化ガラス（MgO−CaO−P$_2$O$_5$−SiO$_2$ 系）などをあげることができる．前者は，結晶化させてマイカを析出させることで，セラミックスのデメリットである加工性を向上させている．また，後者の A−W 結晶化ガラスでは，ガラス母体中にアパタイト（Apatite）とウォラストナイト（Wollastonite；CaSiO$_3$）を析出させ，HAp よりも早い骨結合能と高強度と達成している．

＜生体吸収性セラミックス＞

生体吸収性セラミックスは，徐々に体液中で溶解しながら新生骨と置換していき，最終的に消滅するセラミックスと定義できる．これに該当するセラミックスとして TCP をあげることができる．TCP には，β 型，α 型，α′ 型の 3 種類の多形が存在する．その転移温度は以下のように報告されている．

$$\beta\text{-TCP} \Longleftrightarrow \underset{1120\text{-}1180℃}{\alpha\text{-TCP}} \Longleftrightarrow \underset{1470℃}{\alpha'\text{-TCP}}$$

また，これらの TCP の生理食塩水中での溶解性は，HAp を 1 とすると，β-TCP が HAp の 2 倍，α-TCP がその 10 倍と言われている．しかしながら，その生体内崩壊性は，結晶構造・結晶性の程度（格子欠陥や粒子サイズ）により影響をうけるため，初期強度と吸収速度，生体刺激性との関係を制御することは難しい．実際，β-TCP は人工歯根や骨充填材として利用されている．たとえば，β-TCP を成犬の下顎歯槽骨内にインプラントした実験で，4-24 週にかけて非常に早く吸収を受け，48 週後でも速度は鈍化するものの吸収は持続し，さらにその吸収部に新生骨の形成を認めている．また，α-TCP は水和して硬化し，水系で最終的に水酸アパタイトになることから，歯科・整形外科領域でアパタイトセメントとして利用されている．

次に，バイオセラミックスの材料形態による分類について図 4.79 を用いて説明する．バイオセラミックスの材料形態は以下の 4 つがあげられる．

1) 緻密体：密度が高く，高強度
2) 多孔体：気孔内への新生骨の侵入による骨強度の回復
3) セメント（ペースト状人工骨）：手術時に任意の形状に成形可能，患部に注射器など

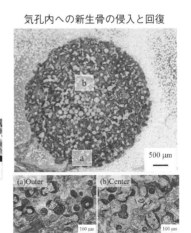

図 4.79 バイオセラミクスの材料形態による分類

で注入可能

4)顆粒：骨充填材としての利用

　図中の走査型電子顕微鏡写真は多孔質セラミックスの微細構造を示しているが，多孔体では，骨侵入可能な $50\,\mu m$ 以上の気孔を多数包含している様子が分かる．この多孔体をウサギの脛骨にインプラントし，8 週後にその骨組織ごと取り出し，非脱灰研磨標本を作成し，気孔内への骨侵入を観察した結果が右図である．a 領域は外側，b 領域は内側を強拡大したものである．骨は外側から侵入しているが，外側だけでなく内側にも良好な骨侵入を認めている．

　バイオセラミックスの開発が始まった当初は，骨よりも高い強度を目指し，緻密体を作製する研究が主流であったが，最近は，骨を気孔内に侵入させて，もともとの骨の強度に回復させることを念頭に置いた材料開発が進められており，多孔体の研究開発が盛んである．

　次に，バイオセラミックスの作り方を説明する．バイオセラミックスもセラミックスであるため，3.1 節の記載に沿って作製される．

　ここでは HAp を例にして，1)固相法，2)液相法，3)気相法に区別して概説したい．まず，固相法による HAp 合成であるが，これはカルシウム塩（固体）とリン酸塩（固体）とを Ca/P モル比が 1.67 になるように混合し，混合物を加熱して固相反応させて行う．このとき OH 基の脱離を防ぐために，通常，水蒸気を流しながら加熱する．固相法により得られる粉体の特徴は，i)化学量論組成の水酸アパタイトを得ることができる，ii)粉体の形状が隗状粒子となる，iii)比表面積が小さいといった 3 点をあげることができる．i)はメリットであるが，ii)および iii)の特徴は用途にもよるが，メリットとは言えない．以下，反応式を例示しておく．

$$3Ca_2P_2O_7+4CaO+H_2O（水蒸気）\longrightarrow Ca_{10}(PO_4)_6(OH)_2$$
$$1300℃，1\,h\,加熱$$

　次に，液相法による HAp 合成について述べる．液相法による HAp 合成は，沈殿法，加水分解法，水熱法に分類される．一般的に，水熱法は単結晶の育成に利用されることが多いが，水熱条件で加水分解反応や結晶化を行う方法も報告されている．まず，「沈殿法」について概説する．沈殿法は，Ca^{2+} イオンを含む水溶液（たとえば $Ca(NO_3)_2$ など）と PO_4^{3-} イオンを含む水溶液（たとえば $(NH_4)_2HPO_4$）とを弱塩基性条件下で混合して反応させることにより HAp を合成する．この方法で生成する HAp は Ca/P 比，含有 H_2O 量，不純物量，粒子形態などが実験条件によって敏感に変わるので，安定して HAp を得るためには熟練を要する．得られる粉体の特徴は，一次粒子 $0.5\,\mu m$ 以下の微細な粒子が得られる（ただし，通常の乾燥処理では強固に結合した二次粒子が形成）および比表面積が大きい（約 $100\,m^2/g$）ことなどがあげられる．出発原料に水酸化カルシウム（$Ca(OH)_2$）およびオルトリン酸（H_3PO_4）を選択すると，副生成物は水（H_2O）だけとなるので，この出発原料が選択される場合が多いが，オルトリン酸は水分を吸収しやすい性質があるため，取り扱いには十分な注意が必要である．一方，加水分解法は，難水溶性リン酸カルシウムを 100℃ 以下の水中で水酸アパタイトに転化させる方法である．得ら

れる粉体の特徴は，出発粒子の形状を継承した凝集粒子が得られる，比表面積が $10-60$ m^2/g 程度などがあげられる．この方法は，アパタイトの形態制御に利用されることが多く，これまでに繊維状や板状の形態をしたアパタイト結晶の報告がある．以下，代表的な反応式を 2 つ例示しておく．

加水分解反応の例：

$$CaHPO_4 \cdot 2H_2O \xrightarrow[40℃,\ 3h]{pH \sim 8} HAp(Ca/P \sim 1.50) \xrightarrow[40℃,\ 3h]{pH > 9} HAp(Ca/P = 1.67)$$

$$10a-Ca_3(PO_4)_2 + 6H_2O \xrightarrow[80℃,\ 2h]{pH \sim 8.5} 3Ca_{10}(PO_4)_6(OH)_2 + 2H_3PO_4$$

次に，気相法についても触れておきたい．一般的に，気相法には**化学気相析出法**（Chemical Vapor Deposition；通称 CVD）（原料を気化させてそれを反応ガスと反応させて析出させる）および**物理気相析出法**（Physical Vapor Deposition；通称 PVD）（目的物質を蒸発・凝縮させる）の 2 つがある．アパタイトの気相法での合成例はない．それは蒸気圧を制御できる適切な原料がないため，アパタイト合成に気相法を適用することが困難なためである．

原料粉体として HAp が用意されたとして，これをセラミックスにするためには，成形および焼成が必要である．HAp の焼結については，3.1.5 項ですでに述べたのでここでは省略する．

バイオセラミックスは，骨や歯の代わりとして使用されることが多く，その力学特性も重要である．表 4.12 に代表的なバイオセラミックスの力学特性をまとめてみた．ここで，バイオセラミックスの代表例として HAp セラミックスと緻密骨との力学特性を比較したい．弾性率は HAp が高く，緻密骨が低い．曲げ強度は HAp の方が高いがほぼ同レベルとみなせる．破壊じん性は HAp が低く，緻密骨が高い．これらの意味するところは，HAp は脆く，緻密骨はしなやかであるということである．HAp の高い弾性率はその周囲に応力を集中させるため，インプラントした周囲の骨がホストの骨にダメージを与えるという事例（図 4.80）も報告されている．したがって，今後の将来展望として，緻密骨と同様な力学特性を備えた人工骨の開発がセラミストが担うべきひとつの

表 4.12　代表的なバイオセラミックスの力学特性

材料	弾性率 / GPa	曲げ強度 / MPa	破壊靭性 K_{IC} / MPam$^{1/2}$
アルミナ	380	206-405	3.1-5.5
正方晶ジルコニア	150-200	800-1200	5.7-9.6
バイオガラス	79	85±20	0.49-0.59
A-W結晶化ガラス	117	178-193	2.0
水酸アパタイト	80-98	196	0.69-1.16
リン酸三カルシウム	33-100	154	1.14-1.30
緻密骨	7-30	60-120	2.2-4.6

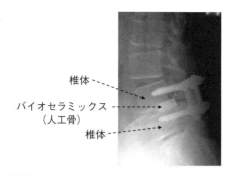

図4.80　生体組織とバイオセラミックスとの力学特性のミスマッチ事例

椎体と椎体の間に挿入するスペーサーとして人工骨を使用している．人工骨は
椎体よりも硬く，弾性率が大きいので，椎体側に少し沈み込んでいる．

研究の方向性であろうと思う．

　新しいバイオセラミックスを創製したとして，それを実際に臨床応用まで昇華させる
には，多くのハードルがある．そのひとつに「生体適合性」を担保する必要があるが，
それを調査する方法として，「細胞を用いた *in vitro* 評価」と「実験動物を用いた *in vivo*
評価」がある．

4.5.3　抗菌・抗ウイルス材料

　人工骨充填材の移植や人工股関節などの置換術も高齢者が対象となるが，一般的にイ
ンプラント材を用いた手術では**術後感染**（Surgical Site Infection；SSI）が起こる確率が高
く，最近医療の現場で大きな問題となっている．SSIの発生率は1960年代の1/10に低
下しているものの，その発生率は人工股関節手術で0.2〜0.6%，人工膝関節手術で2.2〜
2.9%，腫瘍インプラントで17%と報告されている．そこで，本項では，抗菌性を付与し
たバイオセラミックスを中心に説明する．ただし，抗菌性材料はセラミックス以外にも
知られていることから，材料全体を俯瞰した記載も加える．

　医療材料を素材で分類すると，セラミックスに加えて金属やポリマーがある．これら
の各種医療材料に抗菌性を付与する方法を表4.13にまとめている．抗菌性を付与する
方法は，主に3つあり，①混練型，②表面改質型，③置換固溶型である．混練型は基材と
なる医療材料に抗菌性をもつ物質（抗菌剤）を担持させ，そのリリースにより抗菌性を発
揮させるタイプである．リン酸カルシウムセメントに抗生物質を担持させる例などがあ
る．表面改質型は基材となる材料表面に抗菌剤を何らかの手法で固定化して抗菌性を付
与させるものである．置換固溶型は抗菌性を発現する元素やイオンを結晶構造中に置換
固溶させるタイプであり，ゼオライトやリン酸ジルコニウム，アパタイトなどが利用さ
れている．特に，アパタイトは生体活性をもつ人工骨素材であるため，これに抗菌性の
ある銀や亜鉛を置換固溶する研究などが報告されている．

　また，上記に利用される抗菌剤は，①有機系，②天然系，③無機系，④医薬品（抗生剤）
の4つに大きく分類される．①の有機系抗菌剤（塩化ベンザルコニウムやポビヨンヨー
ド，アルコール類など）は化学合成された化合物であり，その分類・作用は多岐に渡る．
抗菌スペクトルが広く，種々の細菌に効果がある．消毒薬として医療・食品分野で使用
されているが，皮膚刺激性やアナフィラキシーショックの可能性などの課題もある．ま

表4.13 各種医療材料への抗菌性の付与

材料	混練型	表面改質型	置換固溶型
セラミックス	ペースト状人工骨(セメント)への抗菌薬の担持など	・多孔質セラミックスへの抗菌剤の担持 ・イノシトールリン酸による銀イオンの固定化など	ゼオライトやリン酸ジルコニウム、アパタイトなどへの銀イオンなどの置換固溶など
金属	――	・プラズマ(フレーム)溶射法 ・陽極酸化法によるヨード処理など	合金化による抗菌性付与など
ポリマー	各種ポリマーへの抗菌剤の担持など	抗菌性ポリマーのグラフト重合など	――

た，光・熱の影響を受けやすく，溶液での使用が一般的となっている．

②の天然系抗菌剤は，シトラールやリナノール，キトサンなどが典型例であり，植物および動物由来がある．食品添加物などに利用され，安全性は比較的高く，抗菌スペクトルも広いが，抗菌性は総じて低い．

③の無機系抗菌剤は，さらに金属イオン系，光触媒系，天然鉱物系に分類できる．金属イオン系では，金属単体での利用のほかにゼオライトなどの無機塩に担持させて利用されることが多い．抗菌性をもつ金属の代表例は，銀・亜鉛・銅である．液性因子による抗菌性を表す指標のひとつに最小発育阻止濃度(MIC)がある．MIC は minimum inhibition concentration の頭文字の略号であり，増殖系(培地中)において発育阻止を発現する最小濃度のことである．以下，各種金属イオンの大腸菌および黄色ブドウ球菌に対する MIC を記載する．

Cu^{2+}：大腸菌→39 ppm，黄色ブドウ球菌→78.1 ppm

Zn^{2+}：大腸菌→15.7 ppm，黄色ブドウ球菌→15.7 ppm

Ag^{+}：大腸菌→1 ppm，黄色ブドウ球菌→2 ppm

上記，三種類のなかでは，高い抗菌能と広い抗菌スペクトルを有し，かつ比較的毒性の低い「銀」が頻用される．光触媒系では，主に二酸化チタンなどが利用されている．二酸化チタンでは，一定領域の紫外光を吸収して活性酸素を発生させることにより抗菌性を発現させる．光触媒はウイルスにも効果がある．天然鉱物系は酸化カルシウムなどであり，水溶液中で強塩基性を示すことで抗菌性を発揮させる．

④の抗生剤(バンコマイシン・ゲンタマイシンなど)は，感染の治療に広く利用されている．抗菌スペクトルは前述の①～③の抗菌薬に比べて狭く，感受性のない菌種への効果は低いが，感受性のある菌種に対しては強力な殺菌作用を示す．毒性は低いが，光や熱の影響を受けやすい．また，大量使用時には，耐性菌の発生が懸念される．

以上をまとめると，抗菌性を備えた医療材料を開発するためには，目的とする適用症例に応じて，どのような素材の医療材料に対して，どのような手法で，どのような抗菌剤を利用するのかが肝要となってくる．次に，これまでに報告されている代表的な抗菌性材料を紹介したい．

インプラントとは，人工関節・人工骨・人工歯根など「体内に埋め込むもの」・「移植するもの」として定義され，医療材料の代表例といえる．近年，人工骨充填材や人工関節，脊椎インプラントなどの発達は著しく，広く普及している．その一方で，インプラ

ント使用後の手術部位感染が急増し，特にメチシリン耐性黄色ぶどう球菌(MRSA)による感染は難治性であり，多くの症例でインプラント抜去を余儀なくされ，敗血症により致命的になる場合も少なくない．すなわち，抗生剤投与や病巣の掻爬(そうは)では根治は困難なことが多く，手術時の予防措置や手術手技の向上，あるいは使用する医療材料への感染予防対策が医療の現場では強く望まれている．

　従来技術として，すでに実用化されているものには，「抗生剤の投与」などがあるが，それにはi)耐性菌の出現，ii)薬剤耐性，iii)バイオフィルム形成による効果の低減などの問題がある．これらの問題を解決するため，インプラントそのものに抗菌性を付与させる研究(金属へのヨード抗菌処理やフレーム溶射法による酸化銀を含むアパタイト被膜の形成など)が進められている．それらの取り組みを以下に紹介したい．

　まず，金属へのヨード抗菌処理について述べる．この方法は，電気化学的処理により，チタンを表面改質して，消毒薬に利用されているヨードをチタン表面に担持させて抗菌

コラム 6

生体関連材料の細胞を用いた生体適合性の in vitro 評価

　図 4.81 は，HAp-PMMA ハイブリッド上に株化骨芽細胞のひとつである MC3T3-E1 細胞を播種し，その材料上での細胞増殖を調査した結果である．このときの増殖速度が Control の細胞培養プレートと遜色なければ毒性はないと判断できる．また，細胞が特殊化していく過程を「分化」というが，骨芽細胞は特別なタンパク質を産生して骨細胞へと分化していく．この特別なタンパク質のなかで，初期から中期の分化マーカーであるアルカリフォスファターゼ(ALP)活性を調べた結果も載せている．HAp および HAp-PMMA ハイブリッドが Control よりも高い ALP 活性を示しており，高い骨芽細胞の分化誘導能をもつことが分かる．ただし，in vitro の結果は in vivo の結果と必ずしも相関しないので，実際に動物実験を行う必要がある．

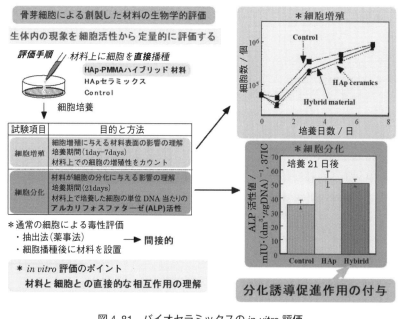

図 4.81　バイオセラミックスの in vitro 評価

性を付与させている．このプロセスで試作されたインプラントは，*in vitro* 系では抗菌性を確認しているが，*in vivo* 環境下で抗菌性を示すかどうかは不明である．また，電気化学的にチタン表面を腐食させて孔をあけ，その孔にヨードを充填しているため，基本的に金属素材にしか本法は適用できない．

また，抗菌スペクトルの広い「銀」を担持させたアパタイトをチタン上に被覆する研究も報告されている．その製造プロセスはチタンなどの金属材料上に酸化銀を含むアパタイト粉末をフレーム溶射(あるいはプラズマ溶射)してコーティングするものである．このプロセスでは，アパタイトなどの原料粉体を 3,000℃ 程度の炎(あるいは 10,000℃ を超えるプラズマ)中を通過させてチタンなどの金属基盤上に融着させるため，整形外科用インプラント(骨固定用ネジなど)のような複雑な形状を有するインプラント材に適用するのは難しい一面もある．

次に，抗菌成分として頻用される銀とその抗菌メカニズムについて説明する．銀は広

コラム 7

生体関連材料の実験動物を用いた生体適合性の *in vivo* 評価

「バイオセラミックスの *in vivo* 評価(実験動物を使用した評価)」について述べる．バイオセラミックスは骨組織を治療の対象にしていることが多いので，その *in vivo* 評価は動物の骨組織にインプラントしてその生体内反応を調査することによって実施される．実験動物としては，ラット，ウサギ，イヌ，ヒツジ，ブタなどが利用され，大型動物ほどヒトとの相関があるとされている．図 4.82 はペースト状人工骨のウサギ脛骨へのインプラント実験の結果である．これは 4 および 24 週後に材料とともにウサギ脛骨を取り出し，非脱灰研磨標本を作成し，トルイジンブルー染色を行った組織標本である．トルイジンブルー染色は組織成分が本来の色調と異なった染色性を示すメタクロマジー(異調性)を利用して酸性ムコ多糖を含む粘液，肥満細胞の顆粒などを染め分けるもので，細胞核・組織成分は青色に染まる．骨組織の場合は，新生骨は濃い青色に，骨が成熟していくとその青色が薄くなっていく．ペースト状人工骨(I)と新生骨とが直接結合しており，良好な生体適合性を示していることが分かる．また，4 w と 24 w を比べるとトルイジンブルーの色調が薄くなっていることから，骨組織が成熟している様子もわかる．

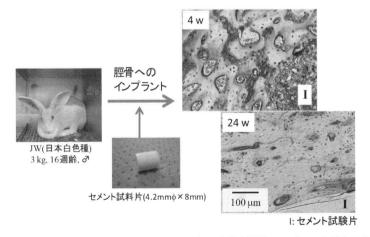

図 4.82 バイオセラミックスの *in vivo* 評価：ウサギ脛骨へのペースト状人工骨
(骨修復セメント)のインプラント実験およびその組織学的評価

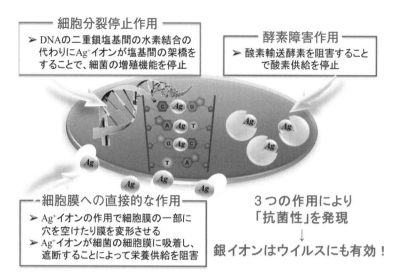

図 4.83　銀イオンによる抗菌性発現メカニズム
（相澤守ら，「耐感染性を備えた次世代バイオセラミックスの開発」，セラミックス，**55**，140-145(2020)，図1）

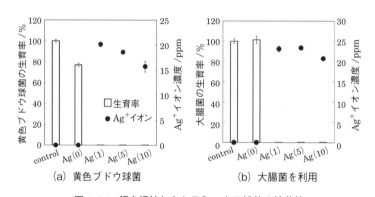

　　　(a)　黄色ブドウ球菌　　　　　(b)　大腸菌を利用

図 4.84　銀を担持したセラミックス粉体の抗菌性

い抗菌スペクトルをもち，抗生剤のように耐性菌を生じさせないことに加え，抗菌性が強く，細胞毒性が比較的低いことから，抗菌性や抗ウイルス性を備えたバイオセラミックスの開発に利用されている．銀イオンの抗菌性発現メカニズムは以下のように説明されている．また，銀はウイルスに対しても効果がある．

　図 4.83 は微生物に対する銀イオンの作用を図示したモデルである．銀イオンは3つの機序により抗菌性を発現していると考えられている．まず，1つ目は「細胞分裂停止作用」である．これは DNA の二重鎖塩基間の水素結合の代わりに Ag^+ イオンが塩基間を架橋して細菌の増殖機能を停止させると説明されている．2つ目は「酵素障害作用」である．これは酸素運搬酵素を阻害して酸素供給を停止させて細菌を死滅へ導く．3つ目の作用は，細胞膜への直接的な攻撃である．Ag^+ イオンが細菌に作用すると，その細胞膜の一部に穴をあけたり，膜を変形させる．また，Ag^+ イオンが細菌の細胞膜に吸着し，栄養供給を遮断することによって細菌が死滅するとされている．

　銀を利用した抗菌性セラミックス粉体による抗菌性試験の結果を図 4.84 に示す．ここで使用した試料は，3.1.2 項で説明した噴霧熱分解法により合成した銀担持炭酸カル

シウム粉体である(図 3.3 参照). 形成する炭酸カルシウムに対して, 銀は 1, 5, 10 mol%となるように添加している. この銀担持炭酸カルシウムはリン酸バッファー内で, MIC を超える銀イオンを溶出し, 大腸菌および黄色ブドウ球菌に対して高い抗菌性を発揮している.

コラム 8

抗ウイルス性の評価方法

　抗ウイルス性についても触れておく. 抗菌性と同様に, 「抗ウイルス」という言葉は, 日用品・衛生製品・公共設備・建築材料などの製品の謳い文句として見られるようになってきた. 「抗ウイルス」とは抗菌製品技術協議会の定義によれば, 「製品の表面における特定のウイルスを減少させること」である.

　抗ウイルス製品の評価試験方法については複数報告されているが, いずれも試験法の基本的な原理は変わらず, 試験対象の製品(試料)とウイルスを何らかの方法で一定時間接触させ, 接触後のウイルス生存数の変化で調べる方法である. 製品とウイルスとの接触方法については, 大きく分けて, 製品とウイルス液を接触させる方法, 製品をウイルス液中に浸漬する方法の 2 つがある. 前者はプラスチック製品やセラミック製品などの非浸透性表面をもつものに用いられ, 後者は衣類などの吸水性のある試料に適応される. また, ウイルス数の変化を調べる方法は, プラークアッセイによるものが主である. プラークアッセイとはプラーク(肉眼で確認できるある単一の領域)の計数によって行われる. 試料と接触した後のウイルスの洗い出し液を希釈し, あらかじめ培養された細胞に対し播種した後に, みだりにウイルス感染が発生しないように半固形培地などで被覆する. ウイルスは, 自己増殖できないため, あえて細胞にウイルスを寄生させて, その細胞の増殖性を調べることでウイルス感染価を決定する手段をとる. 一定時間経過後, 半固形培地を取り除き, クリスタルバイオレットなどで細胞を染色することで健康な細胞は細胞膜が青くそまり, ウイルスに感染した細胞は細胞膜が破壊され染色されない. この染色が起きなかった領域がプラークであり, これらを計数することで「ウイルス感染価」を算出され, これを元に「抗ウイルス活性値」を計算できる. ウイルス感染価と抗ウイルス活性値は以下の式(4.30)および式(4.31)から求められる.

【ウイルス感染価】

$$N = (C \times D \times V)/A \tag{4.30}$$

　　　N：ウイルス感染価
　　　C：プラーク数(シャーレ内のプラーク平均値)/個
　　　D：希釈倍率(シャーレに分注したウイルス希釈液の希釈倍率)
　　　V：洗い出しに用いた生理食塩水の液量/cm^3
　　　A：被覆フィルムの表面積/cm^2

【抗ウイルス活性値】

$$R = (U_t - U_0) - (A_t - U_0) = U_t - A_t \tag{4.31}$$

　　　R　：抗ウイルス活性値
　　　U_0：無加工試験片の播種直後のウイルス感染価の対数平均値
　　　U_t：無加工試験片の 24 時間後のウイルス感染価の対数平均値
　　　A_t：抗菌加工試験片の 24 時間後のウイルス感染価の対数平均値

抗ウイルス活性値 R が 2 以上で「抗ウイルス性あり」と判断する.

無機素材をベースにした抗ウイルス性材料は, 光触媒分野が先行している.

4.6 生活関連材料

　我々が生活するうえでさまざまな材料を使用している．ここでは，生活に直接かかわる衣食住の食に関連する陶磁器，ガラスなど中心とした材料，また住にかかわる建築材料，さらに紫外線防止などの技術のつまった化粧品について説明をする．

4.6.1　陶　磁　器

　磁器の一種として**ボーンチャイナ**がある．ボーンは骨であり牛の骨を意味する．18世紀ごろにロンドンで発明された．その当時，ロンドンでは良質な粘土鉱物の一種であるカオリンが入手できず，中国の磁器と同じような色をだすために牛骨を添加したのが始まりであり，陶磁器のことをチャイナとしており，牛骨を添加した陶磁器をボーンチャイナとよぶようになった．ボーンチャイナはきめの細かな生地で乳白色である（図4.85）．ボーンチャイナのJIS規格では「素地は少なくともリン酸三カルシウム，灰長石およびガラス質からなり，かつリン酸三カルシウムの含有量が30％以上のもの」とされている．

　磁器と陶器の真密度は同じであるが，比重を比較すると陶器は1.8〜2.0であるのに対して磁器は2.3である．また，無機材料の熱伝導率を比較したものを表4.14に示す．耐火れんがの熱伝導率は0.61〜1.32 W/m·Kであり，コンクリートでは0.9 W/m·Kであるが，陶器は耐火れんがと同等の1.0〜1.6 W/m·Kであり，磁器は1.5 W/m·Kであり，ほとんど違いはないといえる．さらに，空孔率は陶器が2〜12％であるが，磁器は0.25％と低い．このような差から同じ質量および大きさであった場合，磁器に比べて陶器のほうが厚手となる．この器にたとえばお湯を注いだ場合，磁器は熱く感じるが，陶

図 4.85　ボーンチャイナの皿

表 4.14　無機材料の熱伝導率

	密度（g/cm^3）	比熱（kJ/kg・K）	熱伝導率（W/m・K）
耐火れんが	1.6〜2.0	0.113	0.61〜1.32
けい石	2.0〜2.4	1.13〜1.17	1.15〜1.40
コンクリート（乾燥）	2.0	0.88	0.9
ALC	0.60		0.15
れんが（乾燥）	1.5〜1.8	0.84	0.38〜0.52
石英ガラス	2.2	0.72	1.35
大理石	2.5〜2.7	0.81	2.79
陶器	2.3	0.88	1.08〜1.73
鉄	7.9	0.46	75.36

器は熱さを感じにくいとされている．これは陶器の空孔率が大きく，厚手であることが起因している．すなわち，磁器は熱しやすく，冷めやすいということになる．このため，磁器のカップなどに熱いお湯を一気に注いだ場合，クラックが入ることもあるので注意する必要がある．逆に，陶器は熱しにくく，冷めにくい，すなわち保温性がよいということになる．この性質を活かした文化として茶道があげられる．茶道で使われる抹茶碗は陶器である．熱湯を注いで抹茶をたてて，それをじかに素手で取り飲むことができるのは陶器だからである．このため，茶碗としては，萩，唐津などの陶器が用いられている．また，鍋なども陶器が使われているのもこの保温性が高いためである．

4.6.2　ガラス

　わが国のガラス産業の生産額は年間 3.6 兆円(2021 年)に達し，各種用途のガラス製品が製造されている．ガラス製品技術の現状を表 4.15 に示す．

　(1) 建築用ガラス：フロート法による板ガラス，強化ガラス，網入り・線入りガラス，防火ガラスなど多岐にわたる製品がある．これらに熱線カット機能の付与や着色のための成膜，さらには複層化を行うことにより，遮熱・遮音などの高機能化がなされている．近赤外域である熱線を選択的に反射する特殊金属 Low-E(低放射)膜をコーティングした複層ガラスでは，使い方によって，夏に太陽エネルギーを遮断する遮熱効果や，冬には室内の熱を逃げにくくする断熱効果をもたせることができる．その他，採光，安全，防火，防犯，防音，プライバシー保護，電磁波防止など，さまざまな高機能ガラスが商品化されている．また，結晶化ガラス建材は，無数の結晶面から反射する光が生み出す深みのある独特の優美な外観に加え，豊富なカラーバリエーションと自由な局面構成が建築物に豊かな表情を与えることができるため，人工大理石調壁材などとして実用化されている．

　(2) 自動車ガラス：フロントガラス，サイドガラス，リヤーガラスなどに大別される．これらのガラスの曲げ，合わせ，強化技術の進歩に加え，サイドガラスの着色，リヤーガラスの加熱，赤外線・紫外線カットや撥水性付与のコーティングなど，高機能化が進みつつある．

　(3) テレビジョンガラス：CRT(Cathode Ray Tube；ブラウン管)テレビの大型化やコンピューターモニターの需要増大によってガラスの生産量が増したが，時代が進むにつれ，表示装置も高画質の液晶ディスプレイや PDP(Plasma Display Panel；プラズマディスプレイ)へと移り変わり，CRT は世界的に衰退した．PDP は解像度と色再現性が高く，高速応答性に優れていることから，デジタルハイビジョン放送時代における大画面薄型テレビの主流となっている．この製造には，高歪点ガラスとよばれる特殊な基板ガラス(2〜3 mm 厚)が用いられ，構成素材の大半をガラス材料が占めている．

　(4) 光通信用ガラス：光ファイバー用ガラスの需要が増大している．増幅器に関しては，Er^{3+} ドープ光ファイバー増幅器が実用化されている．光通信システムを構成する重要部品には，光をファイバーより空間に出射あるいは逆にファイバーに入射させるためのマイクロレンズ，波長の異なる光を集めたり，あるいは分離するために使用される合波(光合)・分波用フィルターや光アイソレーター，光カプラなど，さまざまなガラスが多数使用されている．

　(5) 液晶用ガラス：液晶ディスプレイでは，ガラス基板の上に形成された微細なトランジスタ(Thin Film Transistor：TFT)が，基板ガラス間に注入された液晶をオンオフ

表 4.15　ガラス製品技術の現状

用途	製品	世界トップの技術レベル	技術レベルの意味
建築・住宅	熱線反射ガラス 真空複層ガラス 防火ガラス 調光ガラス 結晶化ガラス壁材	板形成から一貫で CVD 成膜 厚さ 6 mm で熱流流 1.5 w/m²K 1 m 角の EC 高耐久品を量産 拡散反射大（89%）の壁材 火災を 90 分間遮断	熱反射ガラスを低コスト供給 住宅用サッシにアダプターなしで装着．省エネ・遮音 透明な防火・耐火窓の実現 透過率を任意に制御できる窓ガラスを実用化 ビル，公共施設の壁・柱などの化粧材として適用
自動車	防曇ガラス アンテナガラス 撥水ガラス 親水ガラス ヘッドアップディスプレイ 遮音ガラス 熱線吸収ガラス 熱線反射ガラス	曇りセンサー付き自動熱線ガラス アンプなしで >1.8 GHz，デジタル対応 リアガラスに実用化 サイドミラーに実用化 フロントガラスに実用化 複層ガラスを実用化 熱線透過率 26.6%/3.45 mm 厚 単板ガラスで実用化	運転時の視界確保．バッテリー負荷の軽減 情報化対応 運転時の視界確保 運転時の視界確保 走行速度等のフロント窓への表示．安全性向上 車内の快適性・静粛性の向上 車内の快適性向上，エアコン負荷の軽減 車内の快適性向上，エアコン負荷の軽減
電子情報	磁気ディスク用ガラス TFT 用ディスプレイ基板 PDP 用ディスプレイ基板 半導体用フォトマスク基板 平面 CRT PDP 隔壁形成用ガラス	ヘッド浮上 <10 nm，弾性率 >100 GPa 平坦度 <0.1 mm，熱収縮 <3 ppm の板形成・焼鈍・研磨技術 歪点 600～650℃のソーダ石灰ガラス 高度な欠陥制御と精密研磨 （平坦度 1 mm，面粗さ Ra<0.1 nm） 物理強化の導入・実用化 幅 50 mm，高 150 mm のリブ形成	磁気ディスク記録の高密度・高速化の実現 高精細・高画質の画像表示の実現 大画面薄型ディスプレイの実現 UV 光フォトリソによる超微細加工の実現 ブラウン管の軽量化と平面化の両立 PDP ディスプレイ高精細化の実現
光通信	光ファイバー ・屈折率分布制御ファイバー ・高屈折率 SM ファイバー ・広帯域 EDF 高性能光ファイバーアンプ ファイバーグレーティング 石英ガラス導波路 マイクロレンズ フェルール 偏光ガラス	高精密な屈折率分布，低非線形・低波長分散のファイバー製造 ・有効コア断面積 >100 mm² ・分散スロープ <0.05 ps/km/nm² ・性能指数 >200 ps/nm/dB ・帯域幅 >40 nm，NF<4.5 dB 広域帯・高出力・利得平坦 合分波の波長間隔 <50 GHz 合分波の波長間隔 <50 GHz 直径 0.1 mm 品でシングルモード対応 ガラス製を実用化 消光比 1000：1，耐熱 400℃	長距離・大容量転送用ファイバーの供給 DWDM システム用非線形低減型ファイバー DWDM システム対応低分散スロープファイバー DWDM システム用分散補償ファイバー DWDM システム対応光ファイバーアンプに適用 長距離・大容量伝送用光増幅装置の実現 合分波高性能フィルター，利得等価器，分散補償の実現 DWDM 用合分波，分散補償の実現 DWDM 用光部品の小型・高効率化 光ファイバー接続ロスの低減，部品の低コスト化 光通信アイソレーター，各種センサー部品への適用
光学機器	映像機器用非球面レンズ モールド成形用低融点ガラス 精密光学系用ガラス マイクロレンズアイ	大口径の精密モールドプレス ガラスの種類：10 種類以上 10⁻⁶ オーダーでの屈折率均質性を実現 長尺，高分解能・薄型のレンズ	低コストで高精度な光学系を実現 高精度な光学系を実現 半導体露光装置を実現 ファックス，プリンター，複写機等の小型化・高性能化
製造半導体	露光装置ステッパーレンズおよびフォトマスク 単結晶引上ルツボ	ArF レーザー光（193 nm）を 99 %透過，均質度 10⁻⁶ オーダー 大口径品（40 インチ）を製造	半導体製造の高集積化，高スループット化 Φ300 mm ウェーハ用単結晶引上への対応
容器・照明	強化びん コールドミラー	SnO₂ 膜コート強化品の実用化 ゼロ膨張ガラス製を実用化	びんの軽量化，再利用回数の向上 医療用，LCD プロジェクター用高精度高輝度光源に適用
繊維	長線維 次世代線維	50 m/s で 2hr 連続無切断紡糸 低エミッション繊維を実用化 生体親和性繊維を実用化	生産効率の向上，番手の均一化，白金量の節約 B₂O₃，F 等の揮発成分ゼロ．電子部品への適用 発ガン性の心配の回避
エネルギー・環境	アモルファス Si 太陽電池用基板 核廃棄物固化用ガラス	テクスチャー化による変換効率向上 ホウケイ酸ガラスで RF/ 直接通電溶融	光閉じ込め効果による太陽光利用効率の向上 高レベル放射性廃液等のガラス固化
生体・医用	人工骨	無機質の人工骨を実用化	脊椎・チョウ骨に適用．関節は不可

して画像を表示する．TFT はアルカリ成分を嫌うため，基板には歪点が 700℃以上の薄板(0.55 mm～1.1 mm 厚)に成形された高平坦な無アルカリガラスが用いられる．

　(6)　**ガラス磁気ディスク**：ガラス磁気ディスクは，ハードディスクドライブ(HDD)に記憶媒体として装着される，磁性膜を付けたガラス基板である．従来主流であったアル

ミ合金の基板と比較して高剛性でたわみが少なく，薄板でも高速回転に強い特徴がある．また，表面の平滑性が得られやすいため，記録密度を上げることができる．このため，ノートパソコン用の2.5インチディスクをはじめとして，カーナビゲーション，ポータブル音楽プレーヤー，デジタルカメラなどのコンシューマー・エレクトロニクス分野にも1.8インチや1.0インチの小径ガラス磁気ディスクが使用されている．

（7）**フォトマスク用ガラス**：半導体基板上に細い線を描いて集積回路の集積度を上げるためには，フォトリソグラフィーに短波長の紫外線を使うことが必要で，そのための石英ガラスフォトマスクがつくられている．熱膨張率がゼロに近い合成石英ガラスなどを超精密研磨した基板上に，遮光のための金属薄膜でできた電子回路パターンが描かれているのがICフォトマスクである．この回路パターンを最終的にICの基板となるシリコンウェハー上に光で縮小転写する．高精度品への需要が高まっており，5インチサイズで表面粗さ100万分の1 mm，平面度1000万分の1 mm以内という精度が要求されている．

（8）**携帯電話用ガラス部品**：フリットペーストを使って数十層に積層した小型のプリント配線多層基板が開発され，携帯電話のディスプレイなどの小型軽量機器に多用されている．高周波帯域では，従来のアルミナ基板は電気的特性が低下するためである．低温焼成多層基板は，結晶性粉末ガラスで作製した薄いシート上に銀や銅の電子回路を印刷形成し，これを何枚も重ね合わせた後，約900℃で一度に焼成する．この際にシートが一体化し，ウィレマイトやディオプサイドなどの良好な高周波電気特性を示す結晶を析出し，回路基板を形成する．

（9）**治療用ガラス**：$MgO-CaO-SiO_2-P_2O_5-CaF_2$系の生体活性を有する結晶化ガラスA-Wは，人工骨用インプラント材料として用いられている．放射化したY_2O_3

コラム 9

ガラスの分相を利用した無機系廃棄物のケミカルリサイクル

　ガラスの分相（相分離）は，古くから知られた興味深い現象であり，工業的にも広く利用されてきた．幅広く実用に供されている分相ガラスとしては，米国Corning社が開発したナトリウムホウケイ酸塩系分相ガラスがその代表的なものである．高シリカ質ガラスであるVycorガラスや，フィルターや触媒の担体として用いられる多孔質ガラスであるPorous Vycorガラスなど，技術的にもすでに確立していると言える．

　ホウケイ酸塩ガラスは，熱処理によりホウ酸リッチなガラス（ボレート）相とケイ酸リッチなガラス（シリカ）相に分離する．さらに，ボレート相は酸に可溶なため，分相後のガラスを酸に浸漬することでシリカ相のみが固体として残る．そこで，ガラスの分相現象を利用して鉱滓，汚泥，煤塵などの産業廃棄物から特定の化合物を選択的に分離抽出し，ケミカルリサイクルしようとする試みがなされている．これらの廃棄物はSiO_2，CaO，Al_2O_3など無機系の化学成分を多く含むものが多い．また，家庭ゴミなどの一般廃棄物についても，焼却灰や溶融スラグはやはり無機系の化学成分を多く含む．SiO_2，CaO，Al_2O_3については，ソーダライムガラスの主成分であり，無機系廃棄物の多くは高温で溶融することによりガラス化させることができる．しかし，汎用ガラスの組成に近いにもかかわらず，ガラス原料へのリサイクルはなされていない．これは遷移金属元素を含むため，着色しているためである．ガラスの分相現象を利用して，着色原因となる元素を除去することができれば，無色透明にすることができ，ガラス原料などとして再利用することが可能になることから，技術開発が進められている．

$-Al_2O_3-SiO_2$ ガラス微小球を患者の肝臓中に注入して β 線により肝臓がんの治療を行う例もある.

4.6.3　建築材料

　30〜40 年で家を建て替えるのではなく，地球環境の問題から長期優良住宅が注目されている．長く住めるように設備や間仕切りなどを速やかに変更できる考慮がされている．マンションであればコンクリートが主体であり，部屋と部屋との間仕切りにはセッコウボードが使用されている．一戸建ての場合，木造，コンクリート，**軽量不燃コンクリート**（ALC；autoclaved lightweight concrete）などが主に使用されている．ここでは，ケイ酸カルシウム水和物であり ALC の主成分であるトバモライトおよび高温で安定性の高いゾノトライトについて説明する．さらに，住宅になくてはならない建築材料であるセッコウボードの特徴についても説明する.

　ALC について説明する．ALC の外観および主成分のトバモライト（$5CaO \cdot 6SiO_2 \cdot 5H_2O$）結晶を図 4.86 に示す．**トバモライト**はケイ酸カルシウム水和物の一種であり，写真のように一次粒子は薄板状あるいはカードハウス状の結晶であり，これが球状の二次粒子を形成する．トバモライト自身の絡み合いによる強さの発現はないため，強度を補強するために左に示すように細い鉄筋が入っている．この ALC の比重は鉄筋を含めて 0.6 であるため水に浮く．また，曲げ強度としては 100 kg/m² 程度である．比重が低いのには理由がある．この ALC の製造としては，生石灰，ケイ石，セメントを用いて作製したスラリーに金属アルミニウムを添加すると，このスラリーは強アルカリを示すため水素が発生してスラリー内に気泡が包含された状態となる．これを 180℃ で数時間水蒸気を用いて水熱処理することにより気泡が残り多孔質の ALC が得られる．これによ

図 4.86　ALC の外観（左）とトバモライト結晶（右）

図 4.87　トバモライトの構造

り，ALC の比重は低くなる．トバモライトの構造を図 4.87 に示す．トバモライトは $Ca_5Si_6O_{18}H_2・4H_2O$ とも表すことができ，CaO_6 面体の両側に SiO_4 四面体が配置され，これが繰り返し構造となっており，SiO_4 四面体どうしが頂点共有をしている．すなわち，SiO_4 四面体に隙間がある層間構造となっている．この隙間に Ca^{2+} イオン，OH^- イオンおよび水分子が存在する．加熱されると水分子がまず放出され，その後 OH^- イオンが水分子として放出される．家の外壁材として使用する場合には，工場で部屋ごとに組み立てられ，それらをトラックで輸送し，現場においてクレーンを用いて設置することにより短期間の工事で家を建てることができる．特徴としては，耐火性，遮音性，断熱性に優れており，コンクリートと比較して軽いことがあげられ，意匠性にも優れている．ALC は無機物で構成されているため，火災の際にそれ自体が燃えず，有毒なガスを発生せず，650℃ 程度まで使用することができ，延焼などを防ぐことができる．

　さらに，トバモライトより耐火性に優れた材料として**ゾノトライト**（$Ca_6Si_6O_{17}(OH)_2$）がある．ゾノトライトは石灰石とケイ石を含んだスラリーを 200℃ 以上で水熱合成することにより合成される．トバモライトはアルミニウムを添加することにより生成を促進させることができるが，ゾノトライトはアルミニウムを含有すると合成されないとされている．また，水熱合成時にトバモライトを経てゾノトライトに転移する．ゾノトライトは繊維状あるいは短冊状の一次粒子がからみあった球状中空二次粒子を形成する（図 4.88）．また，示性式をみてわかるように水分子を含まず，OH 基が含まれるため，使用温度は非常に高く 1000℃ を示す（図 4.89）．なお，ALC では型にスラリーを流し込み，

——　$10\mu m$　　　　　　——　$1\mu m$

図 4.88　ゾノトライトの 2 次粒子と 1 次粒子

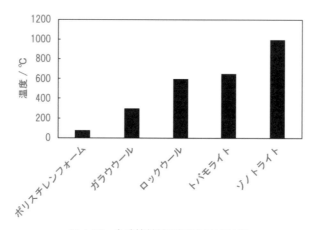

図 4.89　各建築材料の使用温度の比較

水熱合成により成型品を製造していたが，ゾノトライトはスラリーを水熱処理により合成し，合成後にろ過することにより粉末の状態で得られる．これを用途に応じてプレス成型を行い，化学プラント工場などで配管の断熱材などとして利用される．また，最近では鉄骨などに被覆させ意匠性を生かした材料としても注目されている．

＜セッコウボード＞

セッコウボードは，二水セッコウを紙で覆ったものであり，耐火性，遮音性に優れており，年間 4.5 億 m^2 程度製造されている．かさ比重は 1 程度である．セッコウボードの外観および表面の SEM 写真を図 4.90 に示す．セッコウボードは半水セッコウスラリーが水和し，針状の二水セッコウが生成し，それが絡み合うことにより強さが発現される．半水セッコウから二水セッコウの生成は溶解 − 析出機構によるものである．二水セッコウを加熱すると脱水は 2 段階で起こり，

$$CaSO_4 \cdot 2H_2O \longrightarrow CaSO_4 \cdot 1/2H_2O + 3/2H_2O \tag{4.32}$$

$$CaSO_4 \cdot 1/2H_2O \longrightarrow CaSO_4 + 1/2H_2O \tag{4.33}$$

式(4.32)はおおよそ 130〜150℃，式(4.33)は 200℃付近において起こる．セッコウボードが耐火性を示すのは二水セッコウ構造内の水分子が火災の熱によりすべてで放出されるためである．二水セッコウの理論脱水量は 20.9%（36/172.17＝0.209）である．セッコウボード 1 枚（厚み 12.5 mm，181 cm×91 cm）の重さは約 14 kg であり，このセッコウボードの中には 14×0.209＝2.8 kg の水分子が含まれていることになる．火は水分があ

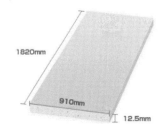
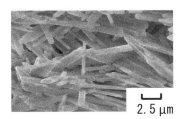

図 4.90 セッコウボードの外観および表面の SEM 写真

コラム 10

CCS と CCU

CCS は carbon dioxide capture and storage の略であり，二酸化炭素の回収および貯蔵ということである．大規模な CO_2 の発生源である火力発電所などにおいて CO_2 を化学吸着などにより高純度 CO_2 として回収し，それを地中に貯蔵するシステムである．2020 年ではおよそ世界中で 3000 万 t の CO_2 が地下貯蔵されている．CO_2 の発生源が大規模でない場合，あるいは地下貯蔵に適さない地域では CCU（carbon dioxide capture and utilization），すなわち二酸化炭素の回収と利用が行われている．回収した CO_2 は化学品あるいは燃料として再利用される．回収した CO_2 と水素を反応させてメタンを合成することをメタネーションとよばれ，セメント工場などから排出される CO_2 を用いてメタンを合成し，それを燃料として利用することが考えられている．

ると他に燃え移らず，セッコウボードから水分が完全に失われるまで延焼しない性質をもつ．一戸建ての住宅では現在平均 500 kg 以上のセッコウボードが使用されており，火事になった場合に，逃げるための時間を稼いでくれるために火事による死亡者が少なくなっている．また，遮音性はセッコウボードどうしの隙間を空けて取り付けることにより外の音を遮音してくれる．このため，セッコウボードは間仕切り材としても利用されている．セッコウボードとセッコウボードの間に隙間を設けることにより音響透過損失を高くすることができ，さらに，その隙間にグラスウールなどを入れることによりさらに透過損失を高めることができる．最近では，水に係わる場所でセッコウボードは使用することができなかったが耐水性が付与されたセッコウボード，シックハウスの原因となる揮発性有機化合物（VOC）を吸収するもの，磁石がつくセッコウボードなども製造されている．

＜コンクリート＞

セメントは砂利，砂などの粗骨材および細骨材を繋ぎ合わせる接着剤の役割をしている．すなわち，**コンクリート**とはセメントに砂，砂利を混ぜ，そこに水を入れてスラリーにし，これを型枠などに流し込み，固めたものである．この固まる時間はセメントの種類により異なり，また固まった後に強さの発現となるが，それもセメントの種類により変わる．コンクリートを作る際には，建築物の仕様に合わせて調合を変化させる．どのくらいの強度を発現させたいのか，固まるのは速いのか，遅いのかなど任意で変化させることができる．3.2.5 項で説明したように，石灰石の脱炭酸および燃料の燃焼などによりセメント製造において多量の CO_2 が排出される．セメント製造において排出される CO_2 量は世界の排出量の 9% を占め，その量は年間 30 億 t にもなる．日本において，セメント製造時に排出される CO_2 の利用法の一つとしてコンクリートの養生に使用することが考えられている．養生時の雰囲気の CO_2 濃度を高めることによりコンクリート製品表面に炭酸カルシウムなどが生成し，表面がち密となる．これまで，セメントは長い年月を経ると表面から炭酸化が起こり，中和することにより最終的には鉄骨などがさびる原因となると考えた．しかし，この CO_2 を用いて養生することにより表面近傍がち密化することにより，それ以降で CO_2 が硬化体中に侵入しにくくなり，結局は長期間での炭酸化を抑制することができるようになる．セメント会社の排出する CO_2 の利用としてこのような成形品の炭酸化に使用されている．

4.6.4　化　粧　品

化粧品とは医薬品医療機器等法において「人の身体を清潔にし，美化し，魅力を増し，容貌を変え，または皮膚若しくは毛髪を健やかに保つために，身体に塗擦，散布その他これらに類似する方法で使用されていることが目的とされている物で，人体に対する作用が緩和なもの」とされている．すなわち，化粧品とは，体につける液体，固体の総称であり，コスメだけではなく，シャンプー，リンスさらには歯磨き剤も化粧品の範疇となる．隠ぺい力の調整として用いる白色顔料としては，酸化チタン，酸化亜鉛が用いられている．さらに，紫外線防御粉体としては，酸化チタン，酸化亜鉛および酸化セリウムがよく用いられている．

化粧品に用いられる粉体としては体質顔料，白色顔料，紫外線防御粉体などがある．体質顔料は隠ぺい力の小さい白色顔料であり，マイカ，カオリン，硫酸バリウム，炭酸カルシウム，炭酸マグネシウム，シリカなどが使用されている．用いる粉体の粒径が大

きすぎるとざらつきなどを感じてしまい，また粒径が小さすぎると毛穴に詰まるなどの問題を引き起こすことが想定される．粒径 80 nm 以下の粒子は化粧品には向かないとされ，0.1～5 μm 程度の粒子が有効とされている．

　日焼け防止の化粧品中の無機材料としては酸化チタン，酸化亜鉛，炭酸カルシウムなどが用いられている．酸化チタンや酸化亜鉛は紫外線防止として用いられている．その他にも SiO$_2$ なども用いられていることがある．酸化物のバンドギャップについては図 3.34 に示されているが，酸化チタン（アナターゼ）のバンドギャップは 3.4 eV，酸化亜鉛は 3.1 eV である．吸収端については式(3.17)で示したが，酸化物の短波長側の吸収端は伝導帯と価電子帯のエネルギー差

$$\lambda = hc/E_g \tag{4.34}$$

であるバンドギャップ(E_g)から求めることができる．酸化チタン（アナターゼ）の吸収端を計算すると 365 nm となるが実際には 380 nm 以下の紫外線を吸収する．酸化亜鉛の吸収端は 400 nm である．酸化亜鉛の電子の励起が直接遷移であるのに対して，酸化チタンのそれは間接遷移であるため，バンドギャップの値より予想される吸収波長（380～413 nm）よりもずっと低波長側である 320 nm 付近より光の吸収が始まる．このため，酸化チタンは紫外線 B（290～320 nm），酸化亜鉛は紫外線 A（320～380 nm）に効果的である．

　パール顔料は被着色物に真珠光沢またはメタリック感などの光学的効果を与える顔料である．マイカは雲母ともよばれる鉱石であり，このマイカ表面に酸化チタン（チタニア）を被覆させたチタン被覆マイカ系パール顔料が開発された（図 4.91）．雲母の中でも結晶が大きくなるものをフッ素金雲母（KMg$_3$AlSi$_3$O$_{10}$F$_6$）である．これをケイ砂，酸化マグネシウム，酸化アルミニウム，ケイフッ化カリウム，ケイフッ化ナトリウムなどを用いて合成することもできる．マイカの屈折率は 1.5 であり，被覆したナノサイズの二酸化チタン（チタニア）が膜のような役割を果たし，これがパール光沢となる（図 4.92）．

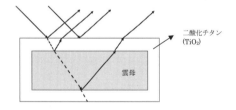

図 4.91　チタン被覆マイカ系パール顔料

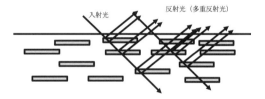

図 4.92　パール光沢の原理

表 4.16　干渉色と二酸化チタンの膜厚の関係

色相		光学的厚み	幾何学的厚み
反射色	透過色	nm	nm
銀	―	140	60
黄	紫	210	90
赤	緑	265	115
紫	黄	295	128
青	橙	330	143
緑	赤	395	170

このため，チタニアの粒径を変化させることによりパール顔料の色を変化させることができる(表 4.16). マイカ粒子の表面に 0.02 μm のチタニアが被覆することによりパール光沢を示すようになる.

4 章　演習問題

4.1　廃棄した磁器, 陶器はどのように処理されるか.

4.2　トバモライトを加熱するとワラストナイトとなるが, このとき構造はどのように変化するか.

4.3　二水セッコウを加熱して無水セッコウとした時, 結晶系はどのように変化するか.

4.4　化粧品として酸化亜鉛と酸化チタンはどのように使い分けて使用するのがよいか.

4.5　電気分極の型をその機構により 4 種類に分類し, それぞれ簡単に説明せよ. また, 周波数の異なる交流電場を印加した場合の応答性について述べよ.

4.6　セラミックスの圧電性および焦電性の発現機構について説明せよ.

4.7　光ファイバーケーブルで遠くまで光を伝送できるのはなぜか.

4.8　蛍光とレーザー光の違いを述べよ.

4.9　自然放出光と誘導放出光の発光過程をそれぞれ説明せよ.

4.10　ゼオライトについて以下の問いに答えよ
　(ⅰ)　ゼオライトの構造に基づき, 固体酸として機能する理由について記述せよ.
　(ⅱ)　ゼオライトのイオン交換能の発現理由について記述せよ.

4.11　光触媒について以下の問いに答えよ.
　(ⅰ)　光触媒が紫外光照射下で光触媒活性能を発現する原理について記述せよ.
　(ⅱ)　色素増感太陽電池が可視光照射下で発電する原理について記述せよ.

4.12　真性半導体および不純物半導体(p 型および n 型)について, バンド構造を用いてそれぞれの電気伝導の機構を説明せよ.

4.13　電気を伝導する固体物質について, 電子伝導性の物質とイオン伝導性の物質を識別する方法を提案せよ.

4.14　臨界温度以下まで冷却された超伝導体において発現する 2 種類の特徴的な性質について説明せよ.

4.15　常磁性体および強磁性体の磁化曲線を描写せよ. またそれぞれの曲線について, 磁場ゼロの条件下での磁気モーメントの整列の状態について説明せよ.

演習問題の略解とヒント

■ 1章

1.1 図1.10「結晶系とブラベ格子」を参照のこと.
(a)立方晶, 正方晶, 菱面体晶, 六方晶, (b)立方晶, 正方晶, 斜方晶, 六方晶, (c)立方晶, 菱面体晶

1.2

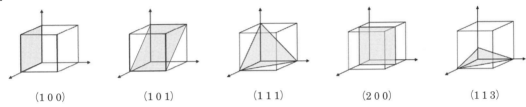

(100)　　　　　(101)　　　　　(111)　　　　　(200)　　　　　(113)

1.3 左から順に$(1\bar{1}0)$または$(\bar{1}10)$, (020), $(\bar{1}\bar{1}\bar{1})$, (110)

1.4 $(11\bar{2}0)$, (110)

1.5 (a)立方晶, (b)六方晶, (c)六方晶, (d)単斜晶, (e)FeO立方晶, α-Fe_2O_3六方晶, β-Fe_2O_3立方晶, γ-Fe_2O_3立方晶, ε-Fe_2O_3斜方晶, Fe_3O_4立方晶, (f)α, β-石英六方晶, α-トリジマイト(斜方晶), β-トリジマイト(六方晶), α-クリストバライト(正方晶), β-クリストバライト(立方晶), コーサイト(単斜晶), ステショバイト(正方晶)

1.6 体対角線は炭素原子が4つ並ぶことになる. そうすると$1 : \sqrt{3} = x : 8a$となる. このため1辺の長さは$x = 8\sqrt{3}\,a/3$で表すことができる.

1.7 順に　6, 8, 6, 24

1.8 陰イオン空孔を生成する. 図1.25「陰イオン空孔の生成」を参照のこと.

1.9 密度測定がある. フレンケル欠陥はイオンの総数に変化がないのに対して, ショットキー欠陥はイオンの数が減少している. したがって, 密度測定を行って, 密度の小さい方がショットキー欠陥である.

1.10 NaCl結晶中に生成するショットキー欠陥は$V'_{Na} + V^{\cdot}_{Cl} = 0$
NaCl結晶中に生成するフレンケル欠陥は$V'_{Na} + Na^{\cdot}_{i} = 0$

1.11 Zr位置を置換したYは, Y'_{Zr}と表示される. また, 結晶全体として電気的な中性を保つことから, Y'_{Zr}の半分の酸素格子空孔が生成する. 酸素の格子空孔は, $V^{\cdot\cdot}_{\ddot{O}}$と表示される. この2種類の格子欠陥は, 有効電荷が正と負であるので, 静電的に引き合い格子欠陥の対$(Y'_{Zr})(V^{\cdot\cdot}_{\ddot{O}})$

(Y'_{Zr}) を形成する. この対は, 会合と呼ばれる.

　安定化ジルコニアは, 酸素格子空孔を多く含むために, 高温になると酸化物イオンが格子空孔を介して移動しやすくなる. したがって, イオン伝導体として酸素センサーや燃料電池の隔離として使用されている. しかし, もし会合が形成されると正負の有効電荷は打ち消しあってゼロとなるので, 電気伝導率は減少する.

1.12　1.4.3項「ガラスとガラス構造」を参照のこと.

1.13　1.4.3項「ガラスとガラス構造」を参照のこと.

1.14　1.4.3項「ガラスとガラス構造」を参照のこと.

1.15　1.4.4項「固溶体」を参照のこと.

■ 2章

2.1　この温度における鉄中の拡散係数は, 炭素濃度により多少変化するものの, 約 2.5×10^{-7} cm^2/s である. また, 炭素の含有量 0.1 mass% は鉄の比重 7.87 を利用して計算すると, 約 0.00787 g·cm^{-3} であるので,

$$J = -2.5 \times 10^{-7} \times ((0.1-0.2) \times 0.000787)/0.1 = 1.97 \times 10^{-9} \text{g·cm}^{-2}\text{·s}^{-1}$$

この数字をみても感覚的に捉えられないので, たとえば, 時間を1年間にすると1 cm^2 あたり 62 mg の炭素が移動することになる.

2.2　拡散係数 D が 1.0×10^{-9}cm^2/s のとき, $2 \times (1.0 \times 10^{-9} \times t)^{0.5} = 0.12$ とかけるので, t について解くと, $t = 3.6 \times 10^6$s となる. これを時間に直すと, 1000 h となる. つまり, 拡散距離を10倍にしようとすると, 100倍の時間を要することになる.

2.3　このときのアイソトープの濃度分布は図2.11(a)のように示され, 濃度 c は次の式で示すことができる. この式を式(2.7)に代入すると, 次の式が成立することを確かめることができる.

$$c = \frac{\alpha}{2\sqrt{\pi D t}} \exp\left(-\frac{x^2}{4Dt}\right)$$

この式を「薄膜解」とよび, 物質の拡散係数を求めるのに広く利用されている. より具体的には, 拡散実験後の材料中のいくつかの距離 x における c を求めた上で, 上式の両辺に絶対対数 ln をとり, 図2.11(b)のようなプロットを描くと, その切片と傾きから拡散定数 D を求めることができる.

2.4　2.2.1項「均一核生成と不均一核生成」を参照のこと.

2.5　2.2.2項「結晶成長」を参照のこと.

2.6　2.3.4項「焼結」を参照のこと.

2.7　2.3.4項「焼結」を参照のこと.

2.8　2.2.3項「ガラスの結晶化」を参照のこと.

■3章

3.3　4.5.2項「バイオセラミックス(リン酸カルシウム系材料を中心として)」を参照のこと.

3.4　薄膜堆積の工程において化学反応を伴わないものを物理的な手法, 化学反応を伴うものを化学的な手法とそれぞれ分類する. 前者は原料と同一の物質が薄膜材料として堆積するのに対し, 後者は原料が化学反応を経て他の物質に変化したのちに薄膜材料として堆積する.
　　前者では金属酸化物ターゲットを強力なエネルギー源(電子ビーム, プラズマ, レーザーなど)により気化したのちに薄膜として堆積することになり, 後者では揮発性の高い金属化合物(金属アルコキシドなど)を気化したのちに熱分解や酸化の反応を経由して金属酸化物の薄膜材料を堆積する.

3.5　θ の値はブラッグの条件[式(3.15)]から求めることができる. MgO の格子面間隔 $d_{(111)}$, $d_{(200)}$, $d_{(220)}$ は, 面間隔と格子定数の関係(p.9), CuK_α 線源の波長(p.71)ならびに設問中の条件(立方晶系, 格子定数 $a=0.4210\,nm$)からそれぞれ $0.2431\,nm$, $0.2105\,nm$, $0.1488\,nm$ と算出される. これらを式(3.15)により換算して得た θ 値の2倍の数値が回折角 2θ に相当し, 1次反射($n=1$)によるX線回折の 2θ 値(それぞれ 36.95°, 42.93°, 62.33°)が MgO 粉体のX線回折での回折角として予想できる.

■4章

4.5　4.1.2.1「誘電性の起源」を参照のこと.

4.6　4.1.2.5「圧電性」, 4.1.2.6「焦電性」を参照のこと.

4.7　屈折率 n_1 をもつガラス繊維により小さな屈折率 n_2 をもつ層をかぶせ, 繊維軸対して i の角度で光を照射させると, 光は繊維と被覆層との界面で全反射され, 繊維外部に出ることはない. 吸収さえなければ, 光は繊維の一端から他端まで全量伝達される.

4.8　発光は光の吸収によって励起された電子が低エネルギーレベルに落ちることによって生ずる. とくに発光の寿命が比較的短いものを蛍光という. この光の波長はほとんど変わらないが, 位相はまったくでたらめで干渉性をもたない. しかし, これに対してエネルギーレベルの差に対応する波長, 位相ともにそろった単色性の光がレーザー光である.

4.9　4.2.4「レーザー」を参照のこと.

4.10　(i)4.4.1.4「ゼオライトの触媒・環境浄化材料への応用」を参照のこと.
　　(ii)4.4.3項「イオン交換体」を参照のこと.

4.11　(i)4.4.4項「光触媒」を参照のこと.
　　(ii)4.4.5項「太陽電池」を参照のこと.

4.12　真性半導体のバンド構造は比較的に幅の狭い禁制帯を挟んで存在する価電子帯と伝導帯から構成され, 価電子帯の上端から伝導体の下端への電子のエネルギー的な励起により電気伝導が生じる. 一方, 不純物半導体では禁制帯に寄生的なエネルギー準位が存在し, p型の半導体では電子を受け取ることのできるアクセプター準位, n型の半導体では電子を与えることがで

きるドナー順位が形成される. 前者では価電子帯からアクセプター準位へ, 後者ではドナー準位から伝導帯への電子の励起がそれぞれの電気伝導を生じさせることになり, 価電子帯から伝導体への電子の励起よりも低エネルギーで電気伝導を引き起こすことが可能である. 図4.5および図4.6をあわせて参照すること.

4.13 直流と交流の電場を印加した際の抵抗(または電気伝導性)の違いを観察することで両者を識別できる可能性がある. 直流電場下において, 電子伝導性の物質では電気が経時変化なく継続的に流れ続けるが, イオン伝導性の物質では電場印加時に瞬間的な電気伝導が生じたのちキャリアがいずれか一方の電極界面付近に蓄積して抵抗が大幅に増す(図4.23参照). それに対して交流電場下では電子伝導性とイオン伝導性のいずれも電気伝導性が確認できることになるため, 両者の違いを比較することで電子伝導性とイオン伝導性をある程度識別できる. 交流を用いたインピーダンス測定も両者を識別するうえで大変に役立つ手法となりうる.

4.14 「ゼロ抵抗」と「マイスナー効果」の2つの性質が挙げられる. 臨界温度以下まで冷却された超伝導体は抵抗を完全に喪失したいわゆるゼロ抵抗の状態となる. 同時に物質のなかから磁場を完全に排除するマイスナー効果により完全反磁性の状態が冷却された超伝導体において発現する.

4.15 それぞれ図4.39および図4.40に描写された形状の磁化曲線を発現する. 磁場ゼロの条件下において, 常磁性体では磁気モーメントが整列せずに散乱した状態となる. 強磁性体では磁気モーメントが整列した状態となるがその方位は直前までの電場印加の履歴に応じて変化し, 図4.40中の M_r と $-M_r$ の状態では磁気モーメントの整列方向が180° 逆転することになる. 図4.36および図4.37をあわせて参照すること.

索　引

■ 数学・欧文

ALC　65, 170
CVD(法)　50, 56, 130, 159
EDX　76
FTIR　77
MCVD 法　132
NSP　64
n 型半導体　92
PVD(法)　50, 56, 159
p 型半導体　92
SP　64
UV-VIS　76
VAD(法)　131, 132
WDX　76
XRF　75, 86
X 線回折　70
X 線光電子分光法　85

■ あ 行

アクセプター準位　94
圧電効果　101
圧電性　101
圧電定数　102
アニーリング　63
アモルファス　18
暗視野観察　84
イオン結合　1
イオン結合性結晶　3
イオン結晶　9
イオン交換体　143
イオン伝導性　106
イオン分極　95
鋳込成形　53
易焼結性粉体　44
インプラント　161
渦巻成長機構　31
釉薬　58

液化　18
液相法　46
エネルギー分散型 X 線分光法　76, 79
エマルジョン法　49
応力　135
オージェ電子分光法　85

■ か 行

外因性半導体　92
碍子　60
界面分極　95
化学気相析出法　50, 159
化学的気相蒸着法　130
化学的気相堆積　56
化学溶液堆積　57
拡散　33
拡散距離　35
核生成　29
加水分解法　48
価電子帯　93
ガラス　61, 167
ガラス固化体　150
ガラスセラミックス　32
ガラス転移温度　19
乾式加圧成形　52
完全結晶　16
気化　18
気相軸付け法　131
気相堆積　56
気相法　50
逆圧電効果　101
キャリア　90
キャリア濃度　91
キャリア密度　91
吸光率　122
キュリー温度　100
凝固　18

強磁性　116
強磁性体　116
共有結合　2, 9
共有結合性結晶　3
強誘電性　98
強誘電体　98
均一核生成　29, 31
禁制帯　93
金属結合　4
空孔　23
屈折　123
グラファイト　2
蛍光 X 線　75
蛍光 X 線分析　75, 86
蛍光体　126
軽質炭酸カルシウム　67
軽量不燃コンクリート　65, 170
化粧品　173
結合性軌道　2
結晶化　31
結晶子　44
結晶子径　44
結晶粒　41
原子層堆積　56
高温超伝導　111
光学材料　120
格子間原子　23
格子欠陥　16
格子欠損　23
硬磁性　119
格子定数　6
抗電場　99
高レベル放射性廃棄物　150
黒鉛　2
固相反応　37
固相反応法　45
固相法　45
固体電解質　106
骨伝導性　153

コヒーレント光　128
コンクリート　173

■さ　行

散乱　123
残留磁化　118
残留分極　99
シェラー式　72
磁化　115
紫外可視分光　76
磁化曲線　117
磁器　59, 166
磁区　117
示差走査熱量計　68
示差熱分析　68
磁性　114
自然放出　127
自発磁化　116
自発分極　98
磁壁　117
集積回路　54
自由電子　3
術後感染　160
昇華　18
消化　66
焼結　38
常磁性　115
常磁性体　116
焼成　53
消石灰　66
焦電効果　102
焦電性　102
焦電体　102
常誘電性　98
常誘電体　98
ショトキー欠陥　16
徐冷　63
真性半導体　92
侵入型固溶体　23
水素結合　5
スネルの法則　124
スピン　114
成形　62
制限視野電子線回折像　81
正孔　90

生石灰　65
生体活性　153
生体活性セラミックス　156
生体吸収性セラミックス　157
生体不活性セラミックス　155
ゼーベック効果　149
ゼオライト　137
絶縁性　89
絶縁体　3, 91
石灰石　65
セッコウボード　67, 172
セメント　63, 173
セメントクリンカー　64
セラミックス　60
全光線透過率　121
相　26
双極子　5
双極子結合　5
双極子モーメント　95
走査型電子顕微鏡　78
層状複水酸化物　143
層成長機構　31
相転移　26
塑性成形　53
ゾノトライト　171

■た　行

耐火物　61, 141
ダイヤモンド　3
太陽電池　146
多結晶　19, 52
単位格子　6
単結晶　18, 51
単結晶育成　51
単純単位格子　6
置換型固溶体　23
調合　61
超交換相互作用　114
超伝導　110
超微細回路集積　55
沈殿法　47
定形耐火物　141
抵抗率　90
テープ成形　53
転移点　28

電気伝導度　90
電気伝導率　90
電子顕微鏡法　78
電子線後方散乱回折法　81
電子線プローブマイクロアナリシス　85
電子伝導性　106
電子分極　95
伝導帯　93
テンプレート粒子成長法　42, 81
透過型電子顕微鏡　78
透過率　121
陶器　58
凍結乾燥法　49
透光性セラミックス　124
陶磁器　166
導体　91
導電性　89
土器　59
ドナー準位　94
トバモライト　170

■な　行

軟磁性　119
熱間等方圧加圧　53
熱機械分析　68
熱ケロシン法　49
熱電素子　149
燃料電池　148

■は　行

配位結合　5
配位数　9
バイオセラミックス　152
配向分極　95
薄膜　54
波長分散型X線分光法　76
発光ダイオード　131
パルスレーザー堆積　56
反強磁性　116
反強磁性体　116
反強誘電性　98
反強誘電体　98
反結合性軌道　2

反磁性　115
バンド　93
半導体　91
バンドギャップ　93
バンド構造　92
光触媒　144
光ファイバー　128
非晶体　18
ヒステリシスループ　99
ひずみ　135
ビルドアップ　50
ピン止め効果　112
ファンデルワールス結合　3
フィックの第一法則　34
フィックの第二法則　34
フーリエ変換赤外分光　77
フェリ磁性　116
フェリ磁性体　116
フェリ誘電性　98
フェリ誘電体　98
不揮発性メモリー　104
不均一核生成　30, 31
不純物半導体　92
フックの法則　135
物質の三態　18
物理気相析出法　50, 159
物理的気相堆積　56
不定形耐火物　141
プラスチック　60
ブラッグの条件　70

ブラベ格子　6
ブレークダウン　50
フレンケル欠陥　16
分極　95
分極曲線　99
分子動力学シミュレーション　86
噴霧乾燥法　49
噴霧熱分解法　49
並進操作　5
ペルチェ効果　149
ペロブスカイト　15
ホール　90
ボーンチャイナ　166
保磁力　118
ホットプレス　53

■ま 行
マイスナー効果　111
無機顔料　133
無定形　14
無輻射遷移　128
無放射遷移　128
明視野観察　84
面間隔　8

■や 行
ヤング率　135
融解　18

有機顔料　133
誘電緩和　97
誘電性　95
誘電体　95
誘電分極　96
誘電分散　97
誘電率　95
誘導放出　127
溶液堆積　56
溶融・清澄　62

■ら 行
ラマン散乱　123
ラマン分光　77
ランベルト-ベールの法則　121
粒子　41
粒成長　41
良導体　91
臨界温度　110
臨界磁場　110
臨界電流　110
ルミネッセンス　126
レアアース　130
レアメタル　130
レイリー散乱　123
レーザー　127

著 者 紹 介

大 倉 利 典
おお くら とし のり
現　在　工学院大学先進工学部応用化学科
　　　　教授　工学博士

小 嶋 芳 行
こ じま よし ゆき
現　在　日本大学理工学部物質応用化学科
　　　　教授　博士(工学)

相 澤　守
あい ざわ　まもる
現　在　明治大学理工学部応用化学科
　　　　教授　博士(工学)

内 田　寛
うち だ　ひろし
現　在　上智大学理工学部物質生命理工学科
　　　　教授　博士(工学)

柴 田 裕 史
しば た ひろ ぶみ
現　在　千葉工業大学工学部応用化学科
　　　　教授　博士(工学)

ⓒ 大倉利典・小嶋芳行・相澤 守　2023
　 内田 寛・柴田裕史

2023 年 6 月 2 日　　初 版 発 行

無機材料化学
持続可能な社会の実現に向けて

　　　　　　大 倉 利 典
　　　　　　小 嶋 芳 行
著　者　相 澤　守
　　　　　　内 田　寛
　　　　　　柴 田 裕 史
発行者　山 本　格

発 行 所　株式会社 培 風 館
東京都千代田区九段南 4-3-12・郵便番号 102-8260
電 話 (03) 3262-5256(代表)・振 替 00140-7-44725

三美印刷・牧 製本

PRINTED IN JAPAN

ISBN978-4-563-04641-5　C3043